Innovative
Energietechnik

K. Kordesch
Brennstoffbatterien

Springer-Verlag Wien GmbH

o. Univ.-Prof. Dr. Karl Kordesch
Vorstand des Instituts für
Chemische Technologie anorganischer Stoffe
der Technischen Universität Graz, Österreich

Mit 119 Abbildungen

CIP-Kurztitelaufnahme der Deutschen Bibliothek

Kordesch, Karl:
Brennstoffbatterien / K. Kordesch.

(Innovative Energietechnik)
ISBN 978-3-7091-3997-4   ISBN 978-3-7091-3996-7 (eBook)
DOI 10.1007/978-3-7091-3996-7

ISSN 0723-4589
ISBN 978-3-7091-3997-4

Vorwort

Die Brennstoffzellen haben die Phantasie von Technikern aller Richtungen schon von jeher besonders angeregt. Der Wunsch, elektrische Energie direkt aus fossilen Brennstoffen zu gewinnen, ist zuerst um die Jahrhundertwende aus theoretischen Überlegungen heraus entstanden. Von 1920 an datierten ernsthafte Versuche, diese theoretische Möglichkeit auch experimentell zu verwirklichen. Aber erst in den Jahren nach dem zweiten Weltkrieg kann man eine moderne technologische Entwicklung beobachten. Die Ursache dafür waren die Verbesserung der Materialien, die als Baustoffe dienen konnten, die Erkenntnisse in der Katalyse, und nicht zuletzt die Notwendigkeit, für die Weltraumforschung geeignete Stromquellen auf der Basis von Wasserstoff und Sauerstoff zur Verfügung zu stellen.

In den siebziger Jahren wurde die Technologie der Brennstoffzellen „erdgebunden", und man versuchte, ihre Vorteile für den Kraftwerksbau nutzbar zu machen. Als Brennstoffe verwendete man Erdgas und Dieselöl, die in Dampfreaktoren umgeformt wurden, so daß wieder Wasserstoff der eigentliche Brennstoff war.

Als Resultat der Erdölverknappung und des Umweltbewußtseins ist in der vergangenen Dekade das Interesse an Brennstoffzellen beträchtlich gestiegen. Ebenso hat der Enthusiasmus über ihre Zukunftsaussichten nach einem vorübergehenden Tief wieder zugenommen.

Anwendungen für Brennstoffzellen sind: Kleine Aggregate zur Stromerzeugung, zunächst als Ersatz für Dieselmotor-Generatoren in entlegenen Lokalitäten, später vielleicht für den Fahrzeugantrieb; mittelgroße Anlagen zur Produktion von Elektrizität in Kraftwerken innerhalb von Stadtbezirken; große Brennstoffbatterien für den Lastausgleich in Verbundnetzen.

Die Speicherung von Elektrizität mit Hilfe von Brennstoffzellen benutzt die Wasserelektrolyse zur Erzeugung von Wasserstoff und Sauerstoff als Ausgangsreaktor. Damit wird die Brücke zu der Speicherung von alternativen Energien, wie Wind- und Sonnenenergie, geschlagen.

Ich habe eine Monographie über Brennstoffbatterien und Systeme geschrieben, die sehr persönlich ausgefallen ist. Das Buch sollte kein Lehrbuch der Elektrochemie, aber auch kein ausführliches Lehrbuch über Brennstoffzellen werden, das die Materie unpersönlich und (auch für den Leser) erschöpfend behandelt.

Kohleelektroden waren immer mein wichtigstes Arbeitsgebiet, und so habe ich mich, mit Ausnahme der Übersichts- und historischen Abschnitte, auf Batterien mit Kohleelektroden beschränkt. Ebenso wird die Situation bei der Behandlung von anderen Typen von Brennstoffzellen-Systemen gehandhabt. Batterien mit Metallelektroden oder solche, die bei hohen Temperaturen in geschmolzenen Karbonatelektrolyten oder mit Festelektrolyten arbeiten, werden nur erwähnt, um einen Überblick zu geben und den Lesern mit speziellem Interesse in dieser Richtung den Weg zu weisen.

Elektrische Fahrzeuge, existierende und projektierte, werden besonders gründlich diskutiert. Meine Zuversicht für ihre Verwirklichung mit alkalischen Wasserstoff-Luft-Batterien ist am größten. Dies ist von meiner Hauptarbeitsrichtung her verständlich, obwohl ich auch mit sauren Zellen und Reformersystemen viel zu tun hatte.

Es ist mir ein großes Bedürfnis, meinen Mitarbeitern zu danken. Vor allem bei Union Carbide Corporation gehört der Dank einer Laborassistentin, Mrs. Marge Macechko, für die fast exklusive Herstellung aller Laborzellen und experimentellen Batterien, einschließlich der für das Auto und das Motorrad. Ihre Handfertigkeit war unübertrefflich, und es war ein Glücksfall, 23 Jahre mit ihr arbeiten zu können.

Die zahlreichen wissenschaftlichen Mitarbeiter werden zitiert, und es ist offensichtlich, daß ohne ihre Mitwirkung die Erfolge nur gering gewesen wären.

Dem Management von Union Carbide Corporation sei für die Großzügigkeit gedankt, mit der es einige „Freizeit-Hobbies" auf dem Batteriegebiet erst ermöglichte und allen Veröffentlichungen zustimmte.

Beim Schreiben dieser Monographie habe ich die Geduld meiner Frau Erna und meiner ganzen Familie arg auf die Probe gestellt. Ich danke für ihr Verständnis und ihre Ausdauer.

Für die Zusammenstellung ihrer Ergebnisse danke ich Frau Dr. Barbara J. Krätschmer, Herrn Dipl.-Ing. Max Schautz und Herrn Shamsuddin Jahangir, M. Sc., bestens. Hilfe beim Ausfertigen der Zeichnungen erhielt ich von Herrn Wolfgang Pickl, und beim Zusammenstellen und Schreiben des Manuskriptes war meine Sekretärin, Frau Herta Walter, unermüdlich tätig. Für das Lesen der Korrekturen danke ich Herrn Dr. Leo Binder. Dem Springer-Verlag in Wien danke ich für die Auswahl des Themas und Herrn Dr. W. Schwabl für die Ermunterung, das Manuskript doch in voller Länge zu schreiben.

Graz, im August 1984   Dr. Karl Kordesch

Inhaltsverzeichnis

1.   Einführung   1
1.1   Problemstellung/Stand der Forschung   1
1.2   Arten von elektrochemischen Zellen   5
1.3   Der Energieinhalt und die Belastbarkeit   5

2.   Die Entwicklung der Brennstoffzellen   7
2.1   Historische Zusammenfassung   7
2.2   Die Einteilung von Brennstoffzellensystemen   14
2.3   Geschichte der Kohleelektrode   18
2.3.1   Sauerstoff(Luft-)Elektroden in alkalischen Elektrolyten   18
2.3.2   Wasserstoffelektroden   19
2.3.3   Kohleelektroden für saure Elektrolyte   20
2.3.4   Polymer-Membranzellen   20
2.4   Die Konstruktion der Brennstoffzellen   21
2.4.1   Brennstoffbatterien für elektrische Fahrzeuge   21
2.4.2   Brennstoffzellen für stationäre Anlagen   22

3.   Theoretische Grundlagen   24
3.1   Die elektrochemische Energieumwandlung   24
3.1.1   Thermodynamik   24
3.1.2   Elektrochemische Grundgesetze   24
3.1.3   Elektroden-„Polarisation" bzw.-„Überspannung"   25
3.1.4   Elektrodencharakteristik   28
3.1.5   Die Gasdiffusionselektrode   29
3.2   Die Wasserstoffelektrode   31
3.2.1   Der Reaktionsmechanismus   31
3.2.2   Die Wirksamkeit von Katalysatoren   32
3.2.3   Die Diffusions-Wasserstoffelektrode   33
3.3   Die Sauerstoff/Luftelektrode   36
3.3.1   Der Reaktionsmechanismus   36
3.3.2   Katalysatoren   38
3.3.2.1 Allgemeines   38
3.3.2.2 Poröse Kohleelektroden   38
3.3.2.3 Die Verbesserung von Katalysatoren   39
3.3.2.4 Die Kohle als Katalysatorträger   39
3.3.3   Die O_2-Diffusionsgaselektrode   39

4.   Laboratoriums-Testmethoden 47
4.1   Testzellen 47
4.2   Meßanordnungen 50
4.3   Testbedingungen 53
4.3.1   Alkalische Zellen 53
4.3.2   Saure Zellen 57
4.3.3   Versuche mit Überdruck 58

5.   Brennstoffe 60
5.1   Wasserstoff, H_2 60
5.2   Petroleumderivate 61
5.3   Methylalkohol, CH_3OH 63
5.4   Ammoniak, NH_3 64
5.5   Hydrazin, N_2H_4 65

6.   Materialien 67
6.1   Kohlenstoff 67
6.1.1   Der Graphitierungsprozeß 68
6.1.2   Methoden zur Bestimmung von Kohlestrukturen 69
6.1.3   Chemische Reaktionen 72
6.1.4   Arten von Kohlematerialien 74
6.1.5   Herstellung von Kohlebauteilen für die Industrie 83
6.1.6   Die Herstellung von Rußen 86
6.1.7   Aktivierungsprozesse für Kohlematerialien 87
6.1.8   Die Beschreibung spezieller Kohlematerialien 90
6.2   Polytetrafluoräthylen (PTFE) 92
6.2.1   PTFE als Dispersion 93
6.2.2   PTFE in Pulverform 93
6.3   Polyäthylene und Polypropylene (PE und PP) 94
6.4   Elektrolyte 94
6.4.1   Wässerige Elektrolyte 94
6.4.2   Membran-Elektrolyte 95

7.   Elektrodentechnologie 98
7.1   Einleitung und Übersicht 98
7.2   Konstruktion und Materialien für Elektroden 99
7.3   Die Elektroden der Union Carbide Corp. (UCC) 100
7.3.1   Überblick 100
7.3.2   Frühzeitige Ergebnisse der Forschung an Kohleelektroden 102
7.3.3   Die Konstruktion von bipolaren Brennstoffzellen 103
7.3.4   Die Entwicklung von Elektrokatalysatoren 103
7.3.5   Die Entwicklung von Elektroden mit mehreren Schichten 104
7.3.6   Elektroden für saure Elektrolyte 115
7.4   Die Elektroden der United Technologies Corp. (UTC) 117
7.4.1   Substrate 117
7.4.2   Elektrodenstrukturen 118

7.5   Die Elektroden der Energy Research Corp. (ERC)   119
7.6   Die Elektroden der Engelhard Corp. (EC)   120
7.7   Die Kohleelektroden anderer Hersteller   121
7.7.1   „Kocite"   121
7.7.2   Prototech-Elektroden   121
7.7.3   Diamond-Shamrock Corp., Painesville, Ohio   122
7.7.4   ELTECH Systems Corp.   122
7.7.5   Die Elektroden von Occidental Chemical Corp./Alsthom Cie.   122
7.7.6   Die Kohleelektroden von ELENCO N.V.   123
7.7.7   Die Elektrodenentwicklung in den Oststaaten (Überblick)   126
7.7.8   Die Brennstoffzellentechnologie in Japan   126
7.8   Zusammenstellung der Fabrikationsmethoden für
          PTFE-gebundene Elektroden   127
7.8.1   Allgemeine Angaben   127
7.8.2   Spezifische Herstellungsvorschriften   129
7.8.2.1   Die Elektrodenfabrikation aus gewalzten Schichten   129
7.8.2.2   Die Herstellung von Elektroden im Preßverfahren   131
7.8.2.3   Die Herstellung von „gespritzten" Elektroden   135

8.   **Brennstoffbatterien für den Fahrzeugantrieb**   142
8.1   Problemstellung und Überblick   142
8.2   Zellen mit alkalischen Elektrolyten   143
8.2.1   Reiner Wasserstoff-Sauerstoff-Betrieb   143
8.2.2   Hybridsystem: Wasserstoff-Luft- und Blei-Batterie   147
8.2.3   Die Verwendung von Ammoniak als Brennstoff   154
8.2.4   Fahrzeuge mit Hydrazin-Brennstoffbatterien   157
8.2.5   Die Verwendung von Methanol als Brennstoff   159
8.2.6   Die Verwendung von Kohlenwasserstoffen   159
8.3   Zellen mit phosphorsauren Elektrolyten   159
8.3.1   Reiner Wasserstoffbetrieb   159
8.3.2   Wasserstoff aus Methanol durch Reformierung gewonnen   160
8.4   Die Erstellung von Fahrzeugmodellen   161
8.5   Die Solid-Polymer-Elektrolyt-(SPE-)Zellen   165
8.6   Hochtemperaturzellen   167

9.   **Stationäre Brennstoffzellen-Systeme**   170
9.1   Zellen mit Phosphorsäure(Matrix)-Elektrolyt   170
9.1.1   Das System der United Technologies Corp. (UTC)   170
9.1.2   Das System der Westinghouse Electric Corp. (WE)   172
9.1.3   Das System der Energy Research Corp. (ERC)   174
9.1.4   Das System der Engelhard Corp.   176
9.1.5   Die Brennstoffzellenaggregate der AEG-Telefunken   176
9.2   Zellen mit Membran-Elektrolyt   177
9.2.1   Die SPE-Zelle der General Electric Co. (GE)   177
9.2.2   Die Membranzellen der Engelhard Corp.   181
9.3   Zellen mit alkalischen Elektrolyten   181

9.3.1   Das System der Union Carbide Corp.   181
9.3.2   Electrochemische Energieconversie N.V. (ELENCO)   185

10.   Bibliographie 189
10.1   Bücher   189
10.2   Serien-Publikationen   190
10.3   Sammelreferate   191

Sachverzeichnis   193

1.0 Einführung

1.1 Problemstellung/Stand der Forschung

Die letzten zwei Jahrzehnte des 20. Jahrhunderts werden eine Übergangszeit für die Methoden der Energiegewinnung, Speicherung und Umwandlung sein. Die fossilen Brennstoffe werden einerseits wegen ihrer abnehmenden Verfügbarkeit, andererseits wegen der Schädlichkeit ihrer Verbrennungsprodukte gegenüber einer allgemeineren Verwendung von Elektrizität zurücktreten. Diese Elektrizität wird aus erneuerbaren Energiequellen wie Wasserkraft, Sonnen- und Windenergie bzw. Atomreaktoren kommen. Als Energietransportmittel und Speicher bietet sich Wasserstoff an.

Von verschiedenen Gesichtspunkten aus kann man Wasserstoff als einen universellen Energieträger betrachten und ein Schema aufstellen, in dem Wasserstoff eine sehr bedeutende Rolle spielt. Ein solches Übersichtsbild gibt Abb. 1 [1].

Wasserstoff in gasförmigem Zustand, verflüssigt, oder in der Form von leicht konvertierbaren Chemikalien wie Ammoniak oder Methanol, ist ein Energieträger, der universellen Charakter hat. Er ist sowohl in Verbrennungskraftmaschinen wie in galvanischen Elementen verwendbar. Der Unterschied ist allerdings ein wesentlicher Punkt: In der Wärmekraftmaschine ist der Wirkungsgrad durch das Carnotsche Gesetz festgelegt, in der elektrochemischen Zelle aber nicht. Die Verbrennung von Wasserstoff in einem entsprechend modifizierten Ottomotor ergibt einen Wirkungsgrad von etwa 20%. In einer Brennstoffzelle, die bei Umgebungstemperaturen oder gering darüber arbeitet, etwa 50–60%.

Die Brennstoffzelle ist also einzigartig in der Möglichkeit, die hohe „Negentropie" (Verfügbarkeit der Energie) des Wasserstoffes (und anderer geeigneter Chemikalien) auszunützen. Kohlenwasserstoffe haben bei der Verwendung von uns bekannten Technologien eine wesentlich geringere „Verfügbare Energie". In direkten Brennstoffzellen können sie derzeit nicht umgesetzt werden, man muß sie vorher „konvertieren", z.B. in einem Reaktor bei 800 °C mit Wasserdampf umsetzen, wobei Wasserstoff und Kohlenoxide entstehen. Auch dieser verlustreiche Weg erlaubt noch, mit Hilfe der Brennstoffzelle bessere Wirkungsgrade als bei der kalorischen Energieumwandlung zu erzielen.

Wasserstoff ist umweltfreundlich, das Reaktionsprodukt ist immer nur reines Wasser. Wasserstoff ist das leichteste Element, und mit Luft als Reaktionspartner ergibt sich eine der höchstmöglichen spezifischen Energiedichten (33 kWh/kg).

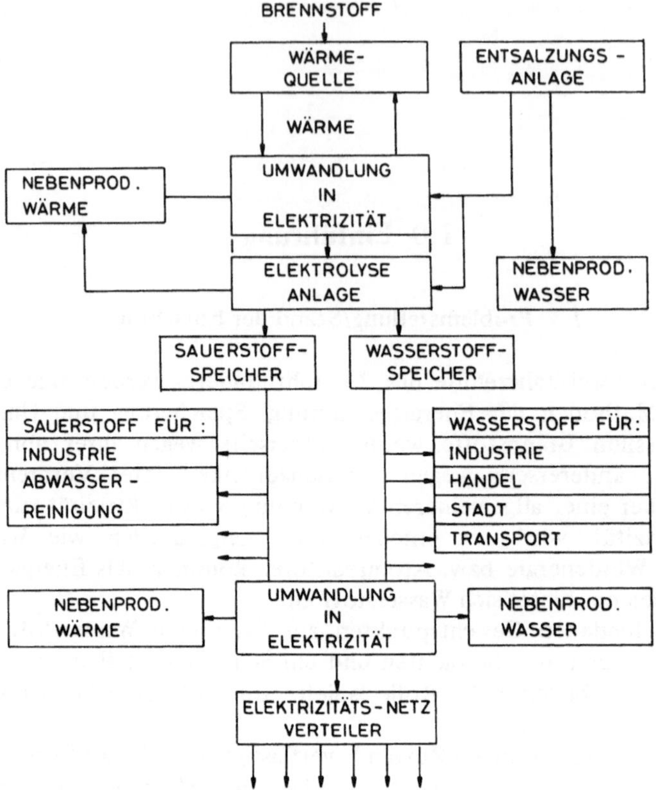

Abb. 1. Wasserstoff als universaler Energieträger. Das Diagramm zeigt die verschiedenen Anwendungszwecke von Wasserstoff in der Industrie als Energiespeicher und Brennstoff für Brennstoffzellen-Kraftwerke

Allerdings erniedrigt sich dieser hohe Wert auf nur 12 kWh/kg, wenn man den Behälter, den man zum Transport des verflüssigten Wasserstoffes braucht, mitrechnet. Bei dem Transport von Wasserstoffgas in speziellen Hochdruckstahlflaschen sinkt die Energiedichte auf etwa 1 kWh/kg, bei Metallhydriden kann man Werte zwischen 0,6 und 2,3 kWh/kg errechnen. Trotzdem sind diese Werte noch groß, verglichen mit den Speicherwerten von einem Bleiakkumulator (etwa 0,02 bis 0,04 kWh/kg).

Die Technologie der alkalischen Brennstoffzellen wurde für die Weltraumfahrt zu einem hohen Stand entwickelt. Die mit flüssigem Wasserstoff und flüssigem Sauerstoff betriebenen Brennstoffzellen-Systeme des NASA-Mondfahrtprojektes „Apollo" wurden mit höchster Präzision, aber ohne Rücksicht auf Kosten gebaut. Die im „Space-Shuttle" verwendeten Brennstoffzellenbatterien sind eine Weiterentwicklung des „Apollo"-Systems, noch wesentlich kompakter und leichter, aber für „erdgebundene" Anwendungen unerschwinglich kostspielig. Sie sind auch nicht für den Luftbetrieb geeignet.

Alkalische Brennstoffzellen-Systeme wurden versuchsweise in Traktoren, Gabelstapler, Golf-Wagen und Militärfahrzeuge eingebaut. Der Autor hat bei Union Carbide Corp. bei einem 50 kW-Wasserstoff-Sauerstoff-System für einen „Electrovan" von General Motors Corp. mitgebaut und schließlich in seinem eigenen Personenauto eine 6 kW-Wasserstoff-Luft-Batterie demonstriert. Mit einer Bleibatterie parallel geschaltet (Hybridkonstruktion) wurde dieses Fahrzeug von 1970 bis 1974 im öffentlichen Verkehr benutzt. Die erreichte Fahrstrecke war (im Stadtverkehr) etwa 200 bis 300 km und die Druckzylinder für den Wasserstoff (Inhalt 25 $m^3 H_2$) konnten in zwei Minuten wieder aufgefüllt werden. Die Bleibatterie (4 kWh) diente zur besseren Beschleunigung (max. 20 kW Motorleistung) und für kurze Bergstrecken.

Die schweren Bleibatterien waren ein notwendiges Übel für die Spitzenlastdeckung. Leichte, schnell aufladbare Batterien, wie die jüngst entwickelte Zink-Brom-Batterie (ein Drittel des Gewichtes!) machen heute das Hybridprinzip noch attraktiver. 1974/75 waren die Katalysatorkosten noch viel zu hoch, um an eine praktische Verwertung zu denken. Pro dm^2 Elektrodenfläche wurden etwa 0,1 g Platin benötigt, das entspricht etwa 10 g Platin pro Kilowatt Batterieleistung. Ein elektrisches Personenfahrzeug benötigt, um mit der Fahrweise von Benzinfahrzeugen konkurrieren zu können, zumindest 20 kW Batterieleistung.

Nach 1972 wurden in den U.S.A., mit Ausnahme der Weltraumfahrt-NASA-Projekte, keine alkalischen Brennstoffzellen weiterentwickelt. Alle Anstrengungen wurden darauf verwendet, die phosphorsauren Brennstoffzellen zu verbessern.

Die Erwägungen waren folgende: Reiner Wasserstoff ist zwar leicht durch die Elektrolyse von Wasser zugänglich, aber wesentlich teurer als der technische Wasserstoff aus Methan, der nach der Dampfreformierung beträchtliche Mengen Kohlenmonoxid (20%) enthält, die zwar durch die Shiftreaktion in Kohlendioxid übergeführt werden können, dann aber für alkalische Zellen entfernt werden müssen; ein großtechnisch üblicher, aber für kleinere Anlagen teurer Prozeß. Phosphorsäure ist unempfindlich gegen Kohlendioxid.

Wegen der schlechten Leitfähigkeit von Phosphorsäure mußte die Temperatur auf 200 °C erhöht werden.

Wegen der Korrosionsanfälligkeit nahezu aller Metalle gegen Phosphorsäure konnten ausschließlich Graphit und Kohlematerialien für Konstruktionsteile Verwendung finden.

Als Katalysatoren wurden nur Platinmetalle verwendet, die Träger (Substrate) waren aktive Kohlen.

Wegen der (verglichen mit Metallen) schlechten Leitfähigkeit der Kohlematerialien, die für die Elektroden verwendet wurden, konnte der Strom nicht mehr vom Rand der Elektroden abgenommen werden, sondern es mußte eine sogenannte „bipolare Konstruktion" gewählt werden, bei der eine großflächige Stromabnahme stattfindet.

Die bipolare Konstruktion verursacht parasitäre Ströme und damit Verluste bei umgepumpten flüssigen Elektrolyten. Als Ausweg wurde die Phosphorsäure in porösen Materialien aufgesaugt, zum Beispiel in Asbestschichten, und diese als

„Matrix" zwischen den Elektroden eingebaut.

Aus diesen Darlegungen wird es klar, daß eine ganz andere Technologie entwickelt wurde, völlig verschieden von der früheren alkalischen Bauweise. Metallelektroden konnten nicht mehr verwendet werden. Ein großer Vorteil wurde aber durch die ausschließliche Verwendung von großoberflächigen Rußen als Katalysatorträger erzielt: Die nötigen Mengen an Platinmetallen gingen auf weniger als ein Zehntel herunter. Damit wurde dieser Kostenengpaß beseitigt und Aussichten bestehen, daß die Mengen noch viel weiter sinken werden.

Die Anwendung dieser phosphorsauren Brennstoffzellen-Systeme war zunächst für stationäre Anlagen gedacht. Ein 4,5 Megawatt-Kraftwerk ist in New York und ein anderes in Tokyo im Bau. Der Wasserstoff wird durch Dampfumformung aus Erdgas, Kerosin oder Naphtha an der Stelle gewonnen.

Kleinere Anlagen in der 40 kW-Größe sind als mobile Stromerzeuger gebaut und geprüft worden. Im wesentlichen handelt es sich da um einen Ersatz für Dieselaggregate.

Eine Schwierigkeit tauchte unerwartet auf. Unter konstanter Last zeigten die phosphorsauren Zellen eine gute Lebenserwartung, über 15 000 Stunden. Im unterbrochenen Betrieb mit Standzeiten wurden die Elektroden rasch unfähig, höhere Ströme zu geben. Es zeigte sich, daß die Kohlematerialien gegen Oxidation nicht genug stabil waren. Der Forschung auf diesem Gebiet gelang es, wesentliche Verbesserungen zu erzielen, doch sind die Probleme keineswegs völlig beseitigt. In Europa wurden keine phosphorsauren Brennstoffzellen-Systeme zur Industriereife entwickelt. Katalysator- und auch Elektrodenforschung existierte jedoch bei einigen Firmen und an verschiedenen Universitäten.

Auch in Japan war das Hauptgewicht auf alkalischen Zellen gelegen, erst in den letzten Jahren wurden saure Systeme gebaut.

Ein Grund für die Beharrung der europäischen Institutionen auf alkalischen Systemen ist vielleicht die ursprüngliche starke Betonung der porösen Metallelektroden [2]. Die NASA-Apollo-Batterien basierten auf den Arbeiten von F. T. Bacon (England, 1946) und die heute noch überlebende Raney-Nickel- und Silber-Technologie wird von der Siemens A.G. in Erlangen, Bundesrepublik Deutschland, ausgeübt. Dort werden 7,5 kW-Wasserstoff-Sauerstoff-Batterien in Kleinserie gebaut.

Alkalische Brennstoffzellen-Systeme mit Kohleelektroden werden in Europa von der Firma „ELENCO, N.V.", Electric Energy Conversion, in Belgien gebaut. Diese Firma baut hauptsächlich 0,5- bis 1 kW-Moduls und setzt sie zu größeren Einheiten zusammen. Es werden dort auch intensive Studien über die Ausrüstung von Fahrzeugen mit Brennstoffbatterie-Systemen gemacht. Ein Hybrid-Bus ist als Versuchsfahrzeug in Betrieb. Dieses Fahrzeug leidet aber ebenfalls am hohen Gewicht der Bleibatterie, die zur Spitzenstromdeckung eingebaut wurde.

Luftelektroden für die Zellen der Chloralkali-Industrie wurden von einigen Firmen in den U.S.A. hergestellt (Union Carbide Corp., Diamond-Shamrock usw.). Diese Elektroden sind wie die der Brennstoffzellen Kohleelektroden, die mit Polytetrafluoräthylen gebunden sind. Dieselben Elektroden können in Zink-Luft- und Aluminium-Luft-Batterien eingesetzt werden. In der Deutschen Demokratischen Republik, in Bulgarien und in Jugoslawien wurden besonders leistungsfähige PTFE-Kohle-Luftelektroden entwickelt. Der Hauptanwendungszweck dürften Aluminium-Luft-Batterien werden. Auch in der Sowjetunion wird an Wasserstoff-Sauerstoff-Brennstoffbatterien seit vielen Jahren gearbeitet.

1.2 Arten von elektrochemischen Zellen

Es gibt die folgenden Gruppen von Energieumwandlern:

Energieproduzenten: Primärzellen und Brennstoffzellen
Energieverbraucher: Elektrolysezellen, Zellen zur Herstellung von Chemikalien, Metallabscheidung und elektrochemische Materialbearbeitung
Energiespeicher: Sekundärzellen, Akkumulatoren
Korrosionszellen: Kurzgeschlossene galvanische Zellen.

1.3 Der Energieinhalt und die Belastbarkeit

Einen Vergleich von verschiedenen Batteriesystemen zeigt Abb. 2 in einem doppelt logarithmischen Diagramm, wobei der Energieinhalt (Kapazität in Wattstunden) und die Belastbarkeit (in Watt) auf die Gewichtseinheit (kg) bezogen werden. Als Grundlage für den Vergleich zwischen aufladbaren Batterien, Brennstoffzellen und Verbrennungskraftmaschinen wurde der Antrieb eines Fahrzeuges (Gewicht 1 Tonne) benutzt, wobei das Gewicht der Energiequelle (einschließlich des Brennstoffes) mit 250 kg festgelegt wurde.

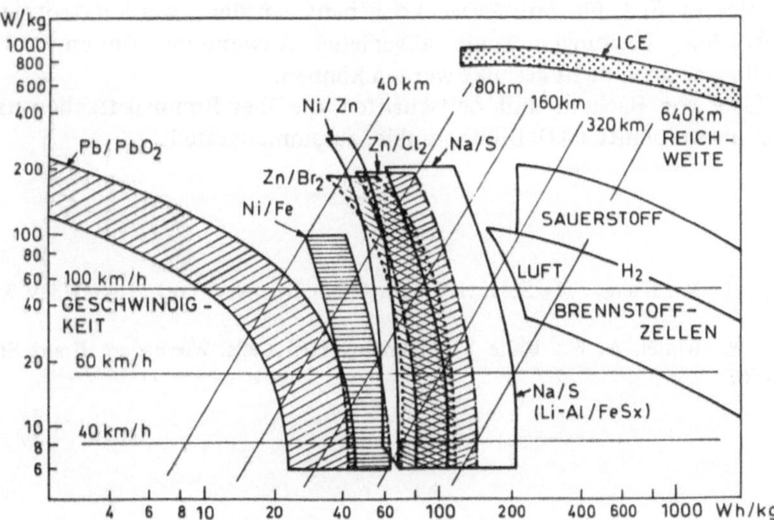

Abb. 2. Diagramm über die Abhängigkeit der Energiedichte (Wh/kg) von der Belastung (W/kg) verschiedener Batterien. Das darübergezeichnete Gitter gibt die Eignung für den Fahrzeugbetrieb an. Das Diagramm wurde für eine 300 kg schwere Batterie und ein 1 Tonnen-Fahrzeug erstellt

Die Sedundärzellen zeigen ein unterschiedliches Verhalten: Bleibatterien verlieren bei höherer Belastung sehr an Energiedichte, die Kurvenschar biegt nach links. Nickeloxid-Cadmium- und Silberoxid-Zink-Batterien haben sehr steile Kurven. Brennstoffbatterien haben die höchsten Kapazitätswerte, denn ihre Energiedichte ist hauptsächlich durch den Brennstoffvorrat bedingt. Die Verbrennungskraftmaschinen findet man in der rechten oberen Ecke des Diagramms: Sie können von keinem Batteriesystem erreicht werden, wenn man den Dauerbetrieb als Vergleichsgrundlage wählt. Annähernd kann jedoch für intermittierenden Betrieb mit Hybridsystemen das Auslangen gefunden werden. Das Fahren im Stadtverkehr benötigt Batterien mit hoher Pulsbelastbarkeit und eine Hochenergiebatterie. Die Sekundärzellen werden in den Perioden geringen Stromverbrauches wieder aufgeladen.

Ein solches Hybridsystem kann z.B. aus einer Bleibatterie, Zink-Brom-Nickeloxid-Cadmium- oder einer Silberoxid-Zink-Batterie bestehen. Die Silberoxid-Zink-Batterie kommt aus Preisgründen nicht in Frage. Die Nickeloxid-Zink-Batterie oder eine Zink-Brom-Batterie scheinen nach neueren Arbeiten gut geeignet zu sein.

Neben der ökonomischen und technischen Bewertung von Batterien ist die Frage nach dem Anwendungsgebiet wichtig. Eine Taschenlampenbatterie liefert elektrische Energie 1000mal teurer als das Hausnetz von der Steckdose, dennoch ist sie als kleine tragbare Energiequelle unersetzbar. In letzter Zeit wird die Tendenz augenscheinlich, mehr und mehr kabellose Geräte zu verwenden. Bei Kleinstbatterien für Uhren, Hörgeräte, Herzschrittmacher usw. spielt auch der Materialpreis keine Rolle mehr. Die Herstellung ist kostenbestimmend.

Brennstoffbatterien, wie sie für die Raumschiffahrt (Apollo- und Space Shuttle-Projekte) und für Militärzwecke gebaut wurden, werden trotz ihrer unübertrefflichen Leistungen keine allgemeine Anwendung finden, solange die Herstellungskosten nicht gesenkt werden können.

Eine Liste von Büchern und Zeitschriften, die über Brennstoffzellen unterrichten, ist im Abschnitt 10.0, Bibliographie, zusammengestellt.

Literatur

1. Bockris, J. O. M.: Energy: The Solar-Hydrogen Alternative. New York: John Wiley & Sons 1975.
2. Justi, E. W., Winsel, A. W.: Kalte Verbrennung, Fuel Cells. Wiesbaden: Franz Steiner Verlag 1962.

2.0 Die Entwicklung der Brennstoffzellen

2.1 Historische Zusammenfassung

Die Definition der Brennstoffzellen soll dieser kurzen historischen Zusammenfassung [1] vorausgestellt werden: „Eine Brennstoffzelle ist eine elektrochemische Zelle, die kontinuierlich die chemische Energie eines Brennstoffes und eines Oxidationsmittels in elektrische Energie umwandelt, wobei die Elektrodenprozesse grundsätzlich in einem invarianten Elektroden-Elektrolyt-System vor sich gehen" [2]. Diese grundsätzliche Formulierung geht auf Wilhelm Ostwald [3] zurück, der schon 1894 auf Grund von thermodynamischen Überlegungen erkannte, daß ein elektrochemisches Element einen höheren Wirkungsgrad erreichen kann als eine Wärmekraftmaschine, die durch Carnots Gesetz beschränkt ist. Dazu kommt noch die Tatsache, daß die Kapazität eines Brennstoff-Batteriesystems nur durch die Menge des mitgenommenen Brennstoffes begrenzt ist.

Das praktische Experiment von W. R. Grove [4] wird gewöhnlich als die erste Entdeckung der Brennstoffzelle und ihrer Umkehrung, der Elektrolyse bezeichnet. Damals war es nur eine Laboratoriums-Kuriosität. Um die Wende des Jahrhunderts beschäftigten sich bedeutende Wissenschafter wie W. Nernst [5] und R. Haber [6] mit den die Kohle direktoxidierenden Brennstoffzellen.

W. W. Jacques [7] veröffentlichte einen Artikel über die Verwendung der Brennstoffzellen in der Schiffahrt in Harpers Magazine. P. G. L. Noel [8] in Frankreich, E. W. Jungner [9] in Schweden und T. A. Edison [10] in Amerika glaubten fest an Brennstoffzellen.

J. Euler [11] verfaßte eine ausgezeichnete Sammlung der Arbeiten über galvanische Brennstoffzellen der Frühzeit.

Die Erwartungen wurden enttäuscht, weil sich viele der Materialprobleme und Schwierigkeiten erst im Laufe der Durchführung ergaben. Nach dem ersten Weltkrieg begannen erneut Arbeiten an den kohleoxidierenden Zellen. Die Ergebnisse waren ebenfalls unbefriedigend und in seiner Zusammenfassung im Jahre 1933 kam E. Baur [12] zu dem Schluß, daß die besten Aussichten für eine Brennstoffzelle durch ein galvanisches Element gegeben sind, wenn man Wasserstoff als Brennstoff verwendet und alkalische Elektrolyte benutzt. Bischoff, Justi und Spengler (1956) waren wahrscheinlich die letzten, die noch eine direkte Kohle-Brennstoffzelle (mit Kupferoxid-Luftelektroden) vorschlugen [13].

Die Ergebnisse von O. K. Davtyan [14], die 1946 veröffentlicht wurden,

waren der Beginn einer neuen Entwicklungsperiode. Davtyans Arbeiten und die
„Nernst-Masse" (ein Feststoffelektrolyt auf der Basis von Zirkonium- und
Yttriumoxid) waren für G. H. Broers und J. A. A. Ketelaar [15] die Ausgangs-
punkte für ihre Untersuchungen von Hochtemperatur-Zellen mit geschmolzenem
Karbonat-Elektrolyt. Sie verwendeten Kohlenwasserstoffe und Kohlenmonoxid
als Brennstoffe. Abb. 1 zeigt eine schematische Darstellung der Zelle von Broers.

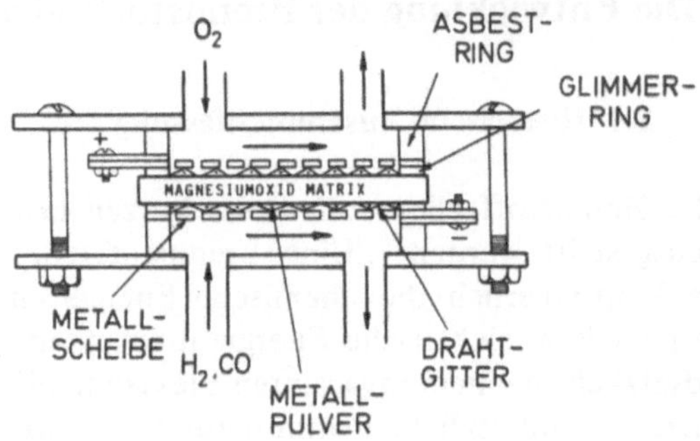

Abb. 1. Eine schematische Darstellung der H_2/CO-Luft-Brennstoffzelle von G. H. Broers
mit geschmolzenen Mischkarbonaten als Elektrolyt, der durch eine Magnesiumoxid-Matrix
immobilisiert wurde

Parallele Arbeiten wurden zu dieser Zeit von H. H. Chambers und A. D. S.
Tantram [16] in England ausgeführt. Der Pionier der Wasserstoff-Sauerstoffzellen
war jedoch F. T. Bacon [17], der in Cambridge 10 Jahre lang an Hochdruck-
zellen mit porösen Nickelelektroden arbeitete. Diese Elektroden hatten eine
Struktur mit verschiedener Porengröße in der dem Elektrolyten benachbarten

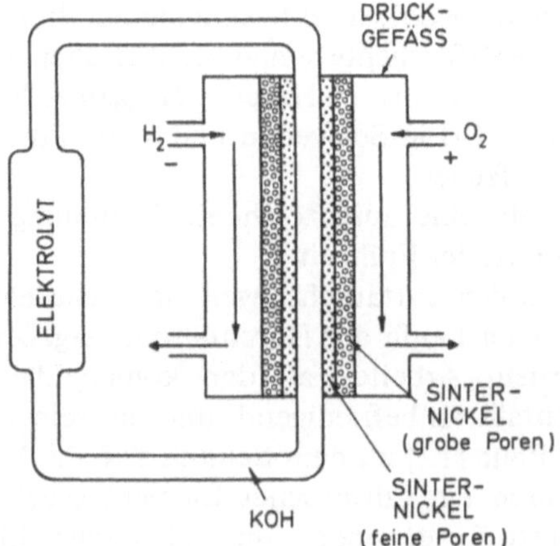

Abb. 2. Konstruktion des Brennstoffzellen-Systems nach Bacon. Die Elektroden aus porösem
Nickel hatten eine Doppelstruktur, um die innere Grenzfläche trotz wechselndem Gasdruck
aufrechtzuerhalten. Der Elektrolyt war eine 45% Kaliumhydroxidlösung, die Arbeitstemperatur
war 200–220 °C, der Druck etwa 40 atm

Schichte und in der Gasdiffusionsschichte. Dies war die wesentliche Erfindung zur Aufrechterhaltung der Reaktionsschichte innerhalb der Elektroden. Abb. 2 zeigt die prinzipielle Konstruktion des Brennstoffzellen-Systems von Bacon. Seine Brennstoffzellen wurden später die Grundlage des NASA-Apollo Brennstoffzellen-Programms, das mit der Ausrüstung der Mondraumschiffähre (1968) seinen Höhepunkt fand. Das Raumschiff hatte drei 32 V, 1,4 kW-Moduln (PC3A-2) parallel geschaltet, an Bord. Sie wurden von Pratt & Whitney in größerer Zahl gebaut. Diese NASA-Batterien bestanden aus 31 Zellen, arbeiteten bei niedereren Drucken (3–4 bar) als bei Bacon und ihre Arbeitstemperatur war ungefähr 200 °C, der KOH-Elektrolyt war also bereits im Hydratbereich. Die porösen Nickelektroden wurden nachkatalysiert. Die Mindestlebensdauer war mit 550 Stunden angegeben, bis 3000 Betriebsstunden wurden erreicht [18].

Niederdruck-Umgebungstemperatur-Zellen mit Kohleelektroden, die Wasserstoff als Brennstoff und Luft als Oxidationsmittel verwendeten, wurden ab 1950 von Union Carbide Corp. entwickelt. Zunächst in einer röhrenförmigen Konstruktion und später als dünne zusammengesetzte Elektroden, die poröses Nickel als Stromableitung und aktive Kohle als Arbeitsschicht verwendeten. Dieser Typ von Brennstoffzellen basierte auf den Studien von K. Kordesch und A. Marko [19], die besondere Aktivierungsmethoden von Kohlematerialien ergaben. Im Gegensatz zu den porösen Nickelektroden von Bacon, bei denen die Arbeitszone durch den Gasdruck und die Kapillarität festgelegt wurde, waren die

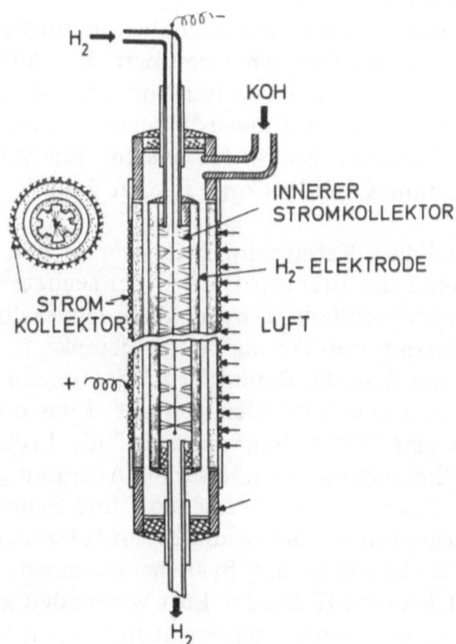

Abb. 3. Eine konzentrisch gebaute Wasserstoff-Luft-Batterie von Union Carbide Corp. Die porösen Kohlerohre waren hydrophobiert, um die Gase durchzulassen, ohne daß der Elektrolyt ausfließen konnte. Die KOH-Seite der Elektroden war katalysiert.
Äußerer Rohrdurchmesser: 28 mm, Wand: 3 mm

Kohleelektroden hydrophobiert und enthielten Spinelle als Katalysatoren. Eine Konstruktionszeichnung einer konzentrischen Wasserstoff-Luftzelle der Union Carbide Corp. zeigt Abb. 3.

Andere bedeutende Entwicklungen auf dem Gebiet der Metallelektroden für Brennstoffzellen fanden in den Jahren nach 1950 in Deutschland statt (E. Justi und Mitarbeiter [20]). Diesen Forschern gelang es, poröse Metallelektroden ohne Edelmetallkatalysatoren zu erzeugen, die auch bei Umgebungstemperatur auf Grund ihrer „Raney-Nickel"- oder „Raney-Silber"-Struktur hohe Stromdichten erreichen konnten. Diese Entwicklung wurde anschließend von der Varta AG [21] und später von der Siemens AG [22, 23] weitergeführt.

In den Jahren nach 1950 zeigten die elektrochemischen Erkenntnisse große Fortschritte, nicht zuletzt deswegen, weil Brennstoffzellen-Elektroden ausgezeichnete Versuchsobjekte für Experimente mit Gasdiffusions-Elektroden darstellten. Fast alle Prinzipien der physikalischen Chemie wurden theoretisch angewandt und mit den praktischen Erkenntnissen von Systemkonstrukteuren verbunden.

Die Struktur der porösen Elektroden wurde genau analysiert und Modelle wurden konstruiert, um das Benehmen der Elektroden unter Entladebedingungen besser zu verstehen. Die Rolle der Nernstschen Gleichung wurde erkannt und man kam zu der Einsicht, daß das Oberpotential nicht das Resultat, sondern die Ursache der Stromänderung war. Man erkannte die Bedeutung von Katalysatoren und den Einfluß von Druck und Temperatur auf erhöhte Reaktionsgeschwindigkeiten. Die Stabilität von Hydrophobierungsmitteln wurde durch die Verwendung von Polytetrafluoräthylen vergrößert. Es wurde erkannt, daß die Brennstoffzelle nur in einem System arbeiten konnte, in dem Hilfskomponenten wie Pumpen, Druckregler und Wärmeaustauscher ebenso wichtig waren wie die elektrochemische Batterie. Ein 4 kW-System für Wasserstoff-Sauerstoffbetrieb wurde von Union Carbide Corp. in den Jahren 1968−1970 für die U.S. Navy gebaut.

Der Fortschritt auf dem Katalysatorgebiet war in den Jahren 1970−1980 besonders groß. Während die Brennstoffzellen der sechziger Jahre noch 10 mg (und mehr) Platin pro cm^2 enthielten, wurde die Edelmetallmenge in der darauffolgenden Dekade auf weniger als 0,5 mg Pt/cm^2 gesenkt.

Mit der Abnahme der Zahl der Raumfahrtprogramme in den siebziger Jahren wurde das Interesse an Brennstoffzellen geringer. Eine direkte Transferierung extremer Technologie der NASA-Programme auf die Erdoberfläche war nicht unmittelbar möglich. Ein wichtiger Grund für die Ablehnung alkalischer Systeme war auch die Notwendigkeit, reinen Wasserstoff und Sauerstoff zu verwenden.

Aus diesen Überlegungen heraus ist die Brennstoffzellenentwicklung in den U.S.A. nach 1970 in Richtung auf Systeme gegangen, die Wasserstoff aus Reformeranlagen und Sauerstoff aus der Luft verwenden können. Abb. 4 zeigt das Prinzip einer Brennstoffbatterie gekoppelt mit einem Dampfreformer. Eine möglichst geringe Menge von Platinmetallkatalysatoren zu verwenden, wurde eine ökonomische Notwendigkeit. Reformergas enthält auch noch nach der Shift-Reaktion beträchtliche Mengen von CO und CO_2, die nur mit aufwendigen Mitteln zu entfernen sind. In Brennstoffzellen mit saurem Elektrolyt stört CO_2 nicht, die Verwendung von Luft ist unproblematisch. Der naheliegende saure Elektrolyt, nämlich Schwefelsäure, kann nicht verwendet werden, weil die bei höheren Temperaturen auftretende Schwefelabspaltung die Edelmetallkatalysatoren vergiftet. Höhere Temperaturen sind notwendig, um das in der Elektrodenreaktion produzierte Wasser durch Verdampfung zu entfernen. Sehr hoch konzentrierte Phosphorsäure, die bei einer Konzentration von über 85% als Gel vorliegt, hat sich trotz des höheren Widerstandes am besten bewährt. Eine Temperatur in der Nähe von 200 °C wird auch angestrebt, um CO-Vergiftung von Platin zu verhindern.

Wegen der schlechten Leitfähigkeit der Phosphorsäure muß die zur Immobilisierung verwendete Matrix, die ursprünglich aus Asbestpapier bestand, sehr dünn gewählt werden. Die Wahl des sauren Elektrolyten brachte es mit sich, daß nur poröse Kohleelektroden verwendet werden konnten und poröse Metallelektroden ausschieden. Der Edelmetallkatalysator wurde in geringen Mengen auf die großoberflächige Kohle aufgebracht. Die Verwendung von Kohleelektroden

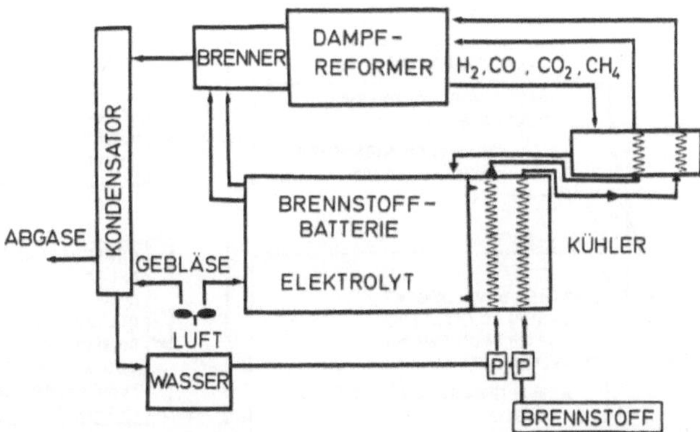

Abb. 4. Das Prinzip einer Brennstoffbatterie, gekoppelt mit einem Dampfreformer. Dieses System enthält keinen CO_2-Absorber, ist also nur für sauren Elektrolyten gebaut

ohne einen gut-leitenden Metallträger machte eine End- oder Kantenstromableitung, wie es bei Metallelektroden üblich war, unmöglich. Folgerichtig wurden daher diese phosphorsauren Brennstoffzellen mit Kohleelektroden als bipolare Systeme mit Ganzflächen-Stromableitung gebaut. Das Auftreten von parasitären Shunt-Strömen durch Elektrolytverbindungen zwischen den Zellen wurde ebenfalls durch die Konstruktion als Matrixzellen verhindert. In Zellen mit flüssigem Elektrolyt müssen zur Vermeidung dieser parasitären Ströme besondere Maßnahmen getroffen werden. Eine geeignete Maßnahme ist die Methode der „Shunt Current Elimination" [24].

In den U.S.A. dachte man zunächst an die Verwendung solcher sauren Brennstoffzellen für den Betrieb von Kleinkraftanlagen, z.B. für den Ersatz von Diesel-Stromversorgungsanlagen und in weiterer Folge an die Anwendung für den Stadtkraftwerksbau in der Größenordnung von einigen Megawatt. Die Verwendung von reformierten Kohlenwasserstoffen oder Methanol wurde als not-

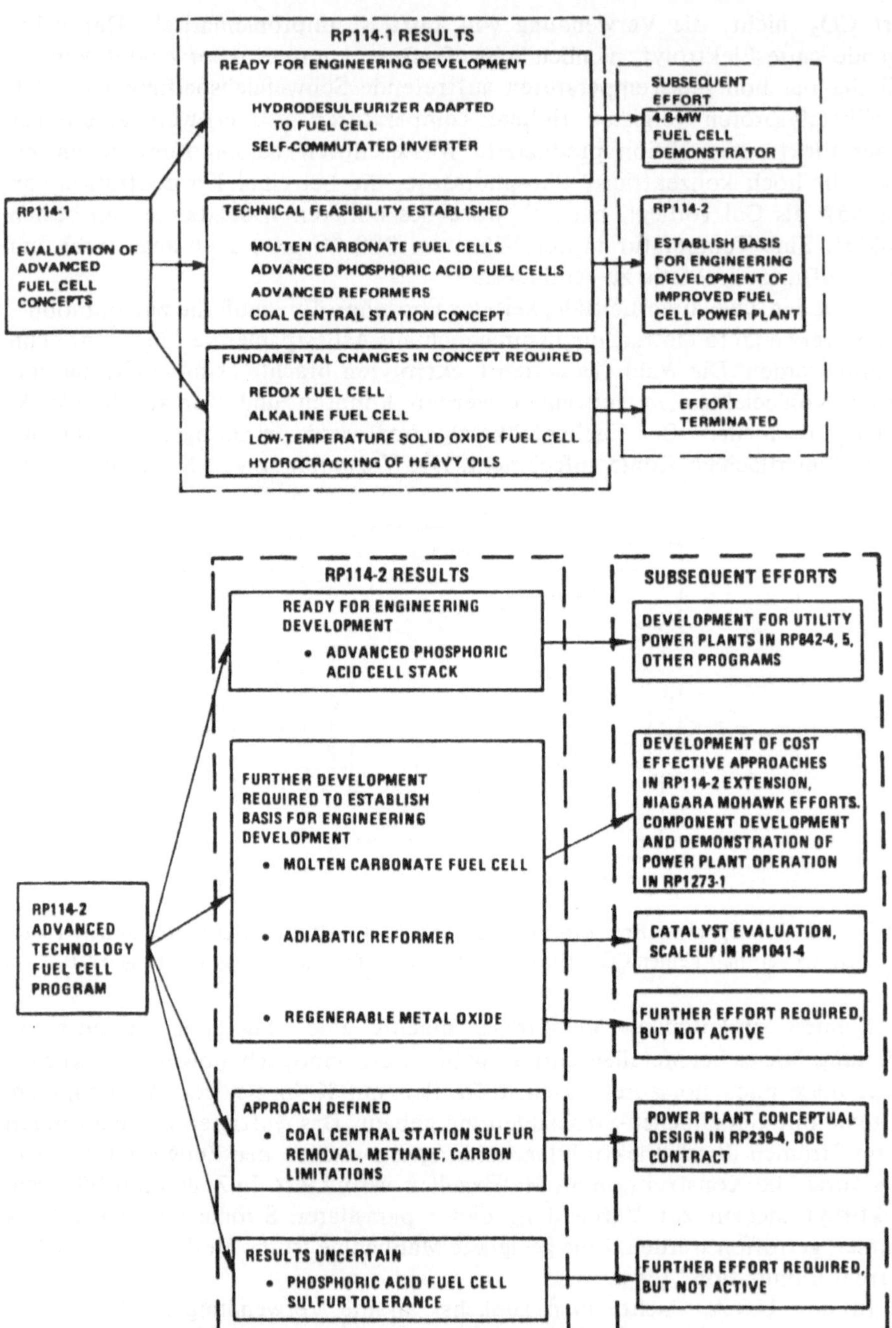

Abb. 5. Übersicht über ein Programm des Electric Power Research Institute. Teilnehmer waren: Edison Electric Institute, United Technologies Corp. und zehn Elektrizitäts- und Gas-Gesellschaften. Dieses Programm lief von 1974–1981

wendig angesehen. Die diesbezüglichen Forschungs- und Entwicklungsprogramme wurden von der U.S. Army begonnen und dann im Programm einer Arbeitsgruppe (Team to Advance Research for Gas Energy Transformation, Inc., „TARGET"), die sich aus Vertretern der Gas- und Elektrizitätsgesellschaften zusammensetzte, weitergeführt. Heute ist der Hauptvertreter dieser Richtung die United Technologies Corporation (Nachfolger von United Aircraft Corporation), die im Auftrag des Department of Energy (DOE) und des Electric Power Research Institutes (EPRI) ein 4,8 Megawatt-Stadtkraftwerk in New York baut. Abb. 5 gibt eine Übersicht über die Programme des Electric Power Research Institutes (EPRI) [25] zur weiteren Entwicklung von Brennstoffzellensystemen. Abb. 6 zeigt eine künstlerische Konzeption der Anlage des 4,8 Megawatt-Werkes. Ein zweites solches Werk entstand in Tokio; es wurde 1983 bereits mit Teillast in Betrieb genommen.

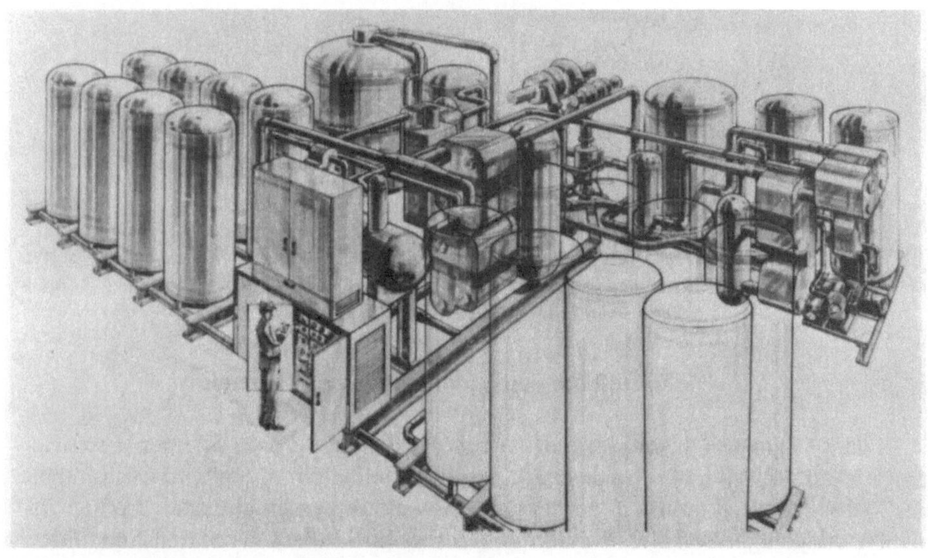

Abb. 6. Eine Skizze des im Bau befindlichen 4,8 MW-Kraftwerkes in New York, East River Drive, 14th Street. Nach der Umwandlung des Gleichstromes in Wechselstrom soll das Werk bis zu 4,5 MW ins Netz der Stadt liefern können

Weitere Firmen, die sich an dieser Technologie beteiligten, sind Energy Research Corporation (ERC), Westinghouse Corporation und Engelhard Industries. Besondere Erwähnung verdienen die Membranbrennstoffzellen der General Electric Company, die zuerst im „HOPE"-Programm der U.S. Air Force 1962 angewandt und später im Gemini-Programm der NASA fortgesetzt wurden. Die Solid-Polymer-Electrolyt-Zellen verwenden Ionenaustauschermembranen als Festelektrolyt. Die ersten Membranen bestanden aus Phenolsulfonsäureharzen, die neueren verwenden „NAFION", ein Material von hoher Korrosionsbeständigkeit. Abb. 7 zeigt eine Doppelzelle mit Kühlkanal zwischen den Membranelektroden.

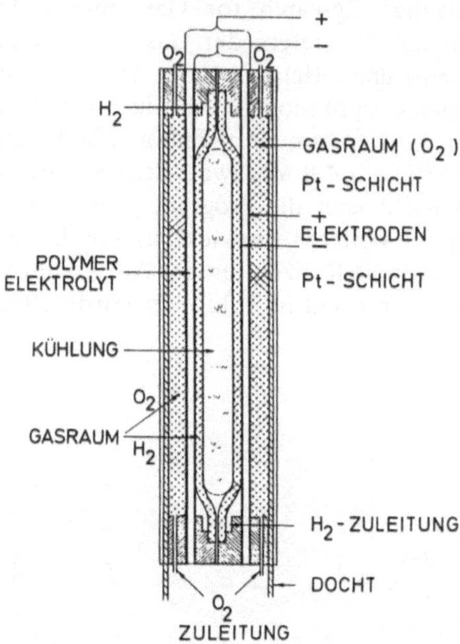

Abb. 7. Solid-Polymer-Electrolyte (SPE)-Zelle der General Electric Co. Die beiden Seiten der Membrane sind mit Katalysator belegt. Die Gaszuführung erfolgt jeweils zu einer Doppelzelle. Anwendung: NASA-Raumfahrtprojekte

2.2 Die Einteilung von Brennstoffzellensystemen

In der folgenden Liste werden verschiedene Typen von Systemen beschrieben. Die aufgezählten Projekte sind zum Großteil nicht mehr aktiv, sie haben aber historische Bedeutung in der langen Entwicklungsgeschichte der Brennstoffzellen errungen. Neben den Namen der Firmen, die diese Batterien herstellten bzw. solchen Institutionen, die spezielle Entwicklungen leisteten, werden auch die Namen der an diesen Entwicklungen hauptbeteiligten Personen genannt. Die heute (1984) auch noch aktuellen Systeme werden in den Kapiteln „Stationäre Brennstoffzellen-Systeme" und „Brennstoffbatterien für den Fahrzeugantrieb" mit ausführlichen Literaturangaben beschrieben. Auch auf den Abschnitt 10.0, Bibliographie, am Ende dieses Buches, wird hingewiesen.

A. Hochtemperaturzellen

A.1   Zellen mit schmelzflüssigem Elektrolyt

Pittsburgh Consolidation Coal Co. (Gorin, Recht)

Texas Instruments, Inc. (Trachtenberg)

Institute of Gas Technology (Baker)
General Electric Co. (Douglas)
Union Carbide Corporation (Kronenberg)
Central Technical Institute, T.N.O., Holland (Broers)
Sondes Place Research Inst., G.B. (Tantram, Chambers)
Gaz de France, Frankreich (Salvadori)

A.2 Festelektrolyt-Zellen

Westinghouse (Weissbart, Archer, Zahradnik)
Brown Boveri AG, Bundesrepublik Deutschland (Böhme)
Battelle-Institut Frankfurt, Bundesrepublik Deutschland (Baukal)
Battelle-Institut Genf, Schweiz (Tannenberg)
Universität von Grenoble, Frankreich (Deportes)
Universität von Nagoya, Japan (Takahashi)
Ural Institut der Akademie der Wissenschaften USSR (Palguev)

B. Mitteltemperaturzellen

B.1 Wasserstoff-Sauerstoffzellen unter Druck

Marshalls Flying School, England (Bacon)
Patterson-Moos Research Lab., Leesona Corp. (Moos)
Pratt & Whitney Division, U.A.C. (Morrill, Podolni)

B.2 Alkoholzellen

Methanolzelle der General Electric Co. (Cairns)
ESSO-Äthanolzelle (Heath)

C. Niedertemperatur-Brennstoffzellen

C.1 Mit Kohleelektroden (alkalischer Elektrolyt)

Union Carbide Corp. (Kordesch, Darland, Elbert, Clark)
Case Western Reserve University (Yeager)
Comp. Générale d'Electricité, Frankreich (Jaquelin).
Electrochemische Energieconversie N.V., Belgien (Spaepen)

C.2 Mit Platin-Schwarz-Elektroden

American Cyanamid Co. (Haldeman, Colman, Barber)
General Electric Co. (Grubb, Niedrach, Liebhafsky)
Engelhard Ind. (Adelhart)

C.3 Poröse Metallelektroden (alkalischer Elektrolyt)

Varta AG, Bundesrepublik Deutschland (Justi, Winsel)
Siemens AG, Bundesrepublik Deutschland (von Sturm, Cnobloch, Richter)
ASEA, Schweden (Lindström)
Allis Chalmers Manufacturing Co. (Kirkland, Platner)
Electric Storage Battery Co. (Ruetschi)

C.4 Mit Wolfram-Karbid-Elektroden

Siemens AG (Mund, Richter, von Sturm)

Allgemeine Elektrizitätsgesellschaft (AEG) (Pohl, Böhm)
Battelle-Institut Frankfurt (Binder, Köhler, Sandstede)

C.5   Zellen mit Ionenaustauscher-Membranen

General Electric Co. (Liebhafsky, Maget, Oster, McElroy)

C.6   Phosphorsäurezellen mit Matrix

Pratt & Whitney Div., United Aircraft Corp., TARGET-
Programm (Stonehart, Vogel, Lundquist, Podolni)
United Technologies Corp., Power Systems Div., DOE-EPRI
(Fortsetzung des TARGET-Programms, Kunz, Ross, Appleby)
Engelhard Ind. (Adelhart, Kaufman)
Energy Research Corp. (Baker, Maru, Christner)
Union Carbide Corp. (Scarr, Kordesch)

C.7   Elektroden mit Makrozyklischen Katalysatoren

Battelle-Institut Frankfurt (Sandstede)
Union Carbide Corp. (Kozawa)
Case Western Reserve University (Yeager)

C.8   Hydrazin-Brennstoffzellen

Union Carbide Corp. (Kordesch, Clark)
Allis Chalmers Mfg. Co. (Tompter, Anthony, Jasinski)
Monsanto Chem. Co. (Salathe)
Electrochimica Corp. (Eisenberg)
Electric Power Storage Co., England (Gillibrand, Lomax)
Universität Bonn, Bundesrepublik Deutschland (Vielstich)
Alsthom, Frankreich (Warszawski) Zweiphasen-System
Moscow Power Institute, USSR (Korovin)

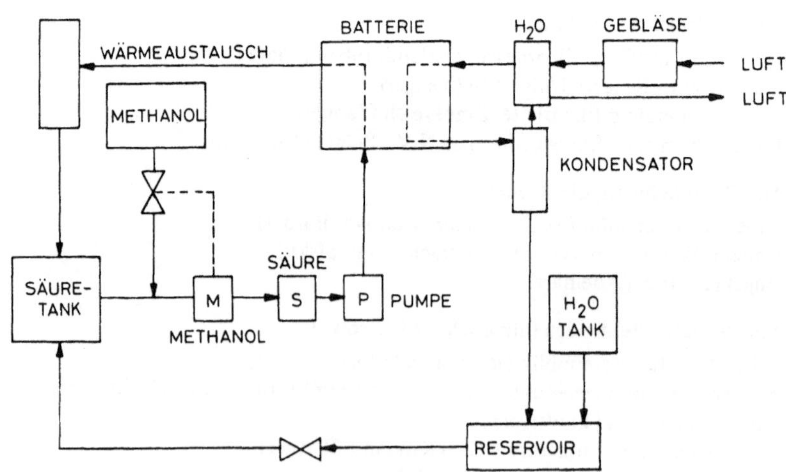

Abb. 8. Diagramm einer direkten Alkohol-Luft-Batterie mit saurem Elektrolyt (nach C.9)

C.9 Methanolzellen mit sauren Elektrolyten (Abb. 8)
ESSO Research and Engineering Co. (Heath, McNicol)
Exxon and Alsthom gemeinsam, Frankreich (Grimes)
Shell Research, England (Williams, Gregory)
General Electric Co. (Gilmann, Breiter)
Allis Chalmers Mfg. Co. (Wynveen)
Gould National Co. (Biddick, Douglas)

C.10 Formiate and Glykole usw.
Universität Braunschweig, Bundesrepublik Deutschland (Justi, Winsel)
Universität Bonn, Bundesrepublik Deutschland (Vielstich)
Allis Chalmers Mfg. Co. (Grimes)

C.11 Direkte Kohlenwasserstoffzellen
ESSO Research and Engineering Co. (Heath)
General Electric Co. (Breiter, Gilman, Grubb, Niedrach, Cairns)
Battelle-Institut Frankfurt, Bundesrepublik Deutschland (Binder, Köhling)
California Research Corp. (Schlatter)
Tyco Laboratories (Brummer, Giner)

D. Andere Systeme

D.1 Redox-Zellen
General Electric Co. (Carson)
NASA (Thaller, Reid)
Giner, Inc. (Giner)

D.2 Biochemische Zellen
Magna Corp. (Perry, Rohrback)
Melpar, Inc., Philco Corp., Marquart Corp.

D.3 Regenerierbare Zellen
Pratt & Whitney (Podolny)
General Electric Co. (Gilman, Niedrach)
Xerox Corporation (Klein)

D.4 Thermisch regenerierbare Zelle (Abb. 9)
Lithium-Wasserstoff: MSA Corp. (Shearer)

D.5 Photochemische regenerierbare Zelle
Philco Corp. (Zaromb, Kalhammer)

D.6 Nuklear regenerierbare Zelle
Union Carbide Corp. (Bennett) [26]

D.7 Salpetersäure — regenerierbare Zelle
ESSO Research and Engineering Co. (Shropshire, Tarmy)

D.8 Natrium-Amalgam-Zelle
Kellogg Co. (Yeager)

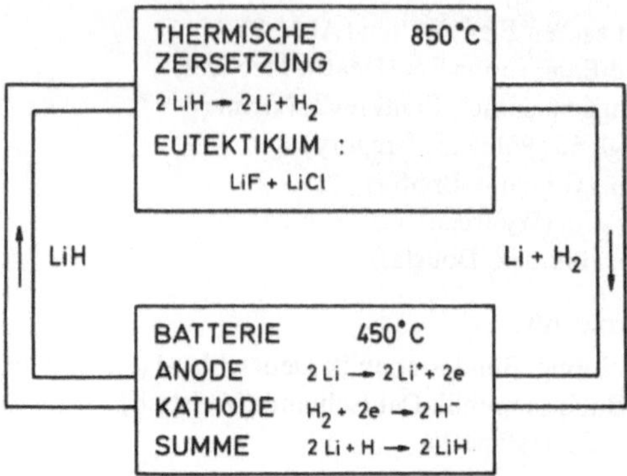

Abb. 9. Eine thermisch regenerierbare Lithiumhydrid-Wasserstoff-Kreislauf-Zelle nach D.4. Das System unterliegt dem Carnotschen Gesetz

E. Indirekte (Konverter)-Zellen

E.1   Ammoniakzellen
Engelhard Ind. (Adelhart)
Varta AG, Bundesrepublik Deutschland (Winsel)

E.2   Katalytische Kohlenwasserstoff-Reformierung in der Zelle
Leesona-Moos Lab. (Moos) mit Pd-Ag-Membrane
Battelle-Institut, Columbus (Hardy) mit reformierender Anode

E.3   Kohlenwasserstoff-Reformierung außerhalb der Zelle
Institute of Gas Technology (Baker)
Pratt & Whitney Div., United Aircraft (Bartosh)
Allis Chalmers Manufacturing Co. (Kirkland)
ESSO Research and Engineering Co. (Heath)
Union Carbide Corp. (Rothfleisch)
Shell Co., England (Williams)
U.S. Army, Ft. Belvoir (Frysinger)

2.3 Geschichte der Kohleelektrode

2.3.1 Sauerstoff (Luft-) Elektroden in alkalischen Elektrolyten

Die Kohleelektrode als wesentlichster Bestandteil von alkalischen und sauren Brennstoffzellen hat auch die meisten Entwicklungsschritte aufzuweisen. Die ältesten Arbeiten werden in Büchern von Gunterschulze [27] und Drucker und Finkelstein [28] beschrieben. Die ersten Kohleelektroden wurden in Luft-Zink-Zellen verwendet. Das Element, das Féry um die Zeit des ersten Weltkrieges baute, verwendete Blockkathoden aus komprimierter Holzkohle mit Platin-schwarz als Katalysator. Der Elektrolyt war Ammoniumchlorid und die Stromdichten waren nur etwa 1 mA/cm^2. Die Elemente der Firma Le Carbone verwendeten ebenfalls poröse Elektroden aus Holzkohle, aber in der Form von Röhren. Die Kohle wurde durch eine Behandlung mit einer Lösung von 5% Paraffin in Benzol elektrolytabstoßend gemacht. Auch hier war der Elektrolyt noch Ammoniumchlorid.

Nyberg [29] verwendete bereits Natriumhydroxid als Elektrolyt, seine poröse Kohlenelektrode wurde aus Koks und Kohlenteer hergestellt, die Mischung wurde auf 800 °C erhitzt. Die Porosität der Elektrode betrug 20–40%. Die Hydrophobierung wurde mit einer Lösung von Paraffin in Äther ausgeführt. Eine besondere Abart dieser Kathode war eine Kohleelektrode mit verschiedenen Porengrößen, wobei eine Schichte vom Elektrolyt benetzt wurde und die andere durch die Hydrophobierung trockengehalten wurde. Stromdichten bis zu 25 mA/cm^2 wurden erreicht, aber die Zellen waren untereinander sehr ungleich, wahrscheinlich wegen der verschiedenen Benetzung durch den alkalischen Elektrolyten.

Eine beträchtliche Verbesserung wurde von Schumacher und Heise [30] von der National Carbon Company erzielt. In der endgültigen Form dieser Luft/Sauerstoff-Elektroden wurde eine Schichte von aktiven Kohleteilchen, mit Plastik gebunden direkt auf eine perforierte Eisenplatine aufgetragen. Diese Elektroden waren dünner als die Blockausführung, waren stärker und hatten eine größere Leitfähigkeit. Die Stromdichte mit Luft betrug etwa 10 mA/cm^2, mit Sauerstoff bis 100 mA/cm^2. Der Elektrolyt war Natronlauge bzw. Kalilauge.

Eine weitere beträchtliche Verbesserung wurde durch das Einbringen von Metall und Metalloxidkatalysatoren in die Kohlestruktur erzielt. Während dieses Prinzip an sich schon lange bekannt war, konnte es erst erfolgreich angewendet werden, nachdem stabile Katalysatoren auf gut leitenden Kohleoberflächen deponiert wurden. Kordesch und Marko [31] erzielten mit Spinell-Katalysatoren [32, 33] Stromdichten von 30 mA/cm^2 mit Luft und über 100 mA/cm^2 mit Sauerstoff.

2.3.2 Wasserstoffelektroden

Bereits 1923 wurde von A. Schmid [34] eine Kohle-Wasserstoffelektrode mit hoher Leistung beschrieben. Er verwendete Bogenlampenkohlen, die er mit Platin (aus verdünnten Lösungen) überzog. Seine besten Elektroden erlaubten Stromdichten in der Größenordnung von 20 mA/cm^2 und hatten eine Lebensdauer von etlichen Tagen. Schmids Elektroden wurden in sauren Elektrolyten verwendet und benötigten den Gasdruck, um den Elektrolyt aus den Poren herauszuhalten. Aus diesem Grund war eine sehr gute Gleichheit der Poren notwendig. Dies wurde dadurch erreicht, daß man die röhrenförmigen Kohleelektroden sorgfältig polierte, bevor das Edelmetall aufgetragen wurde. Wahrscheinlich wurden durch das Polieren die größeren Poren mit abgeriebenem Material verschlossen. Verschiedene Forscher versuchten Schmids Resultate zu reproduzieren, doch die Ergebnisse waren sehr verschieden. Kordesch und Mitarbeiter [35, 36] erreichten nach der Methode von Schmid etwa 10 bis

20 mA/cm². Durch Kombination der Gasphasen-Aktivierungsmethoden für Sauerstoffelektroden mit der Abscheidung von Platinmetallen in großoberflächiger Form [37] wurden später bei Union Carbide Corp. Stromdichten bis 100 mA/cm² erreicht. Eine wesentliche Maßnahme war die verbesserte Hydrophobierung der Wasserstoffelektroden für die Verwendung in alkalischem Elektrolyt (KOH).

2.3.3 Kohleelektroden für saure Elektrolyte

Die Betriebsbedingungen für saure Elektrolyte stellen an das Kohlematerial beträchtliche Anforderungen. Ursprünglich wurden saure Zellen bei einer Temperatur von 120–130 °C mit 85%iger Phosphorsäure betrieben. Da sich das CO im Brenngas als für die Platinkatalysatoren schädlich erwies, wurde die Arbeitstemperatur auf etwa 200 °C hinaufgesetzt, wodurch die Vergiftungseffekte des CO praktisch verschwanden. Die chemische Stabilität und die Oxidationsfestigkeit des Kohlematerials muß besonders hoch sein. Als notwendige Lebensdauer für Kraftwerkselektroden wurden 40 000 Stunden vorausgesetzt. Das in den siebziger Jahren verwendete Kohlematerial erwies sich als nicht ausreichend stabil, besonders wenn die Brennstoffzellen in intermittierendem Betrieb eingesetzt wurden. Im Dauerbetrieb ist die Zellspannung etwa 0,6–0,7 V, aber in den Ruhepausen steigt sie bis über 0,9 V an, was einer hohen Oxidationswirkung an der Sauerstoffelektrode entspricht.

Kohlematerialien konnten durch Dampf- oder CO_2-Behandlung bei 800 °C stabilisiert werden, weil aktive Oberflächengruppen in leicht oxidierender Atmosphäre entfernt werden und der Rest des Kohlegerüstes dadurch chemisch widerstandsfähig wird. In letzter Zeit wurden pyrolitische Kohlematerialien aus der Gasphase auf großoberflächigen Substraten abgeschieden.

Verbesserungen der Elektrolyte für saure Brennstoffzellen lassen es für möglich erscheinen, daß auch dort der Wirkungsgrad wesentlich erhöht werden kann. Elektrolyte, wie z.B. Trifluormethansulfonsäure, erlauben es, die Zellen bei etwa 90 °C mit derselben hohen Stromdichte arbeiten zu lassen, wie früher bei 200 °C. Der Ersatz der Phosphorsäure durch diese neuen Säuren erhöht auch die Klemmenspannung um etwa 0,1 V. Damit wird der Wirkungsgrad näher an den der alkalischen Zellen herangebracht. Eine Auswertung in bezug auf Lebensdauer der Elektroden muß noch abgewartet werden.

2.3.4 Polymer-Membranzellen

Neuere Arbeiten haben gezeigt, daß die Strombelastbarkeit der „Solid-Polymer-Elektrolyt"-Zellen der General Electric Co. in derselben Größenordnung ist wie die der alkalischen und phosphorsauren Zellen, mit dem Vorteil, daß die S.E.P.-Zellen bei nur mäßig erhöhten Temperaturen arbeiten. Die Lebensdauer solcher Zellen wird jetzt mit 5 000 bis 10 000 Stunden angegeben. Diese Zellen wurden parallel mit Wasserstoff-Sauerstoff-Elektrolysezellen entwickelt. Im wesentlichen bestehen diese Zellen aus einer „Nafion"-Membrane, die beiderseitig mit Platinmetallkatalysatoren belegt ist. Die benötigte Platinmenge ist gegenwärtig noch zu hoch, um eine ökonomische Anwendung zu ermöglichen.

Die Systemberechnungen für die Auslegung eines Personenfahrzeuges sind allerdings äußerst verlockend [38].

2.4 Die Konstruktion der Brennstoffzellen

Im Verlaufe der vergangenen Jahrzehnte hat sich die Konstruktion der Zellen bzw. Batterien stark geändert. Die alkalischen Zellen waren mit gut leitenden Metallgittern bzw. porösen Nickelschichten als Stromableiter ausgerüstet. Auf diese Weise konnte der Strom vom Rand der Elektroden abgenommen werden. Zellen mit saurem Elektrolyten konnten keine Metallbestandteile verwenden, das Elektrodensystem mußte daher vollständig aus Kohlematerialien hergestellt werden. Die Bauweise der Zellen änderte sich von der „monopolaren" auf die „bipolare" Konstruktion. Die Kontaktierung erfolgte zunächst durch dünne, gerillte Graphitplatten, wobei die Kanäle zugleich als Gaszuführung dienten [39, 40]. Durch die Aneinanderreihung solcher Bauelemente entsteht eine in Serie geschaltete Batterie, ohne daß Außenverbindungen zwischen den Zellen notwendig sind. Nur die Endelektroden einer solchen Anordnung sind monopolare Elektroden. Für weitere Details siehe das Kapitel 7.0 Elektrodentechnologie.

2.4.1 Brennstoffbatterien für elektrische Fahrzeuge

Ist reiner Wasserstoff aus Elektrolyseanlagen, z.B. als Beiprodukt der Herstellung von schwerem Wasser, oder bei einem Überfluß von Wasserkraft- oder Kernenergie vorhanden, so sollte man alkalische Zellen verwenden. Länder, die dafür in Betracht kommen, sind Kanada, Schweden und Frankreich. Auch für die Anwendung von Brennstoffzellen in elektrischen Fahrzeugen, bei denen der Wasserstoff in Form von komprimiertem Gas, Flüssiggas, Hydrid oder nach schon seit langer Zeit geäußerten Vorschlägen als flüssiger Ammoniak mitgeführt werden kann, sind alkalische Zellen zu empfehlen. Die Verwendung von Brennstoffzellen im Automobilbetrieb würde große Reichweiten mit einer Füllung ermöglichen und das Aufladen von Akkumulatoren durch Auffüllen der Wasserstoffspeicher ersetzen. Versuche in dieser Richtung wurden schon vor einiger Zeit durchgeführt [41, 42].

Mit den heute erreichbaren hohen Stromdichten und hohen Lebenserwartungen der Zellen wäre es ohne weiteres denkbar, daß Fahrzeuge mit Brennstoffzellenantrieb innerhalb von 10 Jahren entwickelt werden könnten. Brennstoffzellen für den Fahrzeugbetrieb haben es insoferne leichter, als 5 000 Betriebsstunden, das sind etwa 250 000 km gefahrene Strecke, völlig ausreichen würden, während im stationären Kraftwerksbetrieb etwa 40 000 Betriebsstunden die unterste Grenze bedeuten. Schwieriger ist allerdings die Kostenfrage: Während man bei Kraftwerken bis zu 1000 $ pro installierter kW-Leistung rechnen kann und erwartet, daß man auf etwa 500 $ pro kW herabkommen kann, darf man bei einem Automobil höchstens 100–200 $ pro kW ansetzen. Aus diesem Grund ist auch die Kombination einer Brennstoffzellenbatterie mit einer Sekundärbatterie (Hybridsystem) sehr günstig. Die teure Brennstoffbatterie hat dann nur die durchschnittliche Leistung zu erbringen, während die aufladbare Batterie für die Spitzenleistungen beim Anfahren und Beschleunigen zu sorgen hat.

2.4.2 Brennstoffzellen für stationäre Anlagen

Das Phosphorsäure-System wurde die bevorzugte Wahl für Brennstoffzellenanlagen in der Größenordnung von 20–100 kW Leistung (als Ersatz für Dieselaggregate) und für Kleinkraftwerke von einigen Megawatt Leistung. Entsprechend diesem Ziel wurde auch die Integration mit der notwendigen katalytischen Dampfumformung zur Verwendung mit Methan, Kerosin oder Naphta entwickelt. Parallel dazu wurden auch die notwendigen Arbeiten an den elektrischen Aggregaten zur Umwandlung des Gleichstromes in hochgespannten dreiphasigen Wechselstrom ausgeführt.

In neuester Zeit denkt man daran, Kleinkraftwerke nicht mit Phosphorsäurezellen, sondern mit Hochtemperaturzellen mit geschmolzenem Karbonatelektrolyten auszuführen. Der Grund ist, daß der Wirkungsgrad bei den Hochtemperaturzellen wegen des Wegfalls des Dampfumformers wesentlich höher ist. Es ist viel leichter, die hochwertige Abwärme anderwärts zu verwenden, und außerdem braucht man bei Hochtemperaturzellen keine Edelmetallkatalysatoren. Als negative Merkmale kann man Materialprobleme, die lange Anlaufzeit und die Empfindlichkeit gegen thermische Zyklen anführen. Die Entfernung von Schwefel muß vollständig erfolgen. Es erscheint offensichtlich, daß durch die verschiedenen Betriebsbedingungen eine logische Trennung in stationäre Kleinaggregate und stationäre Kraftwerke gegeben ist.

Ein wesentlicher Grund für den relativ niedrigen Wirkungsgrad der Phosphorsäurezellen ist der hohe Potentialabfall an der Luftelektrode. Die Betriebsspannung pro Zelle beträgt nur 0,6–0,7 V, während alkalische Zellen eine Spannung von über 0,8 V haben. Diese Rechnungen schließen den Verlust bei der Dampfreformierung nicht ein, deswegen sind die Bestrebungen, alkalische Zellen dort zu benutzen, wo vom Brennstoff her die Möglichkeit dafür besteht (Elektrolyse-Wasserstoff), wieder aktuell geworden.

Literatur

1. Kordesch, K. V.: 25 Years of Fuel Cell Development (1951–1976). J. Electrochem. Soc. *125*, 77C–91C (1978).
2. NEMA Standard, Publ. No. CV 1-1968, National Electrical Mfgs. Assoc., New York (1968).
3. Ostwald, W.: Z. Electrochem. *1*, 122 (1894).
4. Grove, W. R.: Philos. Mag *3*, 14, 127 (1839).
5. Nernst, W.: Deutsches Patent No. 259,241, 1912.
6. Haber, R., Brunner, L.: Z. Electrochem. *10*, 697–713 (1904).
7. Jacques, W. W.: Harpers Magazine *96*, 559, 144–150 (1896).
8. Noel, P. G. L.: Franz. Patent Nr. 350,111, 1904.
9. Jungner, E. W.: British Patent No. 15,727, 1906.
10. Edison, T. A.: U.S. Patent No. 435,688, 1890.

11. Euler, J.: Aus der Frühzeit der galvanischen Brennstoffelemente. Varta Publikation, Frankfurt 1966.

12. Baur, E., Tobler, J.: Z. Elektrochem. *36*, 169 (1933).

13. Bischoff, K., Justi, E., Spengler, H.: Jahrb. Akad. Wiss. Lit., Abhdl. Math.-Naturw. Kl. Nr. 1, 1956.

14. Davtyan, O. K.: Bull. Acad. Sci. USSR, Sci. Technol. *107*, 125 (1946).

15. Broers, G. H.: Doktorarbeit an der Universität Amsterdam (1958).

16. Chambers, H. H., Tantram, A. D. S.: In: Fuel Cells, Vol. 1 (Young, G. T., ed.). New York: Reinhold Publishing Co. 1960.

17. Bacon, F. T.: BEAMA Journal *6*, 61 (1954).

18. Morrill, C. C.: The Apollo Fuel Cell System. Proceedings, 19th Annual Power Sources Conference, Atlantic City 1965, p. 38; PSC Publications Committee, reprinted copies from: The Electrochem. Soc. Inc., Pennington, NJ 08534.

19. Kordesch, K., Marko, A.: Österr. Chem. Ztg. *52*, 125 (1951).

20. Justi, E., Scheibe, W., Winsel, A.: Jahrb. Akad. Wiss. Lit. (Mainz) 1955.

21. Wendtland, E., Winsel, A.: Elektrochemische Eigenschaften gespülter Gasdiffusionselektroden. Chemie-Ingenieur-Technik *39*, 756 (1967).

22. Mund, K.: Über die Struktur von Katalysatoren und Elektroden für die elektrochemische Umsetzung von Gasen. Siemens AG, Forschungs- und Entwicklungsberichte *4*, 1 (1975).

23. Mund, K., Sturm, F. von: Electrochimica Acta *20*, 463 (1975).

24. Bellows, R. J., Grimes, P. G., Elspass, C. W.: U.S. Patent No. 4,285,794.

25. Electric Power Research Institute: Advanced Technology Fuel Cell Program, Project 114. EPRI Report EM-1730, March 1981.

26. Nuclear Regenerative Fuel Cell, 5 W. NObs-78828, USN/BuShips 6/60-9/62.

27. Gunterschulze, A.: Galvanische Elemente. Halle: W. Knapp 1928.

28. Drucker, C., Finkelstein, A.: Galvanische Elemente und Akkumulatoren. Darstellung der Theorie und Technik, nebst Patentregister. Leipzig: Akad. Verlagsges. 1932.

29. Nyberg, H. D.: Z. Elektrochem. *30*, 594 (1924).

30. Schumacher, E. A., Heise, G. W.: J. Electrochem. Soc. *99*, 191 C (1952).

31. Kordesch, K., Marko, A.: Microchem. microchim. acta *36*-7, 420–424 (1950).

32. U.S. Patent No. 2,615,932, 1952.

33. U.S. Patent No. 2,669,598, 1954.

34. Schmid, A.: Die Diffusions-Gaselektrode. Stuttgart: Enke 1923. Auszug in: Helvetica Chimica Acta 7, 549 (1924).

35. Kordesch, K., Martinola, F.: Monatshefte für Chemie *84*, 39 (1953).

36. Hunger, H., Marko, A.: 5th World Power Conference, Vienna, 1956, paper No. 275 K/11.

37. Kordesch, K.: Fuel Cells. ACS Monograph Nr. 146. New York: Reinhold Publishing Co. 1960. Auszug in: Ind. Engr. Chem. *52*, 256 (1960).

38. Feasibility Study of SPE Fuel Cell Powerplant for Automotive Applications, DP-108, February 23, 1981, General Electric Co., Wilmington, Mass.

39. Litz, L. M., Kordesch, K. V.: Technology of Hydrogen-Oxygen Carbon Electrode Fuel Cells. In: Fuel Cell Systems, Advances in Chemistry Series 47 (Gould, R. F., ed.), pp. 166–187, American Chem. Soc. 1965.

40. United Technologies Corp., EPRI Report EM-1730, March 1981.

41. Kordesch, K. V.: Hydrogen-Air/Lead Battery Hybrid System for Vehicle Propulsion. J. Electrochem. Soc. *118*, 812–817 (1971).

42. McCormick, B., Huff, J., Srinivasan, S., Bobbett, R.: Application Scenario for Fuel Cells in Transportation, Report LA-7634-MS, February 1979, Los Alamos National Laboratory.

3.0 Theoretische Grundlagen

3.1 Die elektrochemische Energieumwandlung

3.1.1 Thermodynamik

Die direkte Methode der Energieumwandlung mit galvanischen Elementen vermeidet, wie schon erwähnt, die Begrenzung der Wärmekraftmaschine nach dem Carnotschen Gesetz und kann im Idealfall über 90% der chemischen Energie in elektrische Energie umwandeln. Praktische Werte liegen um 60%. Der Maximalwirkungsgrad einer Brennstoffzelle wird durch die freie Energie der Zellreaktion (ΔG) und die Enthalpie für die Verbrennungsreaktion (ΔH) bestimmt. Die Differenz zwischen diesen Werten wird durch den Entropieunterschied (ΔS), multipliziert mit der absoluten Temperatur (T), bestimmt. Für die Standardabweichungen gilt

$$\Delta G_0 = \Delta H_0 - T \cdot \Delta S_0 . \tag{1}$$

Die Reaktionsentropie ist meist ein kleiner Wert, so daß der Wirkungsgrad (W) nahezu eins wird, wie man leicht erkennt aus

$$W = \frac{\Delta G}{\Delta H} = \frac{\Delta G}{\Delta G + T \cdot \Delta S} = 1 - \frac{T \cdot \Delta S}{\Delta H} . \tag{2}$$

ΔH kann kalorimetrisch ermittelt werden, ΔS wird aus den spezifischen Wärmen errechnet.

Damit kann man die in einer Wärmekraftmaschine zu gewinnende Arbeit (A) vergleichen, die von den Temperaturen abhängt, bei denen die Vorgänge stattfinden

$$A = \frac{T_1 - T_2}{T_1} \cdot \Delta H . \tag{3}$$

Der Carnot-Faktor ist der in Gl. (3) aufscheinende Quotient. Die Temperaturen werden in Grad Kelvin (K) gemessen. Die Entropieänderungen sind ebenfalls vernachlässigbar. Ein guter Wirkungsgrad wird also nur bei einer hohen Arbeitstemperatur (T_1) erreicht, oder wenn T_2 gegen Null geht.

3.1.2 Elektrochemische Grundgesetze

Entsprechend den Gesetzen der Thermodynamik ist die elektromotorische Kraft (EMK, E_0, Spannung in Volt) durch die Gibbssche freie Energie gegeben

$$\Delta G_0 = -n \cdot F \cdot E_0 \quad \text{oder} \quad E_0 = -\Delta G / nF , \tag{4}$$

wobei n die Anzahl der Elektronen pro Reaktionsformel und F die Faradaysche Konstante (96 500 Coulomb oder 26,8 Amperestunden) bedeuten. Mit einem Wert von ΔG für die Wasserstoff-Sauerstoff(Knallgas)-Reaktion von etwa 232 000 Joules, sollte die EMK (unbelastete Zellspannung) der Wasserstoff-Sauerstoff-Zelle etwa 1,2 V betragen. Ebenso sollte die Stromlieferung pro H_2-Formelumsatz, d.h. 2 g Wasserstoff (zwei Elektronen) 53,6 Ah betragen.

Da sich ΔH_0 mit der Temperatur nur gering ändert, ist die Temperaturabhängigkeit von E_0 (aus Gln. (1) und (4)) wie folgt gegeben

$$dE_0/dT = \Delta S_0/n \cdot F \,. \tag{5}$$

Dies bedeutet, daß die EMK eines Elements mit der Temperatur zunimmt, wenn die Entropie der Reaktionsprodukte größer ist als die der Ausgangsstoffe (ΔS ist negativ), was normalerweise der Fall ist, denn Entropiezunahme bedeutet Vergrößerung der statistischen Verteilungswahrscheinlichkeit.

Die Konzentrations- bzw. Druckabhängigkeit der EMK wird durch die Nernstsche Gleichung gegeben

$$E = E_0 - (R \cdot T/n \cdot F) \cdot \ln K \,. \tag{6}$$

R ist die allgemeine Gaskonstante und K ist die Gleichgewichtskonstante der jeweiligen Reaktion. Für praktische Anwendungen, soweit T konstant ist, faßt man alle Konstanten zusammen und rechnet auch den natürlichen Logarithmus in den dekadischen um. Damit ergibt sich z.B. für eine Änderung der Konzentration des Elektrolyten (z.B. zur Bestimmung der pH-Abhängigkeit)

$$E = E_0 - (0{,}059/n) \cdot \log c_1/c_2 \tag{7}$$

oder für die Änderung der Elektrodenspannung mit dem Druck

$$E = E_0 - (0{,}059/n) \cdot \log p_1/p_2 \,. \tag{8}$$

3.1.3 Elektroden.„Polarisation" bzw. -„Überspannung"

Die Verluste in galvanischen Elementen im Zustand der Stromlieferung sind von der Kinetik der Elektrodenreaktionen, der Art des physikalischen Aufbaues (Geometrie der Zelle) und durch den verwendeten Elektrolyten bestimmt. Diese Verluste hat man seit der Frühzeit der Elektrochemie „Polarisation" der Elektroden genannt und bezeichnete dadurch eine Vielfalt von Phänomenen, die mit der Kinetik der Elektrodenreaktionen zu tun hatten: mit der Einstellung des dynamischen Gleichgewichtes, mit dem An- und Abtransport von Reaktionspartner (Massentransport) und sogar mit geometrischen Faktoren (z.B. die Abhängigkeit des Widerstandes von der Elektrodengestalt).

Anstelle des Ausdruckes „Polarisation" wird neuerdings oft die Bezeichnung „Überspannung" bevorzugt. Dieser Ausdruck kann sowohl für den stromliefernden Prozeß (Entladung) einer Zelle, wie auch für die chemischen Prozesse bei der Stromzuführung (Aufladung) einer Zelle angewandt werden. Anwendungstechnisch gesprochen ist die „Überspannung" diejenige Spannungsdifferenz, die man mißt, wenn man die „Ruhespannung" einer unbelasteten Zelle mit der

„Klemmenspannung" der stromliefernden oder stromaufnehmenden Zelle vergleicht. Beim Entladen ist die Klemmenspannung immer tiefer, beim Laden immer höher als die Ruhespannung. Die Überspannung (in positiver oder negativer Richtung) ist einfach ein Maß für die Verluste, die beim Stromfluß auftreten. Ob und wie die Spannungsdifferenzen durch den Stromfluß verursacht werden, oder überhaupt erst den Stromfluß ermöglichen, sind theoretische Fragen, die in den Lehrbüchern der sechziger und siebziger Jahre eingehend erörtert wurden [1, 2].

Die Arten der Überspannungen

a) Die Ruheüberspannung: Differenz zwischen theoretischer und tatsächlich gemessener Spannung der *unbelasteten* Elektrode. Der Ausdruck wird oft als unspezifischer Sammelbegriff verwendet.

b) Die Durchtrittsüberspannung („Aktivierungspolarisation") wird auf eine Hemmung des Ladungsdurchtritts zurückgeführt. Ihr Auftreten deutet darauf hin, daß z.B. die Geschwindigkeit der Elektrodenreaktion klein ist und durch Katalysatoren und erhöhte Temperatur beschleunigt werden kann. Siehe Abschnitt 4.3.

c) Die Konzentrationspolarisation (-überspannung) kann durch eine Diffusionshemmung (Druckdifferenz durch Blockierung oder Verbrauch) oder durch mangelnden Ausgleich der Ionenkonzentration (z.B. in einem porösen System) erklärt werden.

d) Von einer Reaktionsüberspannung spricht man, wenn durch eine vorgelagerte oder gleichzeitige chemische Reaktion eine Spannungsdifferenz auftritt (z.B. die Entstehung von Wasser, das eine Verdünnung bewirkt).

e) Die Widerstandspolarisation (-überspannung) ist ganz anderer Natur, sie hat nichts mit chemischen Prozessen zu tun, sondern ist nichts anderes als der Spannungsabfall am Ohmschen Widerstand der Komponenten. Man unterscheidet hier zwischen elektronischen Leitern (Metalle) und Ionenleitern (Elektrolyte), mathematisch wird aber durch die (meist) lineare Abhängigkeit des Spannungsabfalls mit dem Strom für beide Fälle die Abhängigkeit nach dem Ohmschen Gesetz formuliert. Durch die Messung mit Wechselstrom von verschiedener Frequenz bzw. durch die Anwendung von Pulsströmen können jedoch die verschiedenen Geschwindigkeiten des Ladungstransportes (ungefähr 1000:1) als wesentliche Charakteristika für die Elektrodenvorgänge erarbeitet werden. Auch die Grenzflächenkapazität (Pseudokapazität) hat auf die Ergebnisse der Messungen einen bedeutenden Einfluß. Details können in den Lehrbüchern der Elektrochemie, die in der Bibliographie, Abschnitt 4,5 angegeben sind, nachgelesen werden.

Abb. 1 zeigt die Strom/Spannungs-Charakteristik einer Brennstoffzelle mit der Aufteilung in Widerstands- und Polarisationsverluste.

Die maximale Leistung wird von einer Batterie dann erhalten, wenn die Spannung an den Klemmen die Hälfte der unbelasteten Spannung ist. Diese Maximallast wird aber in der Praxis nur selten entnommen, da die dabei auftretenden Elektrodenbedingungen die Lebensdauer oft stark verkürzen.

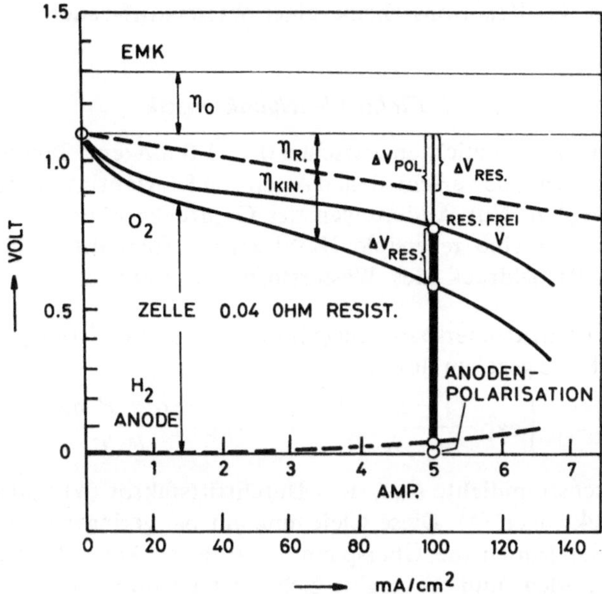

Abb. 1. Die Stromspannungs-Charakteristik einer Brennstoffzelle mit der Aufteilung in Widerstands- und Polarisationsverluste

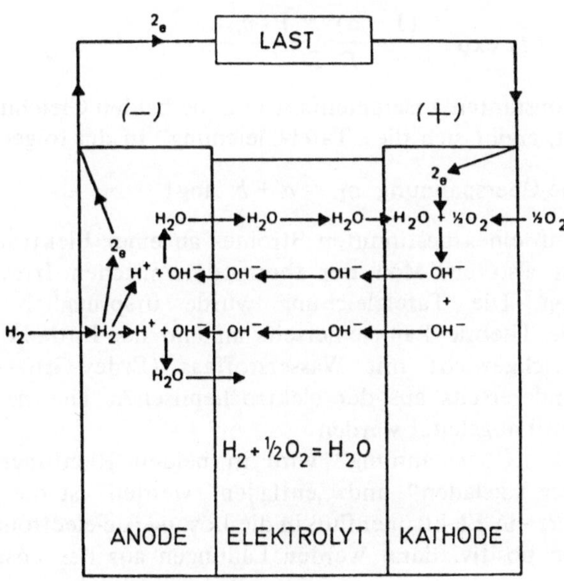

Abb. 2. Schematische Darstellung einer Wasserstoff-Sauerstoff-Brennstoffzelle und der elektrochemischen Vorgänge

Abb. 2 zeigt das Reaktionsschema einer Wasserstoff-Sauerstoff-Brennstoff-zelle.

3.1.4 Elektrodencharakteristik

Im Bereich von Stromdichten zwischen 0,1–1,0 mA/cm^2 können die Widerstandspolarisation und die verschiedenen Arten von Konzentrationspolarisationen vernachlässigt werden. Nur Änderungen des Gasdrucks können zum Potentialabfall beitragen. Für eine reversible H_2-Elektrode folgt die Abhängigkeit des Potentials vom Partialdruck des Wasserstoffs im Brenngas dem Nernstschen Gesetz.

Liegt nur Durchtrittsüberspannung (η_D) vor, so ist die Stromspannungskurve einer Einzelelektrode gegeben durch

$$i = i_0 \left[\exp \frac{(1 - \alpha) \cdot z \cdot F \cdot \eta_D}{R \cdot T} - \exp \frac{- \alpha \cdot z \cdot F \cdot \eta_D}{R \cdot T} \right] \tag{9}$$

mit der Austauschstromdichte (i_0), dem Durchtrittsfaktor (α) und der Zahl der übertragenen Elektronen (z). Diese Gleichung gilt bei geringer Abweichung vom Gleichgewicht. Ist jedoch die Überspannung groß, so kann die Gegenreaktion vernachlässigt werden und es ergibt sich als Gleichung für den anodischen Strombereich

$$i_+ = i_0 \exp \frac{\alpha \cdot z \cdot F \cdot \eta_D}{R \cdot T} . \tag{10}$$

Dieselbe Beziehung gilt auch für den kathodischen Bereich (i_-)

$$i_- = i_0 \exp \frac{-(1 - \alpha) \cdot z \cdot F \cdot \eta_D}{R \cdot T} . \tag{11}$$

Wenn man alle Konstanten zusammenfaßt und die beiden Gleichungen (10) und (11) logarithmiert, ergibt sich die „Tafel-Gleichung" in der folgenden einfachen Form

$$\text{Die Überspannung } \eta_D = a + b \cdot \log i . \tag{12}$$

Die zum Durchfluß eines bestimmten Stromes an einer Elektrode notwendige Überspannung ist also ein Maß der thermodynamischen Irreversibilität der Elektrodenreaktion. Die Tafelgleichung wurde ursprünglich experimentell gefunden [3]. Die Theorie kann einerseits anhand der Entladung des Wasserstoffions im Gleichgewicht mit Wasserstoffgas (Erdey-Gruz- und Volmer-Reaktion) und andererseits aus der elektrochemischen Theorie (nach Butler-Volmer und Horiuti) abgeleitet werden.

Der Ausdruck „Überspannung" wird in beiden Richtungen angewandt, Elektroden können „geladen" und „entladen" werden. Ist die Überspannung negativ, so existiert ein Elektronenfluß in die Lösung (de-electronation), ist aber die Überspannung positiv, dann werden Ladungen aus der Lösung akzeptiert (electronation).

Anders geschrieben, nämlich

$$i = A \exp (B\eta/RT) \tag{13}$$

zeigt die Tafel-Gleichung an, wie geringe Potentialänderungen große Änderungen im Stromfluß verursachen können. Ändert man die angelegte Spannung absichtlich, wenn auch nur um geringe Beträge, so ändert man die Reaktionsraten gewaltig. Die Erklärung liegt in der Struktur der Doppelschichte [4]. Die Neigung (η) gegen log i hilft oft bei der Bestimmung von geschwindigkeitsbestimmenden Reaktionsstufen.

Ein spezieller Fall der Butler-Volmer-Gleichung für kleine Änderungen des Gleichgewichtspotentials (wenn die Überspannung unter 0,005–0,01 V liegt) ist die einfache lineare Gleichung

$$\eta = (RT/i_0 \cdot F) \cdot i = \text{proportional } i \; . \tag{14}$$

Da R, T und F Konstante sind, ist die Neigung der Gerade durch i_0 bestimmt; i_0 ist die „Austauschstromdichte", eine wichtige Größe für die Beurteilung einer elektrochemischen Reaktion.

Die dritte Möglichkeit (Überspannung gleich Null) ist das Anwendungsgebiet der Nernstschen Gleichung. Historisch gesehen hat man zunächst geglaubt, alle Reaktionsschemen thermodynamisch und alle Überspannungseffekte nach Nernst erklären zu können. Die Erkenntnisse der Elektrodenkinetik (Katalysatoren!) haben diese Ansicht geändert und die Bedeutung der Transporteffekte in den Grenzschichten und im Elektrolyten ist anerkannt.

3.1.5 Die Gasdiffusionselektrode

Als Gasdiffusionselektrode bezeichnet man einen porösen Elektrodenkörper, der auf der einen Seite mit einem Elektrolyten im Kontakt steht, und dem auf der anderen Seite Gas zugeführt wird. Charakteristisch für eine solche Elektrode ist die Ausbildung einer Dreiphasengrenze.

Abb. 3 zeigt das Prinzip der porösen Gasdiffusionselektrode. Die Grenzfläche Elektrolyt/Gas ist bei hydrophobierten Kohleelektroden, die nur an der Oberfläche benetzt werden, meist nahe dem Elektrolyt. Bei porösen Metallelektroden dagegen muß das Gleichgewicht durch den Gasdruck erstellt werden. Um die Vorgänge in der Gasdiffusionselektrode zu erklären, sind verschiedene Modelle entwickelt worden. Das einfachste Modell benutzt parallele zylindrische Poren, die teilweise mit Flüssigkeit und teilweise mit Gas erfüllt sind. Die Reaktion in der Pore läuft in mehreren Teilschritten ab. Das Reaktionsgas diffundiert zum Miniskus, wird im Elektrolyten gelöst und zur Elektrodenoberfläche transportiert. Das an der Oberfläche adsorbierte Gas reagiert unter Elektronenaustausch. Dieses Modell (Abb. 4) postuliert einen dünnen Flüssigkeitsfilm (z.B. auf Metallstrukturen), der noch einen ausreichenden Gastransport ermöglicht. Die Wand der Pore ist hydrophil und daher benetzt. Bei hydrophoben porösen Elektrodenkörpern würde der Miniskus nur eine ringförmige kleine Reaktionszone erlauben, das Modell versagt hier.

Bei hydrophobierten Kohleelektroden kann man ein partiell benetztes Porensystem mit Poren verschiedener Größe annehmen, bei dem der Gaszutritt von der „trockenen" Elektrodenseite her zu den fingerförmigen Elektrolytfäden über gasgefüllte Mikroporenkanäle erfolgt [5], s. Abb. 5.

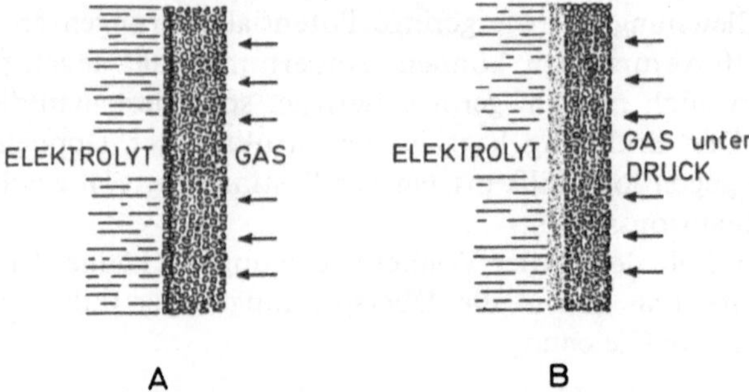

Abb. 3. Zeigt das Prinzip der porösen Gasdiffusionselektrode. Die Grenzfläche Elektrolyt/Gas ist bei hydrophobierten Kohleelektroden nahe dem Elektrolyten, bei porösen Metallelektroden muß das Gleichgewicht durch den Gasdruck erstellt werden

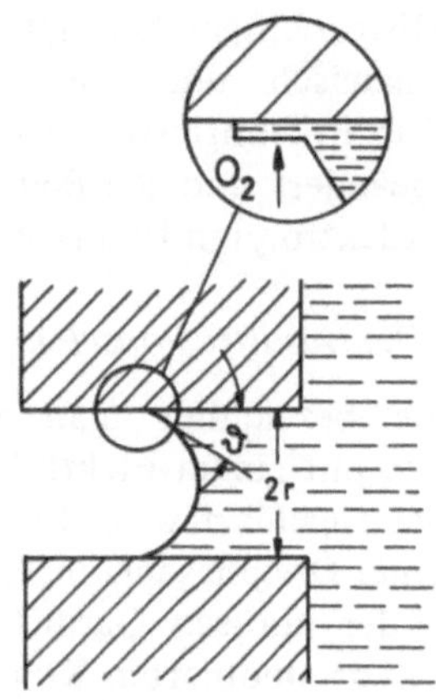

Abb. 4. Schematische Darstellung der Dreiphasen-Grenzzone Gas/Elektrolyt/Wand in der Pore einer hydrophilen Metall-Gasdiffusionselektrode. Der Benetzungswinkel ist unter $90°$

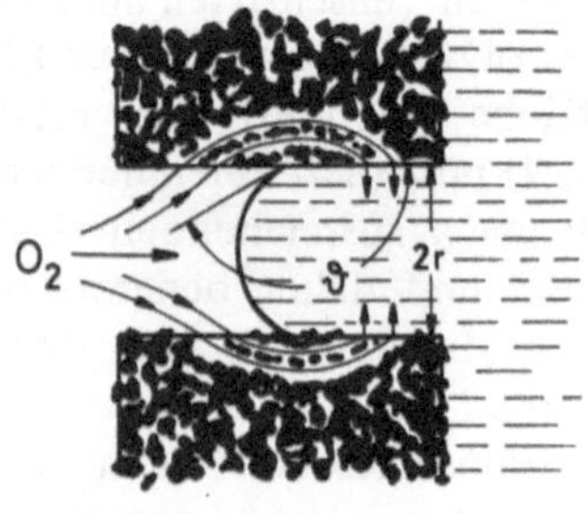

Abb. 5. Schematische Darstellung der Dreiphasen-Reaktionszone Fest/Flüssig/Gas im Porensystem einer hydrophobierten Kohleelektrode (nach Kordesch)

Das „flooded agglomerate model" [6] wurde für die Beschreibung von PTFE-gebundenen Platin(schwarz)-Elektroden entwickelt. Es eignet sich als Berechnungsgrundlage für die Beziehungen zwischen Katalysatormenge und Stromdichte, setzt aber eine auf der Oberfläche des Elektrolyten schwimmende Elektrode voraus. In diesem Fall ist das verteilte, aber in Kontakt gebliebene Platinpulver von einem Flüssigkeitsfilm benetzt, während die teilweise leere gerüstartige PTFE-Struktur für den Gastransport zur Verfügung steht.

Zur mathematischen Berechnung eines einfachen Porenmodells wird angenommen, daß das Gleichgewicht in jeder Pore durch das Zusammenwirken von Gasdruck p_g, Kapillardruck p_k und hydrostatischem Druck p_h aufrechterhalten wird. Es gilt

$$p_g = p_k + p_h \tag{15}$$

mit

$$p_k = 2\,\sigma\,\cos\,\theta/r\,, \tag{16}$$

wobei (r) der Porenradius, (σ) die Oberflächenspannung und (θ) der Benetzungswinkel sind. Die daraus resultierenden Überlegungen machen es für hydrophobierte Kohlematerialien klar, daß die kleineren Kapillaren nur schwer vom Elektrolyten erfüllt werden können (hoher negativer Druck p_k), während die großen Kapillaren leicht von der Flüssigkeit erfüllt werden (es genügt oft der hydrostatische Druck p_h). Der $\cos\,\theta$ ist negativ, wenn der Benetzungswinkel größer als $90°$ ist; z.B. bei PTFE/KOH-Grenzflächen kann er bis auf $135°$ ansteigen.

3.2 Die Wasserstoffelektrode

3.2.1 Der Reaktionsmechanismus

In saurer Lösung verläuft die Wasserstoffreaktion nach der Gleichung

$$1/2\ H_{2,ads} + H_2O = H_3O^+ + e^- \tag{17}$$

in alkalischer Lösung nach

$$1/2\ H_{2,ads} + OH^- = H_2O + e^-\,. \tag{18}$$

Der durch diese Gleichungen beschriebene Bruttoreaktionsablauf läßt sich in folgende Teilschritte zerlegen:

a) Antransport und Adsorption von molekularem Wasserstoff an der Elektrodenoberfläche

$$H_2 = H_{2,ads} \tag{19}$$

b) Hydratation und Ionisierung des adsorbierten Wasserstoffs. Für diese Teilreaktion stehen zwei Reaktionswege zur Diskussion:
Aufspaltung des Moleküls in Atome (Tafelreaktion):

$$H_{2,ads} = 2\ H_{ads} \tag{20}$$

sowie anschließende Hydratisierung und Ionisation an diskreten Stellen der Oberfläche (Volmer-Reaktion):

$$H_{ads} + H_2O = H_3O^+ + e^- \tag{21}$$

oder $\qquad H_{ads} + OH^- = H_2O + e^-$. $\hfill (22)$

Hydratation und Ionisierung verlaufen in einem Reaktionsschritt (Heyrovsky-Volmer- bzw. Horiuti-Volmer-Mechanismus):

$$H_{2,ads} + H_2O = H_{ads} \cdot H_3O^+ + e^- = H_{ads} + H_3O^+ + e^- \qquad (23)$$

oder $\quad H_{2,ads} + OH^- = H_{ads} \cdot H_2O + e^- = H_{ads} + H_2O + e^- \qquad (24)$

bzw. $\quad H_{ads} + H_2O = H_3O^+ + e^- \qquad (25)$

oder $\quad H_{ads} + OH^- = H_2O + e^-$. $\qquad (26)$

c) Abtransport der H_3O^+-Ionen bzw. des gebildeten Wassers.

3.2.2 Die Wirksamkeit von Katalysatoren

Ein Elektrodenmaterial katalysiert die Wasserstoffreaktion nur dann, wenn der Wasserstoff an seiner Oberfläche atomar adsorbiert wird. Grundsätzlich unterscheidet man zwei Arten von Adsorption: die physikalische Adsorption ($\Delta H_{ads} = 4-40$ kJ/mol), bei der die Moleküle durch Van der Waalsche Bindungskräfte an der Oberfläche festgehalten werden, und die chemische Adsorption oder Chemisorption ($\Delta H_{ads} = 400$ kJ/mol), bei der es zur Ausbildung chemischer Bindungen kommt. Die Adsorption ist aber keine ausreichende Erklärung für die Eignung als guter Katalysator. Zur Einstellung eines reversiblen Wasserstoffpotentials sind die Materialien geeignet, die unaufgefüllte d-Schalen besitzen, besonders also die Übergangsmetalle der 8. Gruppe des Periodensystems. Fein verteilte Platinmetalle wie Platinschwarz und Palladiumschwarz stellen über den gesamten pH-Bereich sehr aktive H_2-Katalysatoren dar.

Im alkalischen Elektrolyten sind auch Raneymetalle geeignet. Darunter versteht man ein hochporöses Nickel oder Silber, das aus der pulverförmigen oder grobkörnigen Raneylegierung (wie z.B. Al:Ni = 1:1) durch Herauslösen des Aluminiums in warmer Lauge hergestellt wird [7, 8]. Dieser poröse Metallkatalysatorkörper ist zugleich die hydrophile (benetzbare) Elektrodenstruktur, besitzt eine große innere Oberfläche und ist oft stark pyrophor, so daß entsprechende Schutzmaßnahmen nötig sind, um den Luftzutritt zu verhindern. In wäßriger Lösung sind Raneykatalysatoren erst oberhalb pH = 9 beständig.

Kohle katalysiert die Wasserstoffreaktion nicht. Bei Verwendung einer Kohleelektrode als Wasserstoffelektrode (Anode) einer Brennstoffzelle müssen auf der Kohleoberfläche geringe Mengen eines Katalysators abgeschieden werden. Edelmetallkatalysatoren eignen sich dafür am besten. Auch Nickel kann in Form von Raneynickel oder Nickelborid auf die Kohleelektrode aufgebracht werden. Die Aktivität solcher Elektroden ist aber geringer als die von edelmetallkatalysierten Elektroden. Schwierig ist es vor allem, eine ausreichende Menge eines katalytisch aktiven Materials in den Poren der Kohle unterzubringen. Über die notwendigen Maßnahmen, um die Kohleelektrode zumindest teilweise unbenetzbar zu machen (Hydrophobierung), wird später berichtet (Kap. 7).

In sauren Elektrolyten können außer Edelmetallen auch andere Materialien als Katalysatoren für die Wasserstoffreaktion dienen; z.B. Wolframkarbid [9].

3.2.3 Die Diffusions-Wasserstoffelektrode

In der funktionierenden Wasserstoffelektrode tritt bei höheren Strömen ein Druckgefälle in der Elektrodenstruktur auf. Dadurch ändert sich der Gasdruck an der eigentlichen Reaktionsgrenzfläche. Den tatsächlichen Wasserstoffpartialdruck an der Elektrolytseite der Elektrode kann man wie folgt ermitteln [10]:

a) Die Widerstandspolarisation muß rechnerisch oder experimentell ermittelt und von den Stromspannungskurven subtrahiert werden. Die rechnerische Ermittlung kann auf Grund von Wechselstrommessungen ausgeführt werden. Experimentell kann der Spannungsabfall am Innenwiderstand der Meßzelle mit Hilfe der Stromunterbrechermethode nach Kordesch und Marko [11] eliminiert werden, so daß die experimentellen Stromspannungskurven nur mehr die anderen Arten der Überspannung darstellen.

b) Zur rechnerischen Ermittlung der Gaskonzentrations-Polarisation ist es nötig, den aktuellen Gasdruck an der Phasengrenze Elektrolyt/Gas genau zu kennen. In einer arbeitenden Elektrode wird das Gas gemäß dem Faradayschen Gesetz verbraucht

$$\text{Gasverbrauch (mol/sec)} = i/nF . \tag{27}$$

Weiters ist die Diffusionsrate nach dem Fickschen Gesetz proportional dem Gasverbrauch bzw. der Druckabnahme dp/dt

$$i/nF \text{ prop } dp/dt = (D \cdot q/d) \cdot (p_g - p_e) , \tag{28}$$

wobei (D) die Diffusionskonstante, (q) der Querschnitt, (d) der Abstand zwischen Gasseite und Reaktionszone, (p_g) der Druck in der Gasphase und (p_e) der Gleichgewichtsdruck in den Poren der Elektrode an der Phasengrenze sind. Ist die Konstante (D) einmal bestimmt, so kann mit obiger Gleichung die Leistung bei anderen Gaszusammensetzungen abgeschätzt werden.

c) Für eine stationäre Diffusion eines Gases A durch ein stagnierendes Gas B muß die Ficksche Beziehung abgeändert werden und man erhält die folgende Abhängigkeit des Partialdruckes von der Stromdichte [12]

$$i = - C \cdot P/d \cdot \log [(P-p)/(P-x)], \text{ wobei } C \cdot P/d = K , \tag{29}$$

C schließt alle an sich bestimmbaren Elektrodeneigenschaften (Diffusionskonstante, Porosität und Tortuosität ein. P ist der absolute Druck. Faßt man $C \cdot P/d$ als Konstante K zusammen, so erhält man eine Beziehung, die für die gleiche Elektrode unter verschiedenen Arbeitsbedingungen gilt. Für P gleich 1 bar und p gleich dem Partialdruck des zugeführten aktiven Gases (H_2 in einer Wasserstoff-Stickstoffmischung) ist (x) der unbekannte Partialdruck des Wasserstoffes in der Arbeitszone (Grenzfläche).

Bei der Grenzstromdichte $i_{\lim}$ ist mit $P = 1$ und $x = 0$ die vereinfachte Beziehung $\quad i_{\lim} = - K \cdot \log (1 - p)$ $\hfill (30)$

gültig, wobei $(1 - p)$ den Anteil des Inertgases bedeutet. Damit kann man für jede beliebige Elektrode durch Bestimmung der Grenzstromdichten mit verschiedenen H_2/N_2-Gasmischungen die spezifischen Diffusionseigenschaften festlegen. Der H_2-Partialdruck (x) kann dann auch für jede Stromdichte berechnet werden.

Abb. 6 zeigt die widerstandsfreien Polarisationskurven (mV-Überspannung gegen Stromdichte, vom Ruhepotential ausgehend) einer Wasserstoffkohleelektrode, gemessen nach der Stromunterbrechermethode, mit Hilfe einer Hg/HgO-Referenzelektrode. Man sieht, daß die Anfangspunkte der 100% und der 10% Wasserstoffkurven ca. 30 mV auseinanderliegen, wie es der Nernstschen Gleichung entspricht. Zur Bestimmung der Konstante K wird die Gl. (30) gelöst, indem man die Grenzstrom- und entsprechenden Druckwerte einsetzt. Zu diesem Zweck kann man mehrere Kurven benutzen. Die Bestimmung ist umso genauer, je geringer der Partialdruck gewählt wird.

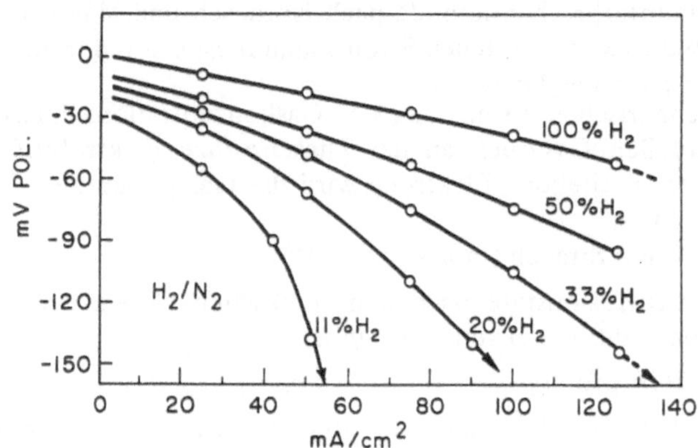

Abb. 6. Polarisationskurven von Kohle-Wasserstoff-Elektroden (Union Carbide Corp., „Fixed Zone"-Type) gemessen mit einer Unterbrecherschaltung nach Kordesch, wodurch der Spannungsabfall an den Ohmschen Widerstandskomponenten eliminiert wurde. Wasserstoff-Stickstoff-Mischungen wurden verwendet, der Elektrolyt war 9-N-KOH bei 40 °C. Einer Stromdichte von 100 mA/cm² entsprechen 14 A

Diese Information ist in den Kurvenscharen der Abb. 7 enthalten. Der Abstand zwischen den horizontalen Drucklinien und den strichlierten Druckkurven entspricht dem Druckabfall in der Elektrodenstruktur. Verbindet man die auf den korrigierten Druckkurven liegenden Punkte von gleichem Potential, so erhält man Äquipotentiallinien, die entsprechend dem aktuellen Arbeitsdruck korrigiert sind. Der lineare Charakter der korrigierten Äquipotentiallinien ist durch den logarithmischen Zusammenhang zwischen Polarisation und Druck einerseits und Polarisation und Strom andererseits bedingt. Zeichnet man die Äquipotentialgeraden aus dem $\log p / \log i$-Diagramm in ein lineares V/i-Diagramm ein, so erhält man gerade Linien, also die Strom/Spannungsfunktionen, welche für die Verhältnisse an einer äußerst dünnen Elektrode (bei der eine Diffusionsbegrenzung nicht auftritt) repräsentativ wären (Abb. 8).

Lineare Proportionalitätsfaktoren, wie z.B. aus der Konzentrationspolarisation, beeinflussen die Linearität nicht, sondern verändern lediglich die Steigung der Geraden. H⁺-Ionen-Konzentrationsänderungen sind vorhanden, man

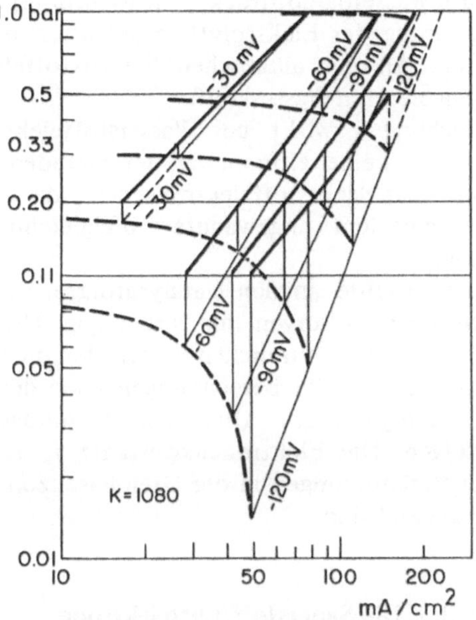

Abb. 7. Diagramm zur Ermittlung der Elektrodenkonstante K einer H_2-Diffusionsgaselektrode nach Abb. 6. *Beispiel:* Für eine 11%ige Gasmischung (H_2: $p = 0,11$ bar) ist die Grenzstromdichte $i_{lim} = 55$ mA/cm²; $(1-p) = 0,89$ bar; $-K = 55/\log 0,89$, und damit ist $K = 1080$

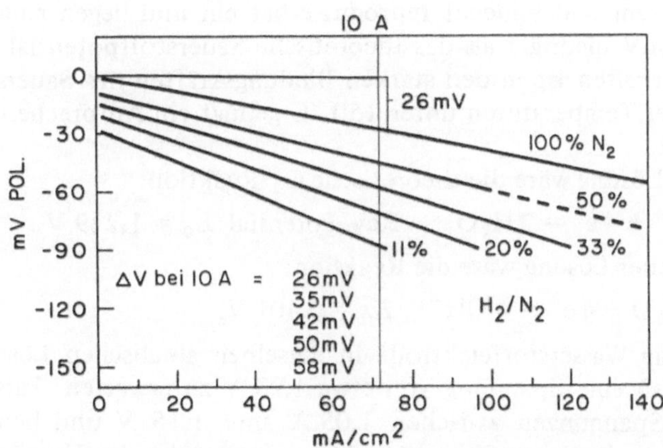

Abb. 8. Polarisationskurven einer Kohle-Wasserstoff-Elektrode entsprechend Abb. 6, nach Eliminierung der Wasserstoff-Diffusionsüberspannung. Die verschiedenen Steigungen der Geraden enthalten die Konzentrationsüberspannung in bezug auf die Verdünnung des Elektrolyten in den Poren und die Tafel-Neigung bei kleiner Polarisation. Einer Stromdichte von 72 mA/cm² entsprechen 10 A Strom

kann aus Messungen des Wasserdampfdruckes im Reaktionsgas (relative Feuchtigkeit) auf die Veränderung der Elektrolytkonzentration innerhalb der Elektrodenstruktur schließen. An der alkalischen Wasserstoffelektrode entstehen 18 g Wasser für je 2 g umgesetzten Wasserstoff.

Auch die Tafelgleichung bewirkt bei Wasserstoffelektroden wegen der geringen Polarisationswerte keine Krümmung der Geraden. *Anmerkung:* Bei einer stark polarisierten Luft/Sauerstoffelektrode zeigt die auf das katalytisch beeinflußte Peroxidgleichgewicht angewandte Tafelgleichung eine deutliche logarithmische Änderung.

Chemisorptionsgleichgewichte an den Katalysatorgrenzflächen beeinflussen den Verlauf der Stromspannungskurven nur geringfügig. Die Diffusionsbegrenzungen bestimmen bei diesen 0,6 mm dicken Elektroden die Charakteristika der Kurven. Aus diesem Grund sind die Berechnungen nach der oben angeführten Methode auch bestens geeignet, um Alterungserscheinungen der Diffusionsgaselektroden zu verfolgen. Die Elektrodenkonstante K ändert sich mit der Zeit, entsprechend den Veränderungen in der Dreiphasenzone, die für die Funktion der Elektrode maßgebend sind.

3.3 Die Sauerstoff/Luftelektrode

3.3.1 Der Reaktionsmechanismus

Das elektrochemische Verhalten von Sauerstoff in wässeriger Lösung ist wesentlich komplizierter als dasjenige von Wasserstoff, und die Erforschung der Reaktionsmechanismen erstreckte sich über zwei Jahrzehnte [13]. Die Ruhepotentiale von Sauerstoffelektroden stellen sich über den gesamten pH-Bereich nur sehr langsam und schlecht reproduzierbar ein und liegen zudem meist um 100 bis 140 mV niedriger als das theoretische Sauerstoffpotential. Die Ursache für dieses Verhalten ist in den starken Bindungskräften des Sauerstoffmoleküls zu suchen. Bei Temperaturen unter 150 °C gelingt ein Aufbrechen der Molekülbindung nicht.

In saurer Lösung wäre die theoretische O_2-Reaktion:

$$O_2 + 4H^+ + 4e^- = 2H_2O \qquad \text{Rev. Potential } E_0 = 1{,}229 \text{ V} . \tag{31}$$

In alkalischer Lösung wäre die Reaktion:

$$O_2 + 2H_2O + 4e^- = 4OH^-; \quad E_0 = 0{,}401 \text{ V} . \tag{32}$$

Gegen eine Wasserstoffelektrode in derselben alkalischen Lösung wäre bei 25 °C (298 K) eine Spannung von etwa 1,23 V zu erwarten. Tatsächlich fand man jedoch Spannungen zwischen 1,05 V und 1,15 V und beobachtete die Entstehung von Wasserstoffperoxid. Dieser Prozeß ist die Ursache für die experimentell beobachteten geringen Werte der Sauerstoffpotentiale. Die Untersuchungen von Berl [14] zeigen, daß die potentialbestimmende Reaktion bei der Sauerstoffreduktion der Gleichung

$$O_2 + H_2O + 2e^- = HO_2^- + OH^-; \quad E_0 = -0{,}07 \text{ V} \tag{33}$$

folgt. Als Standardpotential wurde $-0,076$ V angegeben (dieser Wert wurde inzwischen auf $-0,065$ V korrigiert). Kordesch und Martinola [15] bestätigen dies, indem sie durch Messungen an Kohlelektroden zeigten, daß auch die Abhängigkeit des Potentials vom Sauerstoffpartialdruck für einen Reaktionsablauf nach obiger Gleichung spricht. Das thermodynamisch zu erwartende Normalpotential der H_2O_2-Reaktion beträgt nach Gl. (33) etwa $-0,07$ V gegen die Standard-Wasserstoff-Elektrode [16]. Unter Normalbedingungen würde man also gegen eine H_2-Elektrode in der gleichen alkalischen Lösung statt 1,23 V eine Spannung von ungefähr 0,75 V erwarten.

Wendet man die Nernstsche Gleichung auf die Peroxidreaktion an, so erhält man für die Konzentrationsabhängigkeit der O_2/H_2O_2-Elektrode bei 25 °C (298 K)

$$E = -0,07 - 0,029 \cdot \lg \frac{a_{OH^-} \cdot a_{HO_2^-}}{p_{O_2} \cdot a_{H_2O}} \; . \tag{34}$$

Die experimentell gefundenen Peroxidionenkonzentrationen liegen zwischen 10^{-5} und 10^{-8} mol/l. Daraus ergibt sich nach der obigen Gleichung eine Differenz von $0,150-0,240$ V gegenüber dem Sauerstoffnormalpotential. Die stationären Konzentrationen von Wasserstoffperoxid sind deshalb so gering, weil das Peroxid entweder durch eine chemische Folgereaktion weiter umgesetzt wird, oder aber an der Elektrodenoberfläche bzw. im Elektrolyten katalytisch zersetzt wird. Hierbei wird ein an der Oberfläche chemisorbierter Sauerstoff gebildet, der wieder verwendet wird und dadurch das Elektrodenpotential beeinflußt.

Die Bruttoreaktionen für die Sauerstoffreduktion könnten daher wie folgt in Teilreaktionen unterteilt werden. Für saure Elektrolyten

$$O_2 + 2\,H^+ + 2\,e^- = H_2O_2 \, ; \quad E_0 = 0,67 \text{ V} \tag{35}$$

$$H_2O_2 = H_2O + 1/2\,O_2 \quad (\text{Zersetzungsreaktion}) \tag{36}$$

$$M{-}H_2O_2 = H_2O + M{-}O \tag{37}$$

$$H_2O_2 + 2\,H^+ + 2\,e^- = 2\,H_2O; \quad E_0 = 1,77 \text{ V} \, . \tag{38}$$

In alkalischer Lösung gehorcht die Sauerstoffzerlegung tatsächlich folgendem Reaktionsmechanismus

$$O_2 + H_2O + 2\,e^- = HO_2^- + OH^- ; \quad E_0 = -0,07 \text{ V} \tag{33}$$

$$HO_2^- = OH^- + 1/2\,O_2 \quad (\text{Zersetzungsreaktion}) \tag{39}$$

$$M{-}HO_2^- = OH^- + M{-}O \quad (\text{Zwischenreaktion}) \, . \tag{40}$$

Nicht gesichert ist die Folgereaktion

$$HO_2^- + H_2O + 2\,e^- = 3\,OH^- ; \quad E_0 = 0,867 \text{ V} \, . \tag{41}$$

Entsprechend diesen Gleichungen wird das Sauerstoffmolekül zu Wasserstoffperoxid reduziert, wobei die O-O-Bindung erhalten bleibt. Das Wasserstoffperoxid wird anschließend auf katalytisch-chemischem Weg zerlegt, wobei chemisorbierter Sauerstoff gebildet wird. Dieser Sauerstoff reagiert nach den Gleichungen

$$M{-}O + 2\,H^+ + 2\,e^- = M + H_2O \tag{42}$$

bzw. $$M-O + H_2O + 2\,e^- = M + 2\,OH^-\,. \tag{43}$$

Der dabei auftretende Energieverlust (Spannungsverlust) hängt von der Stärke der M-O-Bindung ab. Schließlich kann der chemisorbierte Sauerstoff nach der Gleichung

$$2\,M-O = 2\,M + O_2 \tag{44}$$

wieder desorbiert werden. Der gebildete Sauerstoff kann erneut mit H_2O oder H^+ reagieren.

Eine ausführliche Beschreibung der Sauerstoff-Elektrochemie an Elektroden findet sich in der neuesten Literatur [17].

3.3.2 Katalysatoren

3.3.2.1 Allgemeines

Die Peroxid-Reduktionsreaktion in alkalischer Lösung nach Gl. (33) wird von vielen festen Oberflächen katalysiert. Die Kinetik dieser Reaktion ist sehr schnell für Materialien wie aktive Kohle, Platin an Kohle oder Graphit, Gold, Nickeloxide, Spinelle und auch Mangandioxid. Auch an einigen Übergangsmetallkomplexen geht dieser 2-Elektronen-Prozeß schnell vor sich. Die Gl. (34) ergibt dann für die besten verfügbaren Katalysatoren für den stromlosen Zustand eine Zellenspannung zwischen 1,0 V und 1,05 V. Diese Werte werden auch gemessen.

Anmerkung: Die Spannungsdifferenz zwischen Standard-H_2-Elektrode in 1 N saurer Lösung und der H_2-Elektrode in 1 N alkalischer Lösung ist 0,82 V, daher: 0,41 V + 0,82 V = 1,23 V und: $-$0,07 V + 0,82 V = 0,75 V. Dieser Wert 0,75 V ist dann E_0 für die Gl. (34), wenn sie auf eine 1 N alkalische Wasserstoffelektrode bezogen wird

$$E = 0,75 - 0,029\ \frac{10^{-10} \cdot 1}{1 \cdot 10^{-1}} = 1,01\ \text{V}\,. \tag{45}$$

Es ist kein Katalysator bekannt, der die Peroxidkonzentration so weit senken kann, daß man das theoretische Sauerstoffpotential erreicht: Sauerstoffbildung aus HO_2^- nach Gl. (39).

Fein verteiltes, großoberflächiges *reines* Platin [18] und bestimmte Übergangsmetall-Makrozyklische Verbindungen wie adsorbiertes Eisen-Tetrasulfon-Phthalocyanin [19] scheinen den direkten 4-Elektronen-Mechanismus zu katalysieren. In der Praxis wird jedoch immer ein paralleler Weg für den 2- und 4-Elektronen-Mechanismus gefunden. Fein verteiltes reines Silber wurde als ein ausgezeichneter Katalysator für die Sauerstoffelektrode erkannt. Elektrochemische Reaktionsmechanismen und Katalysatoren sind in russischen Forschungsarbeiten [20] eingehend untersucht worden.

3.3.2.2 Poröse Kohleelektroden

Die meisten Luftsauerstoffelemente und Brennstoffzellen verwenden Kohleelektroden als Kathoden. In alkalischer Lösung genügt schon die Aktivität der Kohlematerialien, um eine niedrige Peroxidkonzentration zu erreichen, doch werden für hohe Leistungen zusätzlich Platin, Silber, Gold, Spinelle, Perovskite u.a. aufgebracht. In saurer Lösung *muß* man Platinmetallkatalysatoren, Wolframkarbide oder organische Chelatkomplexe wie Phthalocyanine [21], Porphyrine oder Tetraazannulene verwenden, die Kohleoberfläche dient nur als Trägermaterial. Eine Übersicht über die Katalysatoren der siebziger Jahre gibt [22].

3.3.2.3 Die Verbesserung von Katalysatoren

Die Entwicklung von Katalysatoren, welche die 4-Elektronen-Reduktion des Sauerstoffes bei Temperaturen unter 150 °C (in alkalischer Lösung) und unter 250 °C (in sauren Elektrolyten) vorzugsweise beschleunigen, ist notwendig, um höhere Wirkungsgrade der Energieumwandlung zu erzielen [23]. Wärmebehandlung von makrozyklischen Verbindungen, wie z.B. Kobalt-ms-tetra-p-Methoxyphenylporphyrin (Co−TMPP) bei 800−900 °C führte zu langlebigen Katalysatoren trotz der offensichtlichen thermischen Pyrolyse des Co-TMPP [24].

Übergangsmetalloxide und makrozyklische Komplexe sind Möglichkeiten der Verbesserung, metallische Abscheidungen auf Edelmetallstrukturen (underpotential deposition) zeigen andere Wege [25, 26]. Platinmetall-Mischlegierungen und intermetallische Verbindungen wie z.B. Pt-Mo und Pt_3Ta haben eine höhere Aktivität als Platin [27].

In starken Säuren wie z.B. Trifluormethansulfonsäure, CF_3SO_3H und Tetrafluoräthansulfonsäure, $(CF_2SO_3H)_2$, zeigt Platin bei hohen Stromdichten eine wesentlich geringere Polarisation als in konzentrierter Phosphorsäure [28]. Diese Verbesserung der Aktivität beruht wahrscheinlich auf der 10fachen Vergrößerung der Sauerstofflöslichkeit und nur zu einem geringeren Grad auf der höheren Protonenaktivität. Leider verringern diese starken Säuren die Lebensdauer von PTFE-gebundenen Kohleelektroden.

3.3.2.4 Die Kohle als Katalysatorträger

Ein Problem entstand aus der Tatsache, daß Katalysatoren auch die Oxidation des Kohlesubstrates fördern, was zu einem Bruch der Bindung zwischen Platinteilchen und Träger führt. Kolloidale Platinteilchen sind auf der Kohleoberfläche beweglich, können koagulieren und verlieren dadurch ihre ursprünglich große Oberfläche. Ein Umfließen der Platinteilchen mit Elektrolyt führt zum Verlust des elektronischen Kontaktes [29].

Zur Bestimmung der Reaktionsgeschwindigkeit der Kohleoxidation in Gegenwart von Katalysatoren, Sauerstoff und Elektrolyt wurde die Mikrokalorimetrie angewandt [30].

Eine interessante Möglichkeit ist es, das Kohlematerial durch einen sehr stabilen elektronischen Leiter wie z.B. durch Karbide oder Oxide zu ersetzen [31]. Es wurde auch versucht, stabile Elektrokatalysatoren durch Abscheidung von Kohlenstoff aus der Gasphase auf Aluminiumoxidträger zu erhalten. Das Aluminiumoxid wurde mit Säure gelöst: Kocite-Katalysator [32].

3.3.3 Die O_2-Diffusionsgaselektrode

Abb. 9 zeigt eine schematische Darstellung der verschiedenen Arten von

Überspannungen, die an einer Elektrode auftreten können. Es wird auch eine Methode aufgezeigt, mit der man Elektrodenvorgänge mit langen Zeitkonstanten (chemische Gleichgewichte und Massentransportphänomene) vom Ohmschen Spannungsabfall, der augenblicklich erfolgt, trennen kann. Die Methode und die Instrumentierung werden in Abschnitt 5.0 besprochen. Diese Teilung in „schnelle" und „langsame" Vorgänge ist durch die Unterbrecherfrequenz gegeben. Alle Effekte, die man unter dem Begriff *Widerstandspolarisation* zusammenfassen kann, hängen hauptsächlich von der geometrischen Konstruktion der Meßzelle, der Leitfähigkeit der Elektrodenstruktur und des Elektrolyten ab. Dieser Polarisation wird also ein Ohmscher Charakter zugeschrieben.

Für die elektrochemische Auswertung der Elektroden sind die „langsamen" Effekte wichtig. Bei der Sauerstoffelektrode sind es die *„Chemische Polarisation"*, d.h. die Spannungsänderung durch die Anreicherung an Peroxid als Folge der Stromlieferung (Tafelfunktion), die *„Konzentrationspolarisationen"* als Folge der Änderungen der OH^--Ionen-Aktivität, der eventuell geänderten Oberflächenbedeckung (z.B. durch die teilweise Belegung mit Wasserdampf gemäß der Adsorptionsisotherme), ferner die Abnahme des O_2-Gesamtdruckes und Partialdruckes (Diffusionsüberspannung). Die *„Aktivierungspolarisation"* tritt schon im Ruhezustand auf und ist bei der Sauerstoffelektrode durch die verschiedene unterschiedliche Einstellung des Peroxidgleichgewichtes, je nach Güte des Katalysators, gegeben.

Der maßgebliche Effekt bei technischen Elektroden, die nicht beliebig dünn gebaut werden können (im Gegensatz zu speziellen experimentellen Elektroden), ist die Abnahme des O_2-Partialdruckes in der Struktur der Elektrode. Im nächsten Abschnitt wird die Ermittlung des durch die Gasdiffusionsgleichungen bedingten

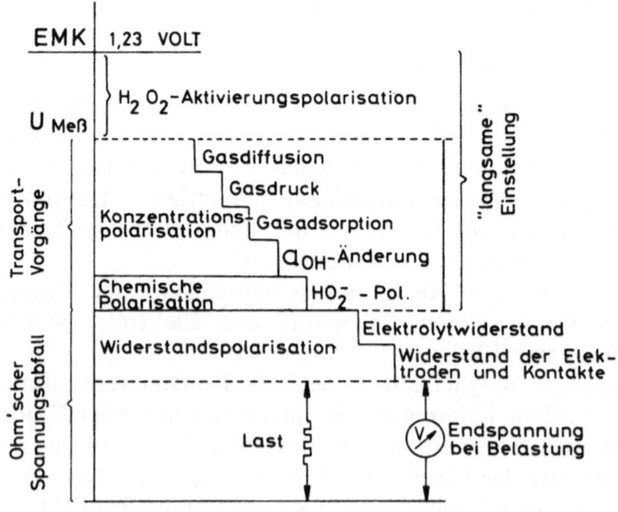

Abb. 9. Übersicht über die Arten der Überspannungskomponenten an einer Kohle-Sauerstoff-Elektrode. Die Aufteilung in „schnelle" und „langsame" Elektrodenvorgänge erfolgt nach der Kordesch-Marko-Unterbrechermethode. Siehe Abschnitt 5.0 Laboratoriums-Testmethoden

Druckabfalls gezeigt. Anschließend erfolgt die Behandlung der chemischen Polarisation, die dann, nach Eliminierung der Gasdiffusionspolarisation, als weitere wesentliche Elektrodencharakteristik übrigbleibt.

Die drei Schritte bei der systematischen Beurteilung von Sauerstoffelektroden sind also

1. die Eliminierung des Ohmschen Spannungsabfalles,

2. die Berechnung des Gasdruckabfalls in der Elektrode und der daraus folgenden Nernstschen Potentialänderung,

3. die Beurteilung der katalytischen Aktivität durch den Vergleich der tatsächlichen mit der theoretischen Tafelneigung von 29 mV per Dekade.

Die Methoden Punkt 1 und Punkt 2 wurden schon bei der Wasserstoffelektrode angewandt. Sie werden im folgenden benutzt, um die Charakteristika von Sauerstoffdiffusions-Gaselektroden zu ermitteln. Abb. 10 gibt die experimentellen Daten für eine dünne „Fixed Zone"-Elektrode (0,6 mm dick), die in 12-N-KOH bei 75 °C mit Sauerstoff-Stickstoff-Mischungen betrieben wurde, an. Die Spannung wird nach der Unterbrechermethode widerstandsfrei gemessen und mit einer Wasserstoff-Kohle-Elektrode, die mit reinem Wasserstoff bei einer Stromdichte von 0,5 mA/cm^2 gemessen wird, verglichen. Die Darstellung erfolgt in einem semilogarithmischen Diagramm, um die Annäherung an die Tafelneigung zu zeigen.

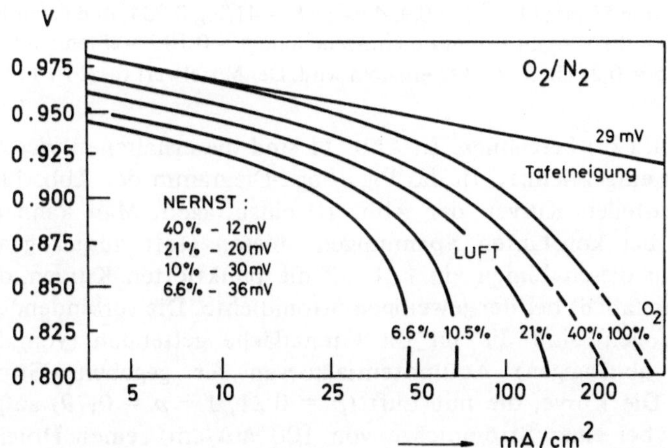

Abb. 10. Semilogarithmische Stromspannungskurven einer Kohle-Sauerstoff-Elektrode (Union Carbide Corp., „Fixed Zone"-Type, 0,6 mm dick) gemessen mit einer Unterbrecherschaltung nach Kordesch, wodurch der Spannungsabfall an den Ohmschen Widerstandskomponenten eliminiert wurde. Sauerstoff-Stickstoff-Mischungen wurden verwendet, der Elektrolyt war 12 N KOH bei 70 °C. Einer Stromdichte von 72 mA/cm^2 entsprechen 10 A (140 cm^2-Elektrode)

Mit Hilfe der Gl. (30) wird aus dem bekannten Partialdruck des Sauerstoffs in der Gasmischung und aus dem extrapolierten Grenzstrom die Konstante K berechnet. K hat für die Sauerstoffelektrode der Abb. 10 den Wert 1372, wenn man die Stromdichte in mA/cm^2 und den Partialdruck in bar mißt. Mit dem Wert K kann man den Sauerstoffpartialdruck an der Grenzfläche zum Elektro-

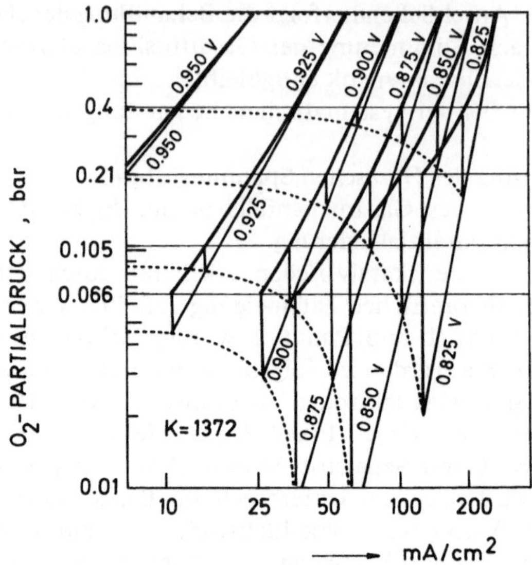

Abb. 11. Diagramm zur Ermittlung der Elektrodenkonstante K einer O_2-Diffusionsgaselektrode nach Abb. 10. *Beispiel:* für eine 6,6%ige Gasmischung (O_2: $p = 0,066$ bar) ist die Grenzstromdichte $i_{lim} = 40$ mA/cm²; $(1-p) = 0,934$ bar; $-K = 41/\log 0,934$, und damit ist $K = 1348$; ein Wert von $K = 1370$ ergibt sich mit 66 mA/cm² und $p = 0,105$, während mit 143 mA/cm² und $p = 0,21$ ein $K = 1397$ erhalten wird. Der Mittelwert für K ist 1372

lyten nach Gl. (29) berechnen. In Abb. 11 sind die erhaltenen Werte als punktierte Kurven eingezeichnet. In das $\log p/\log i$-Diagramm der Abb. 11 sind auch die experimentellen Kurven der Abb. 10 eingetragen. Man kann daraus die Stromdichte bei konstanten Spannungen ablesen (fett ausgezogene Linien). Fällt man von diesen Linien ein Lot auf die punktierten Kurven, dann erhält man den Druckabfall bei der jeweiligen Stromdichte. Die verbindenden Geraden (dünn ausgezogen) sind die für die Grenzfläche geltenden (vom Sauerstoffpartialdruck abhängigen) Äquipotentialkurven für gegebene Stromdichten.

Beispiel: Die Kurve, die mit Luft ($p = 0,21$, $1-p = 0,79$) aufgenommen wurde, zeigt bei einer Stromdichte von 100 mA/cm² einen Druckabfall auf $x = 0,066$ bar. Die numerische Rechnung nach Gl. (29) wurde wie folgt ausgeführt

$$100/1372 = 0,073 = -\log[0,79/(1-x)]; \quad (1-x) = 0,934. \tag{46}$$

Abb. 12 zeigt ein Diagramm, das Abb. 10 entspricht, aber für eine 6 mm dicke Kohleelektrode. Die Diffusionsverhältnisse sind völlig andere und die Neigung der Tafelgeraden ist ebenfalls verschieden (nahe von 50 mV-Dekade).

Entsprechend ist die Abb. 13 eine Parallele zu der Abb. 11 und zeigt die tatsächlichen Partialdrucke an der Grenzfläche mit dem Elektrolyt.

Zusammenfassung

Charakteristische Werte für die Leistungen von Elektroden sind nach den

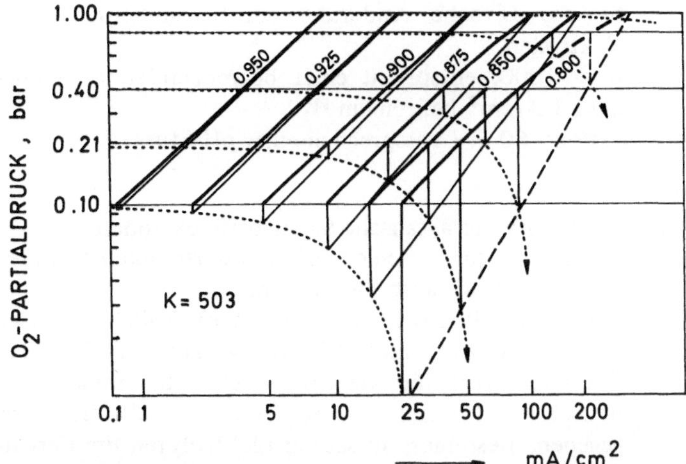

Abb. 12. Semilogarithmische Stromspannungskurven einer Kohle-Sauerstoff-Elektrode (Union Carbide Corp., 6 mm dick, „Baked Carbon"-Type) gemessen mit der Unterbrecherschaltung nach Kordesch, wodurch der Spannungsabfall an den Ohmschen Widerstandskomponenten elimininiert wurde. Sauerstoff-Stickstoff-Mischungen wurden verwendet, der Elektrolyt war 12 N KOH bei 70 °C. Einer Stromdichte von 72 mA/cm^2 entsprechen 10 A (140 cm^2-Elektrode)

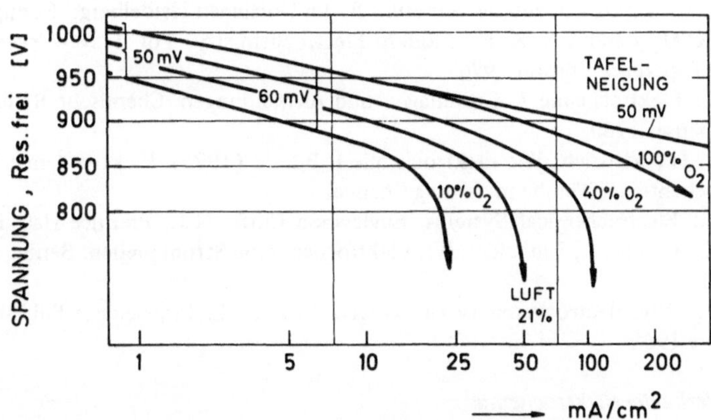

Abb. 13. Diagramm zur Ermittlung der Elektrodenkonstante K einer O$_2$-Diffusionsgaselektrode nach Abb. 12. *Beispiel:* Für eine 10%ige Gasmischung (O$_2$: p = 0,10 bar) ist die Grenzstromdichte i_{lim} = 3,2 A = 23,0 mA/cm^2; $(1-p)$ = 0,90 bar; $-K$ = 23,0/log 0,90, und damit ist K = 503; ein Wert von K = 508 ergibt sich mit 52 mA/cm^2 und p = 0,79, während mit 112 mA/cm^2 und p = 0,60 ein K = 505 erhalten wird. Der Mittelwert für K ist 503

vorausgegangenen Bestimmungsmethoden die folgenden:

Wasserstoffelektroden

Nernst-Faktor: 29 mV für einen 10fachen Druckunterschied.

Tafelneigung: Keine für Pt/H$_2$-Elektroden bei geringer Polarisation. 30 mV für die 10fache Änderung der Stromdichte bei Pt-Kohle-elektroden.

Konstante „K": $K = 1000$, entspricht einer begrenzenden Stromdichte von etwa 1 A/cm^2 bei reinem H$_2$.

Elektrolytkonzentration: 60 mV entsprechen einer pH-Stufe.

Sauerstoffelektroden

Nernst-Faktor: 30–60 mV für alkalische Sauerstoffelektroden.

Tafelneigung: 30–60 mV für verschieden katalysierte alkalische Elektroden, bis 120 mV für saure Elektroden.

Konstante „K": Für dünne Elektroden, $K = 1500$–2000, entspricht einer Strombegrenzung bei Luftbetrieb von etwa 200–300 mA/cm^2. Ein Grenzwert für die Stromdichte bei reinem Sauerstoffbetrieb wird durch andere Parameter als die Gasdiffusion gegeben. Besonders in sauren Elektrolyten limitiert die Tafelneigung.

Elektrolytkonzentration: 30 mV entsprechen einer pH-Stufe.

Bibliographie

Lehrbücher der Elektrochemie

1. Vetter, K. J.: Elektrochemische Kinetik. Berlin-Göttingen-Heidelberg: Springer 1961.
2. Bockris, J. O'M., Reddy, A. K. N.: Modern Electrochemistry, Vol. 1. New York: Plenum Press 1970. Paperback Edition 1976.
3. Milazzo, G.: Elektrochemie I. Grundlagen und Anwendungen. Chemische Reihe, Bd. 26. Basel: Birkhäuser 1980.
4. Hamann, C. H., Vielstich, W.: Elektrochemie I, Bd. 41 (1975); Elektrochemie II, Bd. 42 (1981), Taschentexte. Weinheim: Verlag Chemie.
5. Newman, J.: Electrochemical Systems. Englewood Cliffs, N.J.: Prentice Hall, Inc. 1973.
6. Wiesener, K., Garche, J., Schneider, W.: Elektrochemische Stromquellen. Berlin: Akademie Verlag 1981.
7. Hoare, J. P.: The Electrochemistry of Oxygen. New York: Interscience Publishers, John Wiley & Sons 1968.

Umfassende Werke der Elektrochemie

1. Comprehensive Treatise of Electrochemistry (Bockris, J. O'M., Conway, B. E., Yeager, E. B., White, R. E., eds.), Vol. 1–5, erschienen bis 1983. Wird fortgesetzt. New York: Plenum Press.
2. Modern Aspects of Electrochemistry (Bockris, J. O'M., Conway, B. E., eds.), Vol. 1–14, erschienen bis 1983. Wird fortgesetzt. New York: Plenum Press.
3. Specialist Periodical Reports, eine Übersicht über die Literatur, die bis Ende 1976 publiziert wurde, Senior Reporter: Vol. 1–4: Hills, G., Vol. 5–6: Thirsk, H. R. The Chemical Society, Burlington House, London, 1978.
4. Tables of Standard Electrode Potentials, IUPAC (Milazzo, G., Caroli, S., Sharma, V. K., eds.). New York: John Wiley & Sons 1978.
5. Encyclopedia of Electrochemistry of the Elements. Executive Editor: Bard, A. J., Vol. 1–12. New York: Marcel Dekker, Inc. 1978.

6. Advances in Electrochemistry and Electrochemical Engineering (Gerischer, H., Tobias, Ch. W., eds.), Vol. 1–12. New York: John Wiley & Sons 1981.
7. Techniques of Electrochemistry (Yeager, E., Salkind, A. J., eds.), Vol. 1–3. New York: John Wiley & Sons 1978.
8. Soviet Electrochemistry, Vol. 1–17 (1961–1981), Elektrokhimiya, Übersetzungen aus dem Russischen, Consultants Bureau. New York: Plenum Publishing Corp. 1982.

Literatur

1. Vetter, K. J.: Elektrochemische Kinetik. Berlin-Göttingen-Heidelberg: Springer 1961.
2. Bockris, J. O'M., Reddy, A. K. N.: Modern Electrochemistry, Vol. 1, 2. New York: Plenum Press 1970. Paperback Edition 1976.
3. Tafel, J.: Z. Physik. Chem. *50*, 641 (1905).
4. Bockris, J. O'M., Drazic, D.: Electrochemical Science. London: Taylor and Francis 1972.
5. Siller, B.: Luftsauerstoffelemente, S. 28–35, Varta Fachbuchreihe, Bd. 5, 1968.
6. Giner, J., Hunter, C.: J. Electrochem. Soc. *116*, 1124 (1969).
7. Justi, E., Pilkuhn, M., Scheibe, W., Winsel, A.: Hochbelastbare Wasserstoff-Diffusions-Elektrode. Wiesbaden: Steiner Verlag 1959.
8. Döhren, H. H. v., Euler, K.: Brennstoffelemente, 6. Aufl., Varta Fachbuchreihe, Bd. 6. Düsseldorf: VDI Verlag 1971.
9. Böhm, H., Pohl, F. A.: Wissenschaftliche Berichte der AEG-Telefunken *41*, 46 (1968).
10. Kordesch, K. V.: Characterization of Hydrogen (Carbon) Electrodes for Fuel Cells. Electrochim. Acta *16*, 597–602 (1971).
11. Kordesch, K., Marko, A.: J. Electrochem. Soc. *107*, 480 (1960).
12. Eisenberg, M.: Electrochim. Acta *6*, 93 (1962).
13. Yeager, E. B.: Electrodes for Electrolysis and Power Generation. In: Electrochemistry in Industry, pp. 29–58. New York: Plenum Press 1982.
14. Berl, W. G.: Trans. Electrochem. Soc. *83*, 253 (1943).
15. Kordesch, K., Martinola, F.: Mh. Chem. *84*, 39 (1948).
16. Lewis, G. N., Randall, M.: Thermodynamics. New York: McGraw Hill 1961.
17. Oxygen Electrochemistry. In: Comprehensive Treatise of Electrochemistry, Vol. 6 (Conway, B. E., Bockris, J. O'M., Yeager, E., White, R., eds.). New York: Plenum Press 1984.
18. Damjanovic, A., Genshaw, M. A., Bockris, J.: J. Electrochem. Soc. *114*, 466 (1967).
19. Zagal, J., Bindra, P., Yeager, E.: J. Electrochem. Soc. *127*, 1506 (1980).
20. Bagotzkii, V. S., Vasil'ev, Yu. B.: Brennstoffelemente. Sammelband der Akademie der Wissenschaften der UdSSR. Erste Ausgabe in Russisch, Englische Ausgabe: Consultants Bureau.
21. Van den Brink, F., Visscher, W., Barendrecht, E.: Electrocatalysis of Cathodic Oxygen Reduction by Metal Phthalocyanines, Part I and Part II. J. of Electroanalytical Chemistry and Interfacial Chemistry *157*, 283–318 (1983).
22. From Electrocatalysis to Fuel Cells (Sandstede, G., ed.), Battelle Seattle Research Center. Seattle and London: University of Washington Press 1972.
23. Yeager, E.: Oxygen Cathodes: Present Status and Problem Areas. Proceedings, Renewable Fuels and Advanced Power Sources for Transportation Workshop (Chum, H. L., Srinivasan, S., eds.). Solar Energy Research Institute and Los Alamos National Laboratory, June 1982, Boulder, Colorado.
24. Iliev, I.: Air Cathodes for Primary Metal Air Batteries, Paper 106, National Meeting, The

Electrochemical Society, Denver, Co., Oct. 11–16, 1981. Extended Abstracts 81-2, pp. 268–269.
25. Adzic, R. R., Despic, A. R.: J. Phys. Chem., N. F. *98*, 95 (1975).
26. McIntyre, J. D. E., Gottesfeld, S., Peck, W. F.: Electrochemical Catalysis by Foreign Metal Adatoms. National Meeting, The Electrochemical Society, Boston, May 6–12, 1979. Extended Abstracts 79-1, pp. 864–865.
27. Ross, P. N.: Oxygen Reduction with Carbon Supported Metallic Cluster Catalysts in Alkaline Electrolyte. National Meeting, Electrochemical Society, Minneapolis, May 9–14, 1981. Extended Abstracts 81-1, pp. 1232–1234.
28. Appleby, J.: J. Electroanal. Chem. *118*, 31 (1981).
29. Kordesch, K.: Electrochemical Power Generation. In: Electrochemistry in Industry, pp. 109–129. New York: Plenum Press 1982.
30. Tomantschger, K., Gsellmann, J., Kordesch, K.: Microcalorimeter Studies of Galvanic Cells and Their Components. 32nd Meeting of ISE, Dubrovnik, Sept. 14–20, 1981. Extended Abstracts Vol. II, pp. 646–649.
31. Giner, J., Jalan, V. M.: Giner Inc. Waltham, MA 02154, NASA Kontrakt Nr. NAS3-294.
32. Stability of Kocite Electrocatalysts in Phosphoric Acid Fuel Cells, EPRI-Report EM-1711, Project 1200-3, Final Report, February 1981, prepared by UOP, Inc.

4.0 Laboratoriums-Testmethoden

4.1 Testzellen

Zur schnellen Untersuchung von Elektroden wurde die sehr einfache Zell-konstruktion der Abb. 1 verwendet. Die Testzelle bestand aus einem PTFE-Elektrolytreservoir, zwei Elektroden mit Dichtungen und zwei PTFE-Gaskammern, die mit Wasserstoff bzw. Sauerstoff gespeist wurden. Die gesamte Einheit wird durch eine C-Klammer zusammengehalten. Durch einen kleinen Heizkörper wurde der Elektrolyt auf die gewünschte Temperatur gebracht. Diese Zellanordnung wurde hauptsächlich für Polarisationsteste verwendet, die nur eine kurze Zeit in Anspruch nahmen. Eine detaillierte Ausführung einer ähnlichen Konstruktion wird in der Literatur beschrieben [1].

Abb. 1. Einfache Testzelle zur schnellen Bestimmung von Polarisationskurven. Die Zelle besteht aus einem zentralen PTFE-Elektrolytreservoir, zwei in Epoxyharz gegossenen Elektroden und zwei Gaskammern zur Zuführung von Wasserstoff und Sauerstoff. Die Anordnung wird durch eine C-Klammer zusammengehalten

Für länger dauernde Teste wurde diese Zellkonstruktion verbessert und die Möglichkeit eines zirkulierenden Elektrolytes vorgesehen. Abb. 2 zeigt die Konstruktion einer solchen Testzelle. In diesen Testzellen konnten entweder zwei Elektroden oder nur eine und eine Referenzelektrode verwendet werden. Die Apparatur ist bereits für Langzeitteste geeignet. Der Elektrolytumlauf wird durch eine Gasblasenpumpe bewerkstelligt.

Abb. 3 stellt eine Laboratoriumszelle mit röhrenförmigen Elektroden dar.

Abb. 4 (S. 50) zeigt die Konstruktionsdetails von größeren Flachzellen. Diese Zellen wurden aus „Lucite"-Kunststoffplatten konstruiert und mit Epoxidharz verklebt.

Abb. 5 zeigt den kompletten Teststand einer einzelnen Zelle mit Umlaufelektrolyt und Gasversorgung.

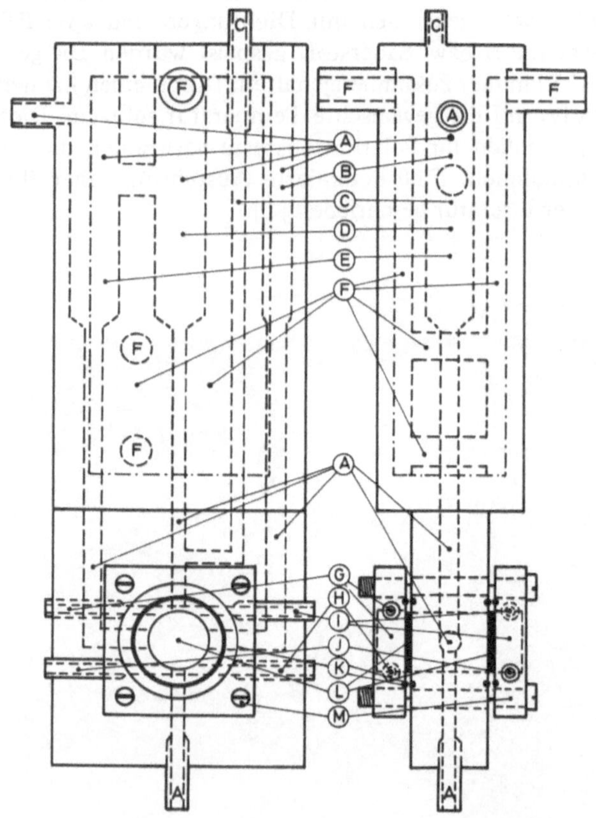

Abb. 2. Testzellenanordnung mit Elektrolytumlauf. *A* Elektrolytsystem mit Blasenpumpe, *B* Kanal für Referenzelektrode (Zink), *C* Stickstoffzuleitung für Blasenpumpe, *D* Druckausgleich mit Steigrohr, *E* Kanal für Thermometer, *F* Wasserkreislauf zur Thermostatisierung, *G* Sauerstoff- bzw. Luftzuleitung und Gasraum, *H* Sauerstoff- bzw. Luftableitung, *I* Wasserstoffzuleitung und Gasraum, *J* Wasserstoffableitung, *K* Dichtungsringe, *L* Elektroden in Epoxidrahmen, *M* Verschraubung

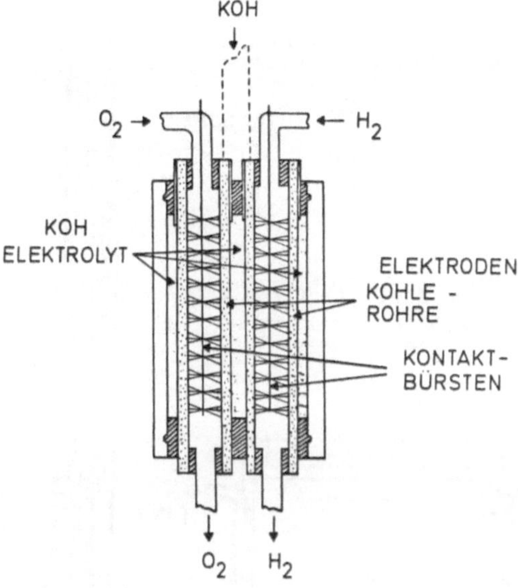

Abb. 3. Eine einfache Laboratoriumszelle mit röhrenförmigen
Wasserstoff- und Sauerstoff-Elektroden

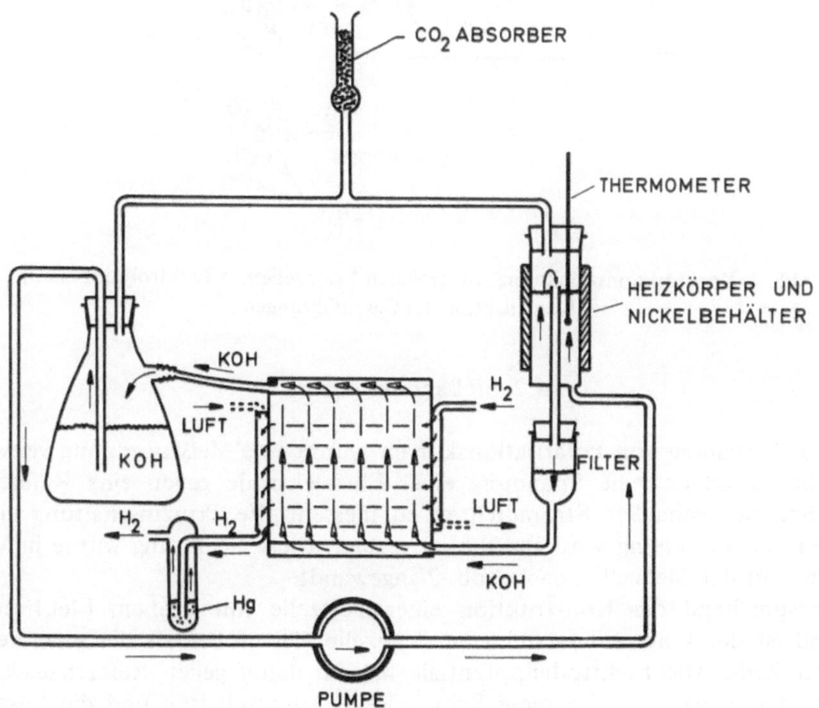

Abb. 5. Kompletter Teststand für eine einzelne Wasserstoff-Sauerstoff-Zelle mit Elektrolytumlauf, Gaszufuhr und Heizsystem. Die CO₂-Reinigungsanlage für die Luft ist nicht gezeichnet

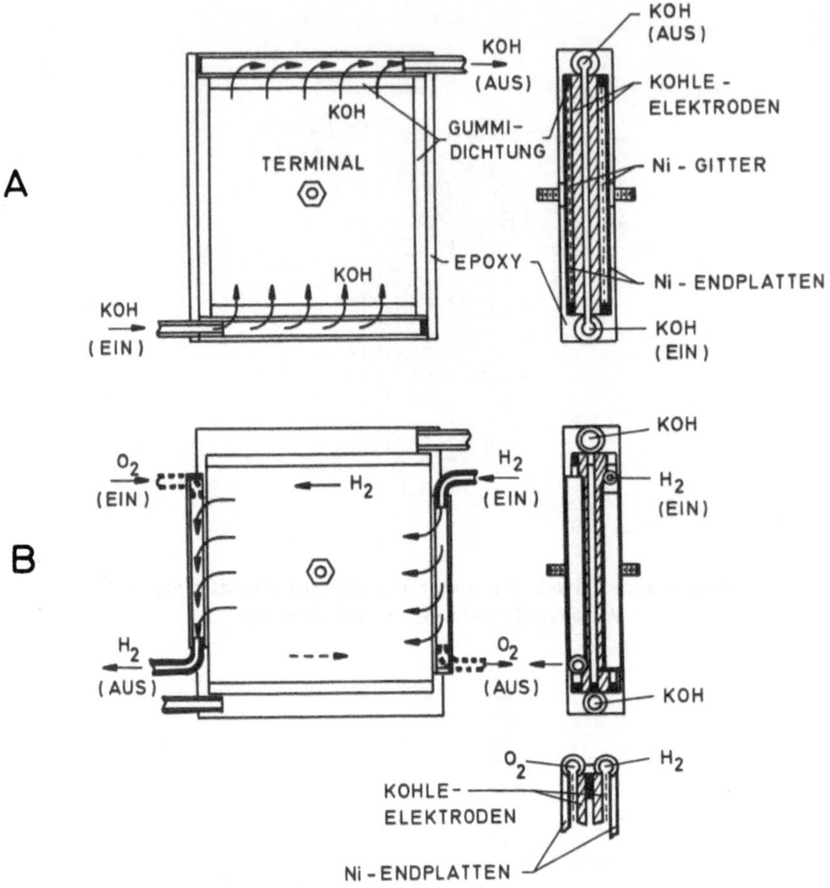

Abb. 4. Konstruktionszeichnung von größeren Flachzellen. *A* Elektrolytkreislauf,
B Konstruktion der Gaszuführungen

4.2 Meßanordnungen

Zur Aufnahme von Polarisationskurven wurde eine Meßanordnung verwendet, die es erlaubt, die Spannung einer Einzelektrode gegen eine Referenzelektrode bei variablen Stromdichten zu messen. Die Prinzipschaltung einer
solchen Meßanordnung wird in Abb. 6 gezeigt. Diese Schaltung wurde in Verbindung mit den Meßzellen nach Abb. 2 angewandt.

Entsprechend der Konstruktion einer Testzelle mit großem Elektrodenabstand ist der Innenwiderstand einer Meßzelle viel größer als der einer technischen Zelle. Die Elektrodenpotentiale müssen daher gegen Referenzelektroden gemessen werden. Um diese Schwierigkeit auszuschalten und die tatsächliche Spannung einer Zelle ohne den Spannungsverlust am inneren Widerstand
zu messen, kann man die Unterbrechermethode anwenden [2, 3]. Das Prinzip

dieser Methode zeigt Abb. 7. Wenn die Unterbrechung des Stromes zumindest fünfzigmal pro Sekunde erfolgt, dann kann man mit dieser Methode die „schnellen" und die „langsamen" Elektrodenvorgänge (s. Kap. 3.0) voneinander trennen.

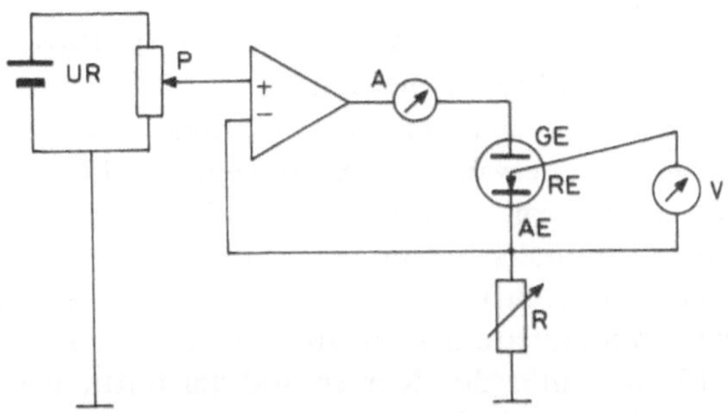

Abb. 6. Meßanordnung zur Bestimmung des Potentials einer belasteten Elektrode gegenüber einer Referenzelektrode. U_R Referenzspannungsquelle, P Potentiostat zum Einstellen der Stromstärke, A Amperemeter, V Voltmeter, GE Gegenelektrode, RE Referenzelektrode, AE Arbeitselektrode, R Widerstand

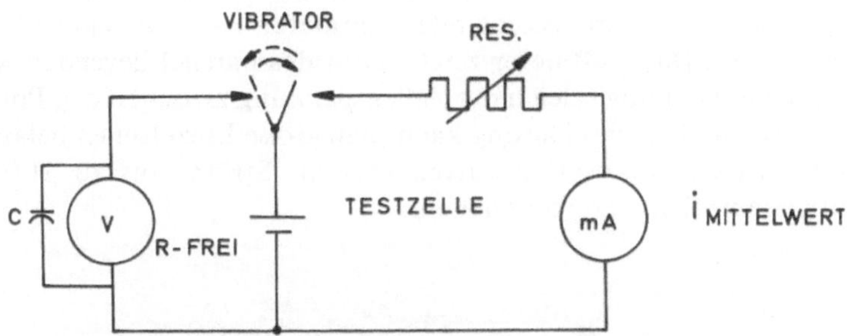

Abb. 7. Schaltung eines periodisch arbeitenden Unterbrechers, der es erlaubt, die Spannung einer Zelle zwischen den Strompulsen zu messen

Der Spannungsabfall an den Komponenten des inneren Widerstandes ist ein Sammelbegriff mit der gemeinsamen Charakteristik, daß bei einer momentanen Stromunterbrechung ein sofortiger Spannungszuwachs auftritt. Der erhaltene Wert kann als die „widerstandsfreie" Zellenspannung bezeichnet werden. Sie ist experimentell leicht zugänglich, z.B. durch die Unterbrechung des Stromes und Beobachtung der Spannung auf einem Oszilloskopschirm oder mit einer elektronischen „Zeitfenster-Schaltung". Eine Unterbrechung für z.B. 1/1000 einer Sekunde in jeder Sekunde gibt ein klares Bild der Verhältnisse an der Elektrode. Die transportabhängigen physikalisch-chemischen Elektrodenvorgänge sind wesentlich langsamer, sie werden durch Druck-, Diffusions- und Konzentrations-Gleichgewichtseinstellungen geprägt. Der Name „Chemische Reaktions-Polarisation" wird oft als Sammelbegriff dafür verwendet. Referenzelektroden machen es möglich, den anodischen und kathodischen Anteil festzulegen.

Die Elektroden integrieren über die „langsamen" Reaktionen und das Potential stellt sich auf den Mittelwert ein. Man erhält auf diese Weise den Polarisationszustand der Elektrode ohne die (oft überwiegenden) Spannungsverluste an den Ohmschen Widerstandskomponenten. Der gemessene Strom entspricht dem Wert eines Coulombmeters, ein Amperemeter mit D'Arsonval-Spule zeigt den gemittelten Strom mit hoher Genauigkeit an.

Mechanische Schaltungen sind für höhere Ströme unverläßlich und vibrierende Kontakte erzeugen unerwünschte Störungen. Es ist zwar möglich, mit Hilfe von Quecksilberschaltern exakte quadratische Pulse zu erzeugen, doch versagt diese Methode ebenfalls bei hohen Strömen. Man kann anstelle von Rechteckpulsen ebensogut sinusförmige Pulse verwenden, die durch Halbweggleichrichtung eines Wechselstromes entstehen. Die Elektroden integrieren ebenfalls über die Fläche unter den Kurven und der mittlere Strom wird dann i/π, wenn man eine genügend hohe Wechselspannung verwendet.

Abb. 8 zeigt die Schaltung eines Meßkreises, der es ermöglicht, die mechanische Unterbrecheranordnung der Abb. 7 durch eine Wechselstromschaltung zu ersetzen. Wichtig ist es, daß die beiden Transformatorwindungen in entgegengesetzter Phase angeschlossen werden, nur dann stellen die beiden Brückendioden einen sehr hohen Widerstand dar, wenn durch die Zelle Strom fließt, und einen sehr niedrigen Widerstand, wenn die „Powerdiode" sperrt. Das mit den Brückendioden in Serie geschaltete Voltmeter ist dann entweder „ab-" oder „angeschaltet". Das Voltmeter zeigt wegen des parallel liegenden Kondensators dessen Ladespannung (gleich der Zellenspannung zwischen den Pulsen) an.

Mit dieser Wechselstromschaltung kann man große Einzelzellen belasten und die widerstandsfreien Polarisationskurven messen. Ströme bis zu 100 A und höher bereiten keine Schwierigkeiten mehr.

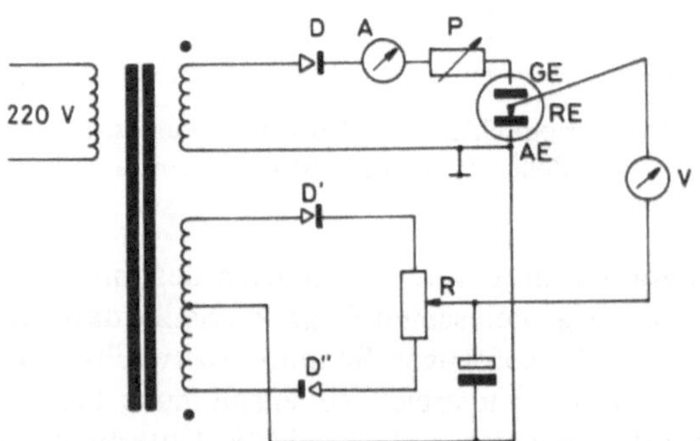

Abb. 8. Unterbrecherschaltung, die einen halb-gleichgerichteten Wechselstrom von 50—60 Hz als Pulsgenerator verwendet und mit Hilfe einer Diodenbrücke die Zellenspannung zwischen den Strompulsen mißt. Die Widerstandspolarisation (Kap. 3.2.3) wird damit eliminiert. D Hauptdiode, D' und D'' Brückendioden, A Amperemeter, V Voltmeter, P Potentiometer zur Regelung der Stromstärke, R Nullpunktsabgleich, GE Gegenelektrode, RE Referenzelektrode, AE Arbeitselektrode

Hat man Batterien zu prüfen, so kann man bei genügend hoher Spannung (z.B. 12 V) ohne äußere Stromquelle arbeiten und den eigenen Strom durch eine Regelschaltung auch bei hohen Werten konstant halten. Die Unterbrechung kann durch einen Pulsgenerator gesteuert werden und braucht nur ganz kurz zu sein (1 ms), um die widerstandsfreie Spannung während der Strompause zu ermitteln.

Abb. 9 zeigt die Prinzipschaltung eines Gerätes zur Messung der widerstandsfreien Polarisationskurven mit Hilfe programmierter Stromprofile und einer variablen „sample and hold"-Einstellung.

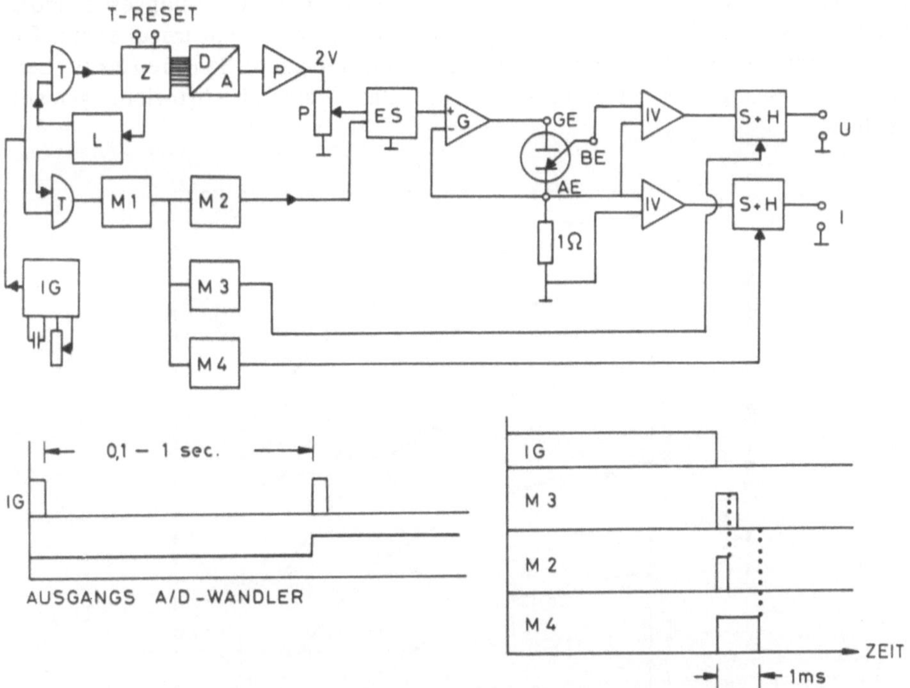

Abb. 9. Prinzipschaltung eines Gerätes zur Messung der widerstandsfreien Polarisationskurven mit Hilfe programmierter Stromprofile und einer variablen „sample and hold"-Einstellung (nach J. Gsellmann). *IG* Impulsgenerator, *Z* Zähler (8-Bit) mit „Reset", *L* Logik (bei Zählstand 256 schließen Dioden *T*), *D/A* Digital/Analogwandler, *PV* Pufferverstärker, *P* Einstellungspotentiometer für die Endspannung, *ES* Elektronischer Schalter, M_1, M_2, M_3, M_4 Monovibratoren als Ablaufsteuerungskette, *IV* Instrumentverstärker, *S&H* „sample and hold"-Verstärker

4.3 Testbedingungen

4.3.1 Alkalische Zellen

Als Elektrolyt wird normalerweise 9–12 N KOH verwendet. Die Betriebstemperatur soll zwischen 70 und 75 °C betragen, damit das bei einer Stromdichte von 50–100 mA/cm² entstehende Wasser durch den Gaskreislauf entfernt werden kann. In alkalischen Zellen entsteht das Wasser an der Wasserstoffelektrode und verdünnt dort den Elektrolyten. Trotzdem wird auch auf der Sauerstoffseite Wasser entfernt. Die Menge des durch die poröse Elektrode entfernten Wassers richtet sich nach dem Wasserdampfdruck in den Poren der Elektrode und nach der Umpumpgeschwindigkeit der Gase.

Abb. 10 zeigt den Gleichgewichtsdampfdruck von verschiedenen KOH-Konzentrationen mit wechselnder Temperatur [4]. Wird mehr Wasser erzeugt als in beiden Gasströmen entfernt wird, so sinkt die Konzentration des Elektrolyten, wodurch der Dampfdruck steigt und bei gleicher Umpumpgeschwindigkeit mehr Wasser entfernt wird. Das System ist deshalb selbstregulierend. Ein freier Parameter ist die Temperatur und durch geeignete Sensoren (z.B. Leitfähigkeitsmessung des Elektrolyten) kann das Wassergleichgewicht geregelt werden.

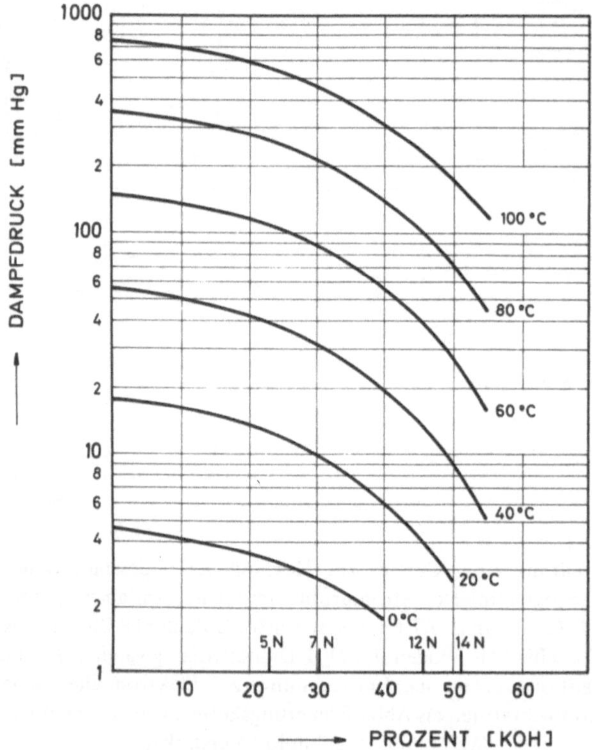

Abb. 10. Abhängigkeit des Wasserdampfdruckes wässeriger Kaliumhydroxidlösungen von der Konzentration und der Temperatur

Aus den Dampfdrucktafeln (psygrometrische Tabellen) [5] kann man entnehmen, wieviel Gramm Wasser pro Liter Gas bei der entsprechenden relativen Feuchtigkeit transportiert werden.

Das Umpumpen der Gase kann bei Vermeidung von mechanischen Anordnungen (Zentrifugalpumpen, Gebläse) durch Gasstrahlpumpen erfolgen. Für Laboratoriumszellen genügen einfache aus Glas gefertigte Geräte („gas jets"), die je nach der Differenz zwischen dem Druck des zugeführten und des umgepumpten Gases ein bestimmtes Volumen umwälzen können. Werden die „gas jets" mit den Membrandruckreglern gekoppelt (z.B. durch eine Nadel in der Düse), so kann die Brennstoffzellenanlage je nach dem Gasverbrauch die Umpumgeschwindigkeit selbsttätig regeln [6, 7].

Abb. 11 zeigt das Prinzip eines Umlaufsystems mit „gas jets" in Verbindung mit einer Testzelle nach Abb. 3.

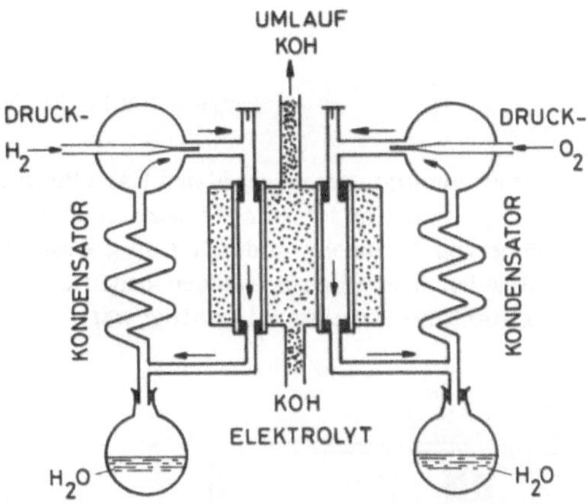

Abb. 11. Laboratoriumszelle nach Abb. 3 mit einem KOH-Umlaufsystem und zwei „gas jets" zur Gasumwälzung. Der Differenzdruck, der durch einfache Glasjets erzeugt wird, beträgt 5–10 cm Wassersäule. Damit kann ein Gasvolumen, das ein Mehrfaches des stöchiometrischen Verbrauchs beträgt, umgepumpt werden

Abb. 12 beschreibt den Wassertransport in einem System nach Abb. 12 als Funktion der umgepumpten Gasmenge und der Temperaturdifferenz zwischen Elektrolyt und Kondensator. Eingezeichnet ist die experimentelle Kurve für eine Stromentnahme von 4 Ampere, wodurch theoretisch 1,33 g Wasser pro Stunde erzeugt werden.

Die Wasserentfernung ist besonders effektiv, wenn man die Brennstoffzelle mit Unterdruck betreibt. Eine Versuchsanordnung dafür wird in Abb. 13 gezeigt. Auch in diesem Fall ist die Konstruktion der Testzelle nach Abb. 3 von Vorteil. Ein weiterer Vorteil des Betriebes bei reduziertem Gasdruck ist die Möglichkeit, Elektroden in einem Zustande zu halten, bei dem Mikrogasblasen aus den Poren in den Elektrolyt austreten. Damit werden bei geringem Gasverlust inerte Gaskomponenten entfernt. Besonders geeignet für diese Versuche sind die „composite electrodes", die aus einer doppelporösen Nickelschichte und einer Kohleschichte bestehen (s. Abschnitt 7.3, Die Elektroden der Union Carbide Corp.)

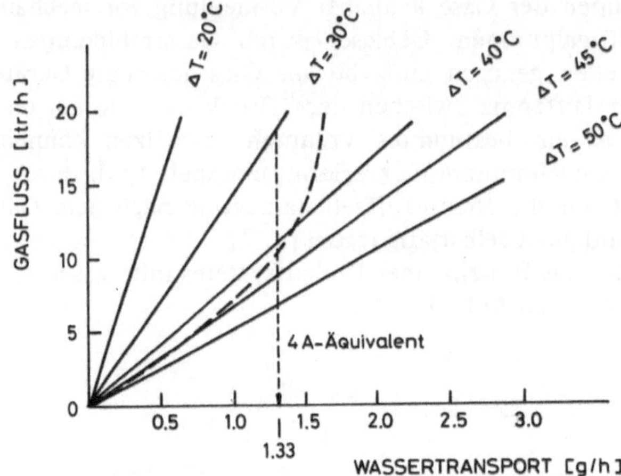

Abb. 12. Der Wassertransport als Funktion des umgewälzten Gasvolumens und der Temperaturdifferenz zwischen Elektrolyt und Kondensator. Eingezeichnet ist die experimentelle Kurve für eine Stromentnahme von 4 Ampere, wodurch 1,33 g Wasser pro Stunde erzeugt werden. Die Abweichung von den theoretischen Geraden bedeutet, daß das Gas weniger als 100% mit Wasserdampf gesättigt war

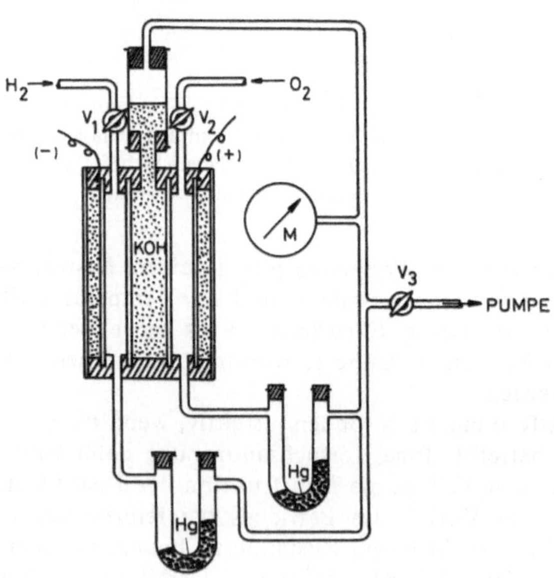

Abb. 13. Experimentelle Brennstoffzelle nach Abb. 3 für den Betrieb mit reduziertem Gasdruck. V_1, V_2, V_3 Nadelventile zur Druckeinstellung, M Vakuum-Manometer, Hg quecksilbergefüllte U-Röhren zur Kontrolle des Gasstromes

Bei kleinen Zellen ist die Wärmeentwicklung zu gering, um den Elektrolyten auf Arbeitstemperaturen von 60–70 °C zu halten. Bei großen Zellen oder Batterien muß eine entsprechende Kühlung eingerichtet werden. Hier sei bemerkt, daß Wasserstoffgas einen hohen Wärmetransportkoeffizienten besitzt und deshalb der umgepumpte Wasserstoff als wirksames Kühlmittel dient. In den Berechnungen des Wärmehaushaltes muß auch die Verdampfungswärme des entfernten Wassers berücksichtigt werden.

Als Baubestandteile für alkalische Zellen sind je nach Temperaturanforderungen plastische Materialien wie Methacrylate, Polyäthylene, Polypropylene und PTFE geeignet. Von den Metallen sind nur Nickel und Silber einwandfrei beständig. Rostfreie Stahllegierungen sind nur bedingt verwendbar.

4.3.2 Saure Zellen

Testzellen mit sauren Elektrolyten können nur aus Graphit und plastischen Materialien gebaut werden. Kleine experimentelle Zellen können entsprechend den Abb. 1 und 2 konstruiert werden. Als flüssiger Elektrolyt kommt Schwefelsäure in Frage, als Matrix-Elektrolyt hochkonzentrierte Phosphorsäure. Die Arbeitstemperatur ist von der Art des Elektrolyten und der Möglichkeit der Wasserentfernung abhängig. Flüssige Elektrolyte bis 100 °C, Matrix-Elektrolyte bis 210 °C.

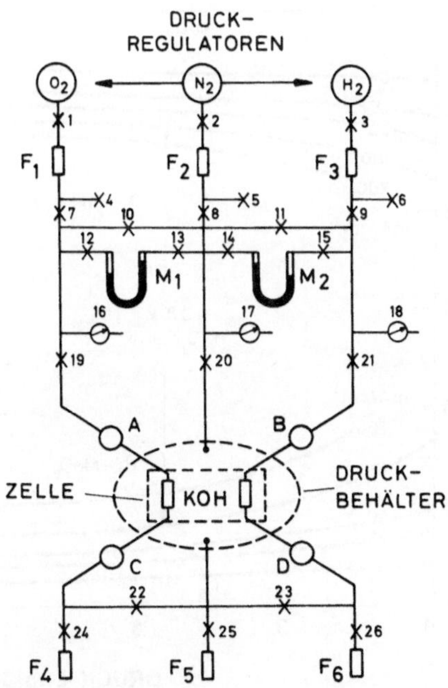

Abb. 14. Gasdruckregelsystem für eine Laboratoriumsbrennstoffzelle bis zu Gasdrücken von 20 bar. Der Totaldruck wird mit Stickstoff festgelegt. Die Regulatoren für den Wasserstoff und Sauerstoff können als Nachlaufregler ausgeführt werden. X_{1-26} Ventile, wobei 16, 17 und 18 als Sicherheitsventile auf einen bestimmten Absolutdruck eingestellt werden. A, B, C, D Flüssigkeitsfallen, F_{1-6} Gasflußanzeiger, M_1, M_2 Differentialmanometer

4.3.3 Versuche mit Überdruck

Die Leistung von Wasserstoff-Sauerstoff-Zellen ist eine Funktion der Temperatur, der Elektrolytkonzentration und des Gasdruckes. Zur Ermittlung von Polarisationskurven bei höheren Gasdrücken ist es notwendig, ein System zu konstruieren, in dem der Totaldruck und die anteiligen Gasdrücke (je nach der Stromentnahme) auf einen Gleichgewichtsdruck einreguliert werden. Ein Laboratoriumssystem, das diesen Anforderungen entspricht, zeigt Abb. 14. Die zu untersuchende Brennstoffzelle oder Batterie kann eine Normaldruckausführung sein (z.B. nach Abb. 3), wird aber zur Ausführung des Versuches in einen Druckbehälter gebracht.

Will man nur den Einfluß des Druckes auf eine der Gaselektroden untersuchen, so kann man zwei vereinfachte Versuchsanordnungen konstruieren, in denen jeweils nur ein Gas unter Druck gesetzt wird, die Gegenelektrode aber eine Festelektrode von hoher Kapazität ist. Als Beispiele seien erwähnt: die alkalischen Systeme Wasserstoff/Braunstein und Sauerstoff/Zink sowie die sauren Systeme Wasserstoff/Bleidioxid und Sauerstoff/Blei.

Abb. 15 zeigt die zusammengesetzten Polarisationskurven, die mit Hilfe von zwei unabhängigen Druckzellen ermittelt wurden. Die Wasserstoffelektrode wurde gegen Braunstein und die Sauerstoffelektrode gegen Zink gemessen. Als

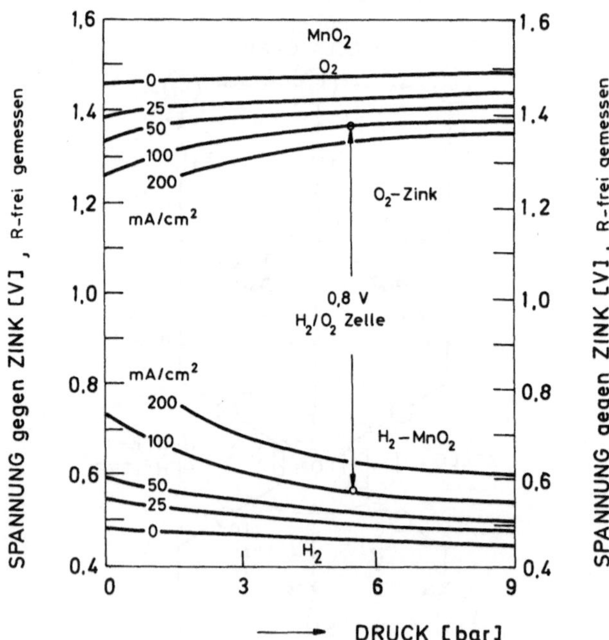

Abb. 15. Zusammengesetzte Polarisationskurven, die mit Hilfe von zwei unabhängigen Druckzellen ermittelt wurden. Die Wasserstoffelektrode wurde gegen Braunstein und die Sauerstoffelektrode gegen Zink gemessen. Als Referenzelektrode diente in beiden Zellen eine Zinkelektrode. Der Elektrolyt war 12 N KOH und die Temperatur betrug 60 °C. Die Spannungen wurden widerstandsfrei gemessen

Referenzelektrode diente in beiden Zellen eine Zinkelektrode. Der Elektrolyt war 12 N KOH und die Temperatur betrug 60 °C.

Literatur

1. Kordesch, K. V., Olender, H., McBreen, J., O'Grady, W. E., Srinivasan, S.: Design of a Cell for Electrode Kinetic Investigations of Fuel Cell Reactions. J. Electrochem. Soc. *129*, 135–137 (1982).
2. Kordesch, K., Marko, K.: Sine Wave Pulse Current Tester for Batteries. J. Electrochem. Soc. *107*, 480–483 (1960).
3. Kordesch, K. V.: Charging Method for Batteries, Using the Resistance-Free Voltage as Endpoint Indication. J. Electrochem. Soc. *119*, 1053–1055 (1972).
4. International Critical Tables, Vol. III. New York: McGraw Hill 1928.
5. D'Ans, J., Lax, E.: Taschenbuch für Chemiker und Physiker, 3. Aufl. Berlin-Heidelberg-New York: Springer 1967.
6. Smith, G. E.: U.S. Patent Nr. 3, 368, 923, 1968.
7. Winters, C. A.: U.S. Patent Nr. 3, 462, 308, 1969.

5.0 Brennstoffe

5.1 Wasserstoff, H_2

Reiner Wasserstoff benötigt keine weitere Behandlung und vereinfacht das System. Er kann in alkalischen Brennstoffzellen mit hohen Leistungsdichten direkt verwendet werden. Die Hauptschwierigkeiten bei der Verwendung von Wasserstoff sind seine Verfügbarkeit, die Transportmöglichkeit und die effektive Speicherung (s. Tabelle 1).

Voraussagen über die Einführung des Wasserstoffes als universellen Brennstoff beziehen sich auf elektrolytischen Wasserstoff als Beiprodukt der Verwendung von Atomenergie und des Überschusses von Wasserkraft [1]. Diese Angaben müssen gegebenenfalls angesichts des verlangsamten Wachstums der Elektrizitätserzeugung revidiert werden.

Wasserstoff ist auch ein Hauptprodukt der Kohlevergasung, ein Zwischenprodukt bei der Herstellung von Ammoniak, und spielt eine wichtige Rolle bei der Herstellung von hochwertigen Brenngasen und bei der Produktion von synthetischen Treibstoffen.

Die Speicherung kann nach verschiedenen Methoden erreicht werden: Wasserstoff in Druckflaschen, verflüssigter [2] Wasserstoff und Speicherung in einem Hydridsystem [3]. Alle diese Methoden wurden speziell für Fahrzeuge in Betracht gezogen [4], waren aber bisher nicht recht zufriedenstellend. Ein neues Konzept schlägt z.B. vor, den Wasserstoff in Mikroblasen zu speichern [5]. Wasserstoff kann für kleine Systeme auch aus Hydriden durch Reaktion mit Wasser gewonnen werden.

Die Speicherung von Wasserstoff in Hochdruckzylindern hat sich in den letzten Jahren sehr stark verbessert, während industrielle Stahlzylinder noch vor 10 Jahren etwa 99% des Gewichtes der Wasserstoffspeicherung ausmachten, so ist es mit modernen Leichtmetallzylindern, die mit Faserstoffen bewehrt sind, möglich, die Speicherkapazität auf etwa 3% zu erhöhen [6].

Tabelle 1. *Vergleich verschiedener Möglichkeiten zur Wasserstoffspeicherung*

	Wasserstoff-Speicherkapazität		1 kg H_2-Äquivalent
	Gew.% H_2	kWh/kg	Speichergewicht (kg)
Komprimierter Wasserstoff	1,5–3,0	0,6–1,0	30–60

Magnesiumhydrid	7	2,66	25
Magnesium-Nickelhydrid	3,16	1,05	50
Eisentitan-Titanhydrid	1,75	0,6	100
Methanol	12,5	5,6	8
Ammoniak	17,6	5,14	10
Isooktan	17,3	12,7	5
Flüssiger Wasserstoff	100	33	12

Die Kosten von Wasserstoff sind stark von den Kosten des Ausgangsmaterials abhängig. Für den Zeitraum 1980–1985 können folgende Werte geschätzt werden (weitere Werte s. [7]):

Gasförmiger Wasserstoff von Kohle	\$ 0,3–1	per kg
Gasförmiger Wasserstoff von Öl	\$ 0,5–1,5	per kg
Gasförmiger elektrolytischer H_2	\$ 1 – 3	per kg
Flüssiger Wasserstoff von Kohle	\$ 2 – 3	per kg

Anmerkungen: Als Näherung 1 GJ = 1 MBTU = 300 kWh = 10 kg H_2.
Speicherkosten müssen zusätzlich berechnet werden.

5.2 Petroleumderivate

Die billigsten und gegenwärtig noch am reichlichsten verfügbaren chemischen Energieträger sind das Erdgas und das Erdöl. Aus diesem Grund haben die Entwickler von Brennstoffbatterien versucht, mit Hilfe von thermischen Crackverfahren (bei kleineren Anlagen) oder Dampfreformierungsprozessen (bei größeren Systemen) diese Rohmaterialien in ein wasserstoffreiches Gas umzuwandeln, das dann an den Elektroden der Zellen oxidiert werden kann.

In der chemischen Großindustrie in Deutschland (BASF, LURGI), England (ICI, British Gas), in den Vereinigten Staaten (Standard Oil, UCC, Koppers) und Japan (Japan Gasoline), um nur einige Firmen zu nennen, sind Anlagen zur Gaserzeugung aus Kohle, zur Kohleverflüssigung und zur Erdgas- und Erdölspaltung seit Jahrzehnten in Betrieb. Die Ausbeuten und der Wirkungsgrad sind hoch, hauptsächlich deswegen, weil auch jedes Nebenprodukt wieder Verwendung findet. Eine zusammenfassende Übersicht über die verschiedenen Methoden der Gaserzeugung aus Kohle und Kohlenwasserstoffen findet sich in Sammelwerken der chemischen Technologie, z.B. [8].

Die Aufbereitungsstufen sind vielfältig und richten sich nach der chemischen Natur des Ausgangsmaterials, ob aliphatische oder aromatische Bestandteile vorherrschend sind. Einer der wichtigsten Prozesse ist die Entschwefelung des Rohkerosins (Naphtha). In der ersten Stufe erfolgt eine Behandlung mit Spaltwasserstoff an Kobalt-Molybdän-Katalysatoren (Hydrotreating) unter Druck, um die Schwefelverbindungen in H_2S zu verwandeln. Der Schwefelwasserstoff wird dann in Zinkoxidreaktoren entfernt und das Destillat wird dem eigentlichen Dampfreformer zugeführt. Die Reaktion der Kohlenwasserstoffe mit Wasserdampf produziert ein Gemisch von Wasserstoff, Kohlendioxid und Kohlenmonoxid. Das CO_2 wird durch (alkalische) Absorption oder durch Druckwäsche entfernt. Das verbleibende Gasgemisch wird nochmals über Katalysatoren geleitet, um durch eine doppelte „Shift"-Reaktion eine Zusammensetzung zu erhalten, die möglichst hoch an Wasserstoff ist. Alle diese Katalysatoren sind schwefelempfindlich, deshalb ist die Entfernung auch der geringsten Mengen von Schwefelverbindungen wichtig. Abb. 1 zeigt das Schema für den Naphthaprozeß.

In chemischen Großanlagen spielen Gewicht und Größe der Reaktoren nur eine untergeordnete Rolle, auch die Wärmebilanz kann optimal geführt werden, eine nicht so leichte Aufgabe bei den relativ kleinen Reformeranlagen für Brennstoffbatterien. Eine Maßnahme zur Verbesserung des Wärmehaushaltes ist z.B. die Rückführung des nicht völlig umgesetzten Anodengases als Heizgas für den Dampfreformer.

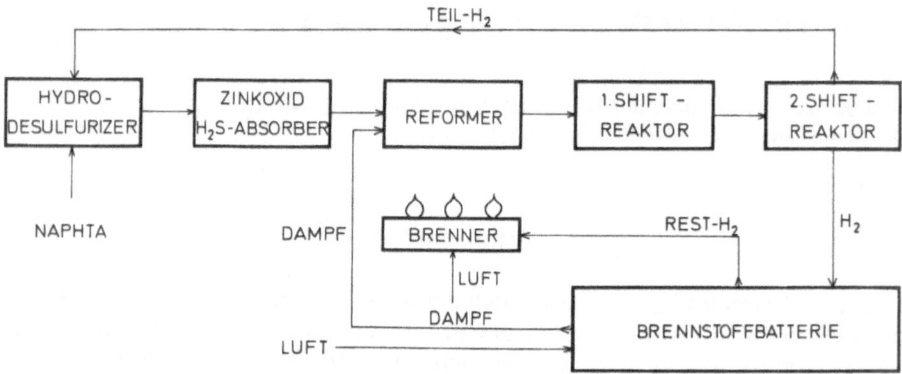

Abb. 1. Die Prozeßfolge bei der Aufarbeitung von Naphtha als reformierter Brennstoff für phosphorsaure Zellen

Engelhard Corp. [9] und United Technologies Corp. [10] haben auf dem Gebiet der Konstruktion von Brennstoffzellen-Reformern für Petroleumderivate Pionierarbeit geleistet. Energy Research Corp. [11] hat Propangas-Druckkonverter für Fahrzeuge in der 60 kW-Größe konzipiert.

Dampfreformierung bei sehr hohen Temperaturen (HTSR), über 1000 °C, mit Beimischung von Luft zum Prozeßgas, ist eine Methode, um die Katalysatorschwierigkeiten mit den Schwefelverbindungen zu vermeiden. Dieser sogenannte „autothermal reformer" (ATR) [12] hat (allein) einen geringeren Wirkungsgrad, ist aber weniger aufwendig. Für mobile Anlagen und Fahrzeuge ist er wahrscheinlich nicht geeignet. Es wurden auch Hybrid-Prozesse HTSR/ATR vorgeschlagen [13].

Für sehr kleine Systeme (10–500 W) wurde ein „miniature generator" konstruiert, der alle Komplikationen vermeidet und nach dem Prinzip des „thermal cracking" arbeitet [14]. In diesem sehr einfachen Generator werden Benzin, Jet Fuel JP-4 und Naphtha in Wasserstoff und Kohlenstoff thermisch zerlegt. Zwischen 1125 und 1175 °C wird aus diesen Brennstoffen 82–92% Wasserstoff erzeugt, aus Methan sogar 95% H_2 mit über 68% Ausbeute. Die Kohlenstoffabscheidungen an den Kühlzonen führen zur allmählichen Verstopfung des Generators, deshalb wurde er mit einem Wegwerfeinsatz versehen. Der Reaktor wurde für die Gasversorgung beim Feldeinsatz von 6 V, 100 W alkalischen Batterien der Union Carbide Corp. verwendet. Abb. 2 zeigt eine schematische Darstellung des Miniaturgenerators.

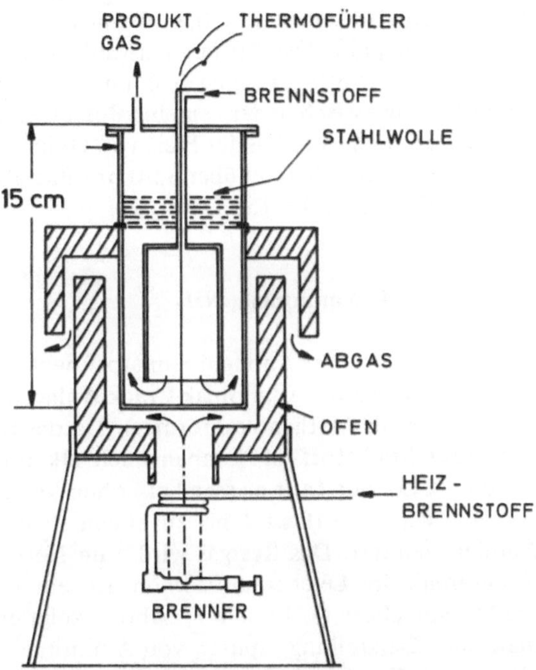

Abb. 2. Miniatur-Generator der Kohlenwasserstoffe bei Temperaturen über 1000 °C in Wasserstoff und Kohlenstoff zerlegt. Für kleine alkalische Batterien, 10–500 W

5.3 Methylalkohol, CH$_3$OH

Methylalkohol (Methanol) ist ebenfalls ein Produkt der chemischen Großindustrie und wird hauptsächlich aus Erdgas oder Kohle hergestellt [15]. Die Qualitätsanforderungen sind hoch, weil Methanol ein chemisches Zwischenprodukt ist, das z.B. 50% auf Formaldehyd für die Kunststoffindustrie weiterverarbeitet wird. Die größten Mengen Methanol werden aus Erdgas hergestellt, wobei ein Wasserstoffüberschuß auftritt, der eine Zufuhr von CO$_2$ benötigt. Bei Methanol aus Benzin ist die Synthese einfacher. Die Spaltung von Naphtha im Dampfumformer ergibt ein Synthesegas, das dem aus Methan und CO$_2$ ähnlich ist. Die Herstellung aus schweren Erdölrückständen setzt als erste Prozeßstufe eine Aufspaltung mit Luft voraus. In allen Herstellungsverfahren ist eine Schwefelentfernung vor den katalytischen Syntheseschritten nötig. Methanol ist also in den Dampfreformern der Brennstoffbatterien ohne weitere Reinigung (Hydrodesulfurierung) verwendbar. Das macht Methanol attraktiv für den Fahrzeugbetrieb mit Brennstoffzellen. Die Niederdrucksynthesen ergeben ein Methanol mit weniger Verunreinigungen durch höhere Alkohole, welche die Kupferkatalysatoren der Dampfreformer langsam deaktivieren. Diese Methode wird deshalb bevorzugt, obwohl sie etwas teurer ist [16].

Diagramme von Brennstoffbatteriesystemen mit Methanol-Reformern werden im Abschnitt „Fahrzeuge mit Brennstoffzellen" gezeigt.

Die Kosten und die Verfügbarkeit von Methanol war der Gegenstand vieler Schätzungen und Voraussagen [17]. Die Kosten schwanken je nach Reinheitsgrad und Herstellerjahr (1976–1980) zwischen \$ 6 und \$ 14 per Giga-Joules (1 GJ = 300 kWh), energiemäßig zwischen dem eineinhalbfachen bis zum doppelten Preis von Benzin. Dazu sei bemerkt, daß der Preis von Öl im Jahre 1978 etwa \$ 16–20 pro Barrel war, bis Ende 1981 auf über \$ 30 pro Barrel stieg und 1983 teilweise wieder auf \$ 25 sank (1 Barrel = 159 Liter).

5.4 Ammoniak, NH_3

Da Ammoniakgas nicht als direkter Anodenbrennstoff benützt werden kann, muß es katalytisch zerlegt werden. Ammoniak-Crack-Anlagen funktionieren schon bei 450 °C (200° höher als Methanolumformer). Da das Endprodukt nur Wasserstoff (75 Vol.%) und Stickstoff ist, können auch alkalische Zellen verwendet werden. Die 0,03% CO_2 der Luft müssen bei hohen Stromdichten trotzdem entfernt werden. Der Wasserstoff wird bis zu einem Restprozentsatz von etwa 15% an den Anoden genutzt. Das Restgas wird zum Heizen des Crackers benützt. Flüssiges Ammoniak in Leichtstahlflaschen ist ein effizienter Weg, Wasserstoff „chemisch" zu speichern (s. Tabelle 1). Abb. 3 zeigt eine Ammoniak-Spaltanlage in schematischer Darstellung. Spuren von Ammoniak im Exhaustgas werden durch eine Wäsche mit Kupfersalzlösung zurückgehalten.

Das Hauptproblem mit Ammoniak als Brennstoff liegt in dessen Giftigkeit,

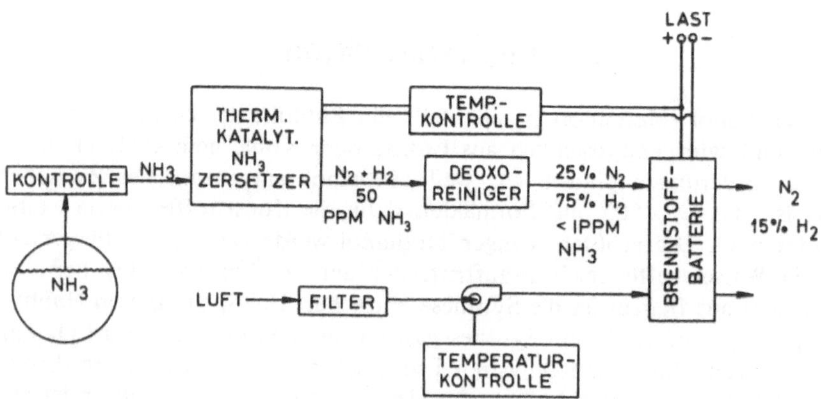

Abb. 3. Schematische Darstellung der Verwendung von Flüssigammoniak als Wasserstoffträger. Die thermisch-katalytische Zersetzung geht bei Anwendung moderner Katalysatoren schon bei 450 °C vollständig vor sich

die allerdings durch die niedrige Reizschwelle nicht zur Wirkung kommt, außer die Person wird unfähig zu handeln. Unfälle dieser Art gab es wiederholt bei Eisanlagen. Die weite Verteilung als Flüssigammoniak ist in der Landwirtschaft der U.S.A. und in der Republik China handelsüblich. Ammoniak kommt besonders für mobile Anwendungen in Frage. Die Idee eines Energiedepots auf der Basis von flüssigem Wasserstoff bzw. flüssigem Ammoniak wurde Anfang der sechziger Jahre von Militär- und Raumfahrtorganisationen ernstlich erwogen [18]. Mehr darüber siehe das Kapitel „Fahrzeuge mit Brennstoffbatterien".

5.5 Hydrazin, N_2H_4

Hydrazin ist ein logistisches Chemikalium für die Raketentechnik und wurde in den Jahren 1960–1965 als vielversprechender Brennstoff für Brennstoffzellen angesehen. Es kommt als 98% Hydrazin mit einem Stabilisator oder als Monohydrat (61%ige Lösung) in den Handel. Hydrazin muß auch erst katalytisch zerlegt werden, um den Wasserstoff freizusetzen, aber dazu genügt der Kontakt einer sehr verdünnten Hydrazinlösung mit einer mit Nickel-Palladium belegten Elektrode bei Zimmertemperatur. Üblicherweise wird etwa 1–2% Hydrazin dem alkalischen Elektrolyten zugesetzt. Aus der sehr energiereichen Verbindung erhält man theoretisch 2 kWh pro kg Brennstoff. Hydrazinmonohydrat kann kommerziell transportiert werden. Hochprozentiges (98%) Hydrazin reduziert sauerstoffhaltige Verbindungen und entwickelt Wasserstoff in Kontakt mit Metallpulvern oder Staub.

Literatur

1. Gregory, D. P.: Hydrogen for Energy Distribution. Atomic Industrial Forum Conference: Energy Alternative, Washington, D. C., February 1975.
2. Baker, C. R.: Hydrogen Liquefaction Using Centrifugal Compressors. Proceedings of the 4th World Hydrogen Energy Conference, Pasadena, Calif. In: Hydrogen Energy Progress IV, Vol. 3, pp. 1317–1333. Oxford: Pergamon Press 1982.
3. Turrillon, P. P.: Design of Hydride Containers for Hydrogen Storage. Proceedings of the 4th World Hydrogen Energy Conference, Pasadena, Calif. In: Hydrogen Energy Progress IV, Vol. 3, pp. 1289–1305. Oxford: Pergamon Press 1982.
4. Buchner, H.: Hydrogen Use – Transportation Fuel. Proceedings of the 4th World Hydrogen Energy Conference, Pasadena, Calif. In: Hydrogen Energy Progress IV, Vol. 1, pp. 3–29. Oxford: Pergamon Press 1982.
5. Teitel, R.: Development Status of Microcavity Systems for Automotive Applications. Proceedings of DOE Chemical Energy Storage and Hydrogen Energy Systems, Contracts Review, DOE Report No. CONF 791127, February 1980.
6. Filament Wound Pressure Vessels. Structural Composition Industries, Inc., Pomona, CA 91768.
7. Chen, D. Z., Gurkan, I., Veziroglu, T. N.: Effective Costs of Fuels: Comparison of Hydrogen with Gasoline. Hydrogen Energy Conference, Pasadena, Calif.: In: Hydrogen Energy Progress IV, Vol. 3, pp. 1523–1538. Oxford: Pergamon Press 1982.

 8. Ullmanns Enzyklopädie der technischen Chemie, Bd. 14, 4. Aufl., S. 357–474 (1978).
 9. Engelhard Corporation: Report to Steam Reforming Working Group, Nov. 1981. Department of Energy Contract DE-AC03-79 ET 15383.
10. Bett, J. A. S., Buswell, R. F., Lesieur, R. R., Setzer, H. J.: UTC, Development of the Adiabatic Reformer to Process No. 2 Fuel Oil and Coal Derived Liquids. National Fuel Cell Seminar, San Diego, 1980, pp. 57–60. EPRI-Report EM-1701, 1981.
11. Maru, H. C., Christner, L. C., Abens, S. G., Baker, B, S.: ERC, Phosphoric Acid Fuel Cell Stack and Technology Programs. National Fuel Cell Seminar, Bethesda, Maryland, pp. 86. 1979. Brookhaven National Laboratory Contract 450177-S, 1977.
12. Houseman, J., Voecks, G.: Hydrogen Production by Autothermal Reforming. National Fuel Cell Seminar, Bethesda, Maryland, pp. 149–158, 1979. Jet Propulsion Laboratory, EPRI, DOE.
13. Minet, R. G., Warren, D.: The Hybrid Fuels Processing System for Integrated Fuel Cell Power Plant. National Fuel Cell Seminar, San Diego, Calif., pp. 53–56, 1980.
14. Rothfleisch, J. E., Litz, L. M.: 20th Annual Power Sources Conference, Atlantic City, pp. 28–31, 1966.
15. Ullmanns Enzyklopädie der Technischen Chemie, Bd. 16, 4. Aufl. S. 621–633 (1978).
16. Westinghouse Electric Corp.: Effect of Alternate Fuels on the Performance and Economics of Dispersed Fuel Cells, Electric Power Research Institute, Report EM-1936, 1981.
17. A. D. Little, Inc.: Assessment of Fuels for Power Generation by Electric Utility Fuel Cells. Electric Power Research Institute (EPRI), Report EM-695, 1978.
18. Grimes, P. G.: Energy Depot, Fuel Production and Utilization. Research Division, Allis Chalmers Mfg. Co. und Contract Reports AT(30-1) 2931 (1962); AT(30-1) 3133 (1964).

6.0 Materialien

6.1 Kohlenstoff

Kohlenstoff hat die Eigenschaften von Metallen und Nichtmetallen. Der Grund dafür ist die spezielle Struktur des Elektronenbandes (Valenz- und Leitfähigkeitsbänder überschneiden sich). Die Festkörpereigenschaften sind anisotrop, parallel oder senkrecht zur Basisebene gemessen.

Die Modifikation Diamant ist bei Zimmertemperatur thermodynamisch instabil und kann in Graphit verwandelt werden. Die Herstellung von Diamant aus Graphit ist nur bei Anwendung von hohem Druck und Temperatur möglich. Graphit kann nicht unter 110 bar geschmolzen werden, er sublimiert über 3500 °C. Das spezifische Gewicht von Diamant ist 3,515, das von Graphit 2,266 und von amorphem Kohlenstoff 1,9 und geringer. Dieser amorphe Kohlenstoff wurde früher als eine dritte Modifikation von Kohlenstoff angesehen. Er enthält noch geringe Bereiche von graphitischer Struktur, daher ist die bessere Benennung mikrokristalliner Kohlenstoff. Die technische Literatur [1, 2, 3] unterscheidet zwischen Graphit, Ruß und aktiver Kohle.

Die kristallographischen Strukturen von Graphit und Diamant werden in Abb. 1 gezeigt. Der Graphit ist charakterisiert durch hexagonale Ebenen, jedes Kohlenstoffatom ist kovalent an die drei Nachbaratome in der Ebene gebunden (Winkel 120°), ähnlich wie in aromatischen Makromolekülen. Schwache Van der Waal-Bindungen bestehen zwischen den Ebenen. Die Gitterkonstanten sind: Abstand der Ebenen, $c = 6{,}707$ Å und Abstand in der 001-Richtung, $a = 1{,}4211$ Å. Einige natürliche Graphite enthalten bis zu 30% einer rhomboedrischen Modifikation mit einem Identitätsabstand von drei Ebenen in der c-Richtung. Mechanische Kräfte vergrößeren den rhomboedrischen Anteil, während hohes Erhitzen die hexagonale Struktur zurückbildet. Zwischen dem kristallinen Graphit und dem „amorphen" (mikrokristallinen) Material liegt ein Bereich von intermediären Strukturen. Die Materialien, welche durch Pyrolyse von Kohlenwasserstoffen entstehen, haben eine solche intermediäre Struktur, insbesondere dann, wenn sie bei tieferen Temperaturen gebildet werden. Mit steigender Temperatur werden die Strukturen besser geordnet und werden graphitähnlicher.

Anisotroper Graphit zeigt Verschiedenheiten in den c- und a-Richtungen in bezug auf die Ausdehnungskoeffizienten, die Wärmeleitfähigkeiten und besonders die elektrischen Leitfähigkeiten ($L_c = 1$ Ohm·cm, $L_a = 50 \cdot 10^{-6}$ Ohm·cm). Der Temperaturkoeffizient in der a-Richtung ist positiv wie in Metallen. Das anisotrope Verhalten zeigt sich auch stark in magnetischen und mecha-

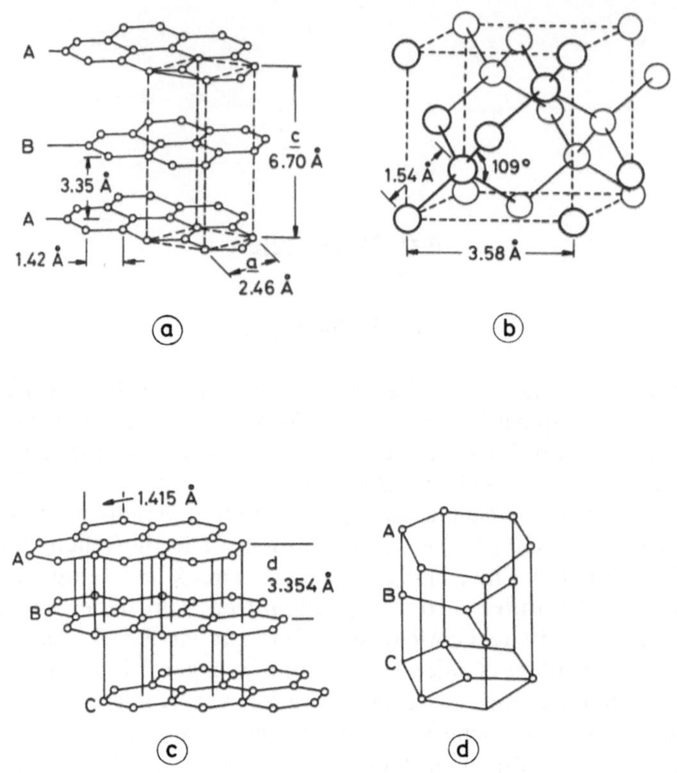

Abb. 1. Obere Reihe: die kristallographischen Strukturen von a) Graphit und b) Diamant. Untere Reihe c) und d): die Struktur der rhomboedrischen Form von Graphit

nischen Eigenschaften. Parallel zu den Ebenen kann man Graphit leicht spalten. Die Härte auf der Mohs-Skala ist 0,5 in der parallelen, 9 in der senkrechten Richtung auf die Ebene. Diese Situation ist der Grund für die guten Schmiereigenschaften von Graphit und auch für die Möglichkeit, daß andere Gruppen in die Struktur zwischen den 001-Ebenen eingelagert werden können.

Beispiele für eine kovalente Bindung sind Graphit-Fluor-Verbindungen (CF_x), Graphitsäuren $C_6(COOH)_2$ und Graphitoxide CO_xH_y. Heteropolare Bindung findet man bei Alkali- und Erdalkalimetallen, Metallchloriden, Halogenen, Nitraten und Perchloraten. Die Ebenen, welche die Anionen enthalten, können 6–50 Å aufgespreizt werden (Schwellen des Graphits).

6.1.1 Der Graphitierungsprozeß

Die Möglichkeit der Umwandlung von amorphem Kohlenstoff in „künstlichen" Graphit durch Wärmebehandlungen wurde schon um 1880 von Acheson [4] erkannt. Auch heute noch wird dazu der sogenannte Acheson-Ofen benutzt. Es ist wichtig zu wissen, daß „Wärmebehandlung" nicht synonym mit „Graphitisierung" ist. „Karbonisierung" bedeutet die Umwandlung einer organischen Substanz in Koks bei Temperaturen von 1000 °C. Erst zwischen 2600–3000 °C erfolgt die Umwandlung in Graphit in einer Festphasenreaktion.

„Weiche" Kohlematerialien sind solche, die sich durch eine Wärmebehandlung allein bei normalem Druck graphitisieren lassen. Zu dieser Gruppe gehören Petroleum- und Teerkokse, pyrolytische Kohlematerialien und auch der Diamant.

„Harte" Kohlematerialien sind nicht graphitisierende Stoffe wie karbonisierte Zellulose, einige Typen von Ruß und Kohlefasern. Ein Beispiel dafür sind auch die „glasigen" Kohlematerialien. Die Graphitisierung solcher Kokse kann nur unter hohem Druck, kombiniert mit hohen Temperaturen, durchgeführt werden. Andere Möglichkeiten sind das Auflösen in flüssigen Metallen und die Ausscheidung davon, oder die Zuhilfenahme von Katalysatoren wie z.B. Metallkarbiden. Die Graphitisierung ist ein kinetischer Prozeß, die progressive Verbesserung einer anfänglich defekten Struktur. Eine weitere Vorbedingung ist die Existenz einer ausgedehnten Lagenstruktur mit fast parallelen Ebenen.

R. E. Franklin [5] fand schon vor 30 Jahren, daß der Graphitisierungsprozeß eine Vergrößerung der Kristallite von 50 Å auf 1000 Å darstellt, wobei der Abstand der Ebenen von 3,44 Å (charakteristisch für amorphen Kohlenstoff) auf 3,25 Å (Graphitstruktur) abnimmt. Der Mechanismus wurde später als ein Wachsen der Ebenen und ein Auffüllen von Leerstellen erkannt [6].

Franklins Modell bedeutet, daß alle nicht graphitisierten Kohlematerialien eine turbostratische Struktur von Graphitlagen besitzen. Experimente mit Bromadsorption [7] zeigten, daß Kohlematerialien mit einem niedrigen Grad von Graphitisierung das Brom nicht fixieren. Man kann damit die Transformation von ungeordneten zu geordneten Strukturen bestimmen. Eine Bestätigung wurde mit borhältigem Graphit gefunden, welcher eine andere Elektronenstruktur besitzt und wegen des erniedrigten Fermi-Niveaus die Bromaufnahme verhindert. Die Kinetik und der Mechanismus der Graphitisierung ist ausführlich in Übersichtsreferaten [8, 9] beschrieben. Pyrolitische Kohlematerialien haben eine besondere Stellung unter graphitisierbaren Kohlen: eine fast theoretische Dichte (2,20 g/cm^3), eine sehr hohe Reinheit und die Basisebenen parallel zum Substrat liegend. Sie werden durch Erhitzen von Methan oder anderen Kohlenwasserstoffen hergestellt.

Für die Eigenschaften von Kohlematerialien zur Herstellung von Elektroden sind diese kinetischen Studien der Graphitisierung sehr wichtig, denn sie führen zu einer genauen Kenntnis von verschieden hergestellten Materialien und ihrer Eigenschaften.

6.1.2 Methoden zur Bestimmung von Kohlestrukturen

Debye-Scherrer-Aufnahmen (powder X-ray diffraction) zeigen deutlich die Unterschiede zwischen Diamant, Graphit, graphitisierten und amorphen Rußen. Abb. 2 zeigt in vier Bildern (a, b, c, d) die entsprechenden Diagramme. Die Referate [10, 11, 12] geben Details über die Instrumentierung und Ergebnisse solcher Studien. Debye-Scherrer-Diagramme werden auch zur Produktionskontrolle von Rußen benutzt, insbesondere zur Bestimmung der Kristallit-Dimensionen parallel und perpendikular zu den Ebenen.

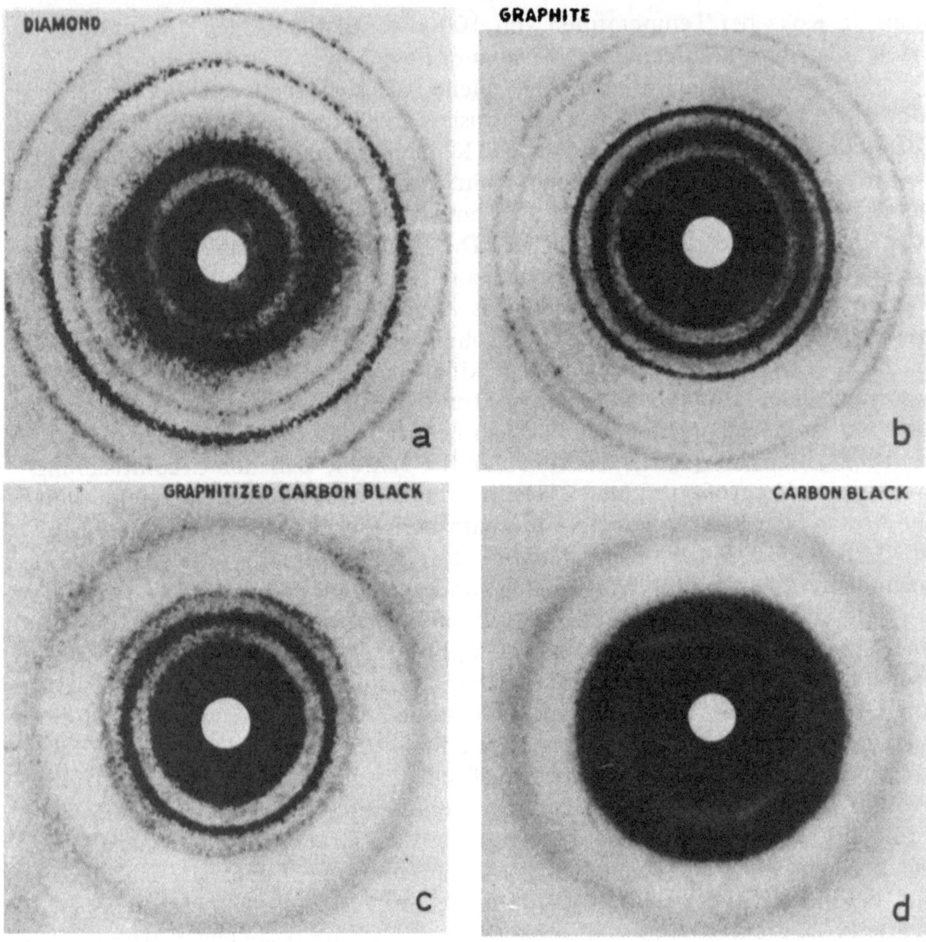

Abb. 2. Vier Debye-Scherrer-Aufnahmen. a) Von Diamant, b) Graphit, c) graphitisiertem Ruß und d) amorphem Kohlenstoff (Speer Carbon Comp.)

Abb. 3 zeigt die Änderung der Gitterabstände von Azetylenruß durch Hochtemperaturbehandlung.

Das Elektronenmikroskop ist ein sehr nützliches Instrument zur Untersuchung der Oberflächenzustände von Graphiten und Kohlematerialien. Eine Perfektion ist die Ausnahme, Verschiebungen und Aufbaufehler kommen in einer großen Vielfalt vor. Diese spielen eine wichtige Rolle in der Oberflächenchemie und Katalyse und müssen daher für die Beurteilung von Kohlematerialien für Elektroden genau bestimmt werden. Die Präparation von dünnen, transparenten Proben von einzelnen Kristallen und pyrolitischen Materialien ist leicht in der Richtung der Basisebenen, aber schwierig senkrecht dazu. Die Struktur wird dadurch sichtbar gemacht, daß man die Oberfläche mit einem Metall bedampft und dadurch ein Schattenbild herstellt.

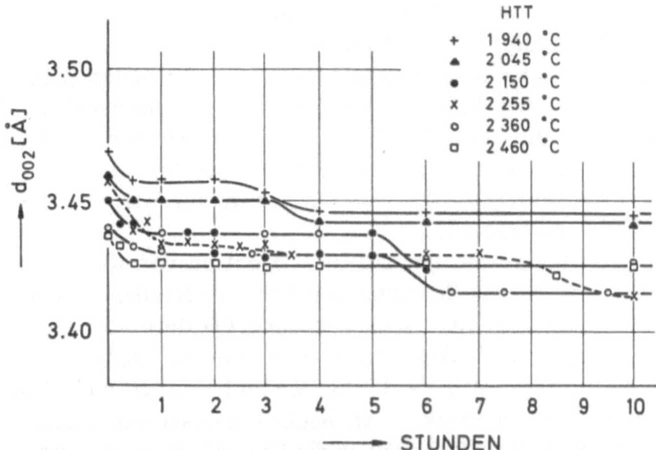

Abb. 3. Die Änderungen der Gitterabstände von Acetylenruß durch Hochtemperaturbehandlung

Eine Übersicht über die Methoden der Elektronenmikroskopie ist in [13] zu finden, Aufbaufehler werden [14, 15] beschrieben. Die Theorie der Gitterbestimmung mit Hilfe eines Elektronenmikroskops von hoher Resolution ist in [16] beschrieben. Abb. 4 zeigt das Bild von graphitisiertem Ruß mit den Gitterabständen 1,7 Å und 3,4 Å.

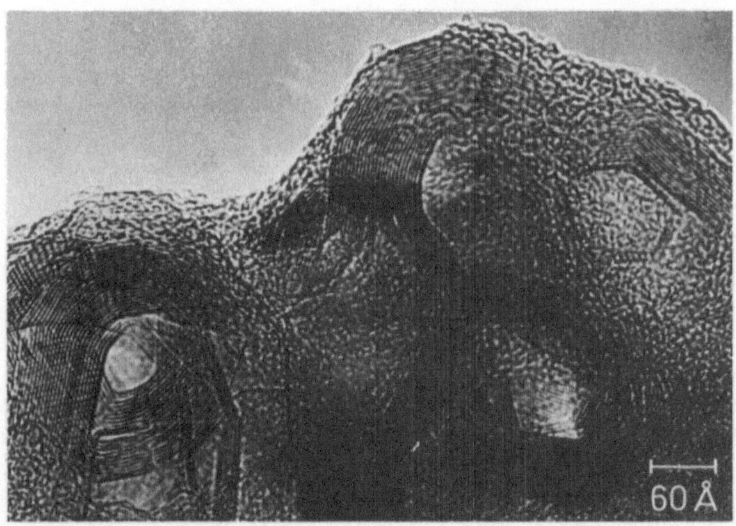

Abb. 4. Elektronenmikroskopaufnahme von graphitisiertem Ruß mit den Gitterabständen 1,7 Å und 3,4 Å (Felmi, Graz). 1,7 Å, 3,4 Å lattice image in Graphitized Carbon Black using the JEM-100 C (top) with the LaB_6 Gun and the UHP (Cs = 0,7 mm). Accelerating voltage: 100 kV, magnification: X $2,5 \cdot 10^6$, direct X $5 \cdot 10^5$, emission current: 26 μA, exposure time: 5,6 sec, spot size: 3, condenser aperture: 300 μm ϕ, objective aperture: 40 μm ϕ

Die optische Mikroskopie hat eine große Menge von Information über Kohleoberflächen und die Oxidation von Graphit produziert. J. M. Thomas [17] verwendete spezielle statische und kinematographische Methoden (Zeitraffer), um Oberflächenänderungen bei höheren Temperaturen zu untersuchen. Depressionen in der Oberfläche, die durch Oxidation entstehen, können durch Herstellung von Replikas und durch Interferometrie deutlich sichtbar gemacht werden. In Gas-Oxidationsprozessen (900 °C, O_2) wurden hexagonale Vertiefungen mit sprialförmigen Terrassen erzeugt.

Der Einfluß von Katalysatoren auf die Oxidation von Kohlematerialien ist von großer Bedeutung für die Stabilität von Brennstoffzellenelektroden. Besonders kolloidale Edelmetalle sind sehr wirksame Oxidationskatalysatoren. Die Studien von Thomas und Walker zeigten den starken Angriff auf Graphit in Gegenwart von Fe, Ni, Co, Mn, Ta, Ti, Ag, Mo und B. Es ist nicht klar, ob Eisen als Oxid oder Karbid mehr effektiv ist. Nickelkatalysatoren zeigten eine hohe Stabilität, während Kobalt tiefe Kanäle in die Oberfläche machte und dann seine Aktivität verlor. Mangan und Silber vergrößerten die Oxidationsraten mehr als tausendfach. Abb. 5 illustriert die mögliche Aktion eines Katalysatorteilchens an einer Kohleoberfläche, wobei die Anisotropie in Richtung senkrecht auf die Oberfläche (höhere Reaktionsgeschwindigkeit) sichtbar wird [18]. Die Rolle des Bors als Katalysator für das Eindringen über Fehlstellen und Randzonen wird hier ebenfalls betont.

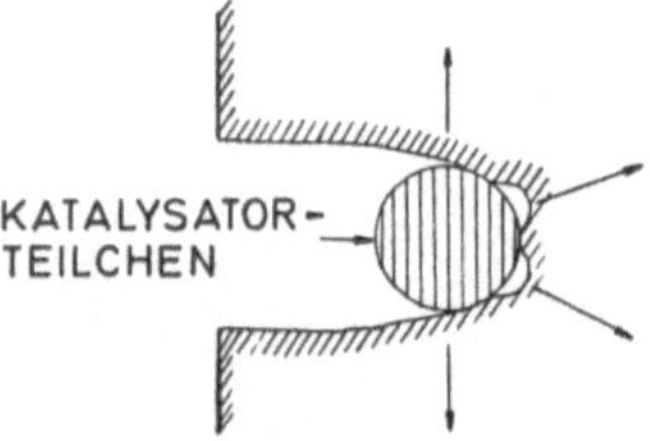

Abb. 5. Die katalytisch-oxidative Aktion eines Metalloxidteilchens in der Richtung senkrecht auf die Graphitfläche zeigt die Anisotropie der Reaktion. Das auf der Oberfläche liegende Teilchen „gräbt sich ein"

6.1.3 Chemische Reaktionen

Die Oberfläche von Kohlenstoff wird im allgemeinen als sehr widerstandsfähig gegen Chemikalien angesehen. Mit Ausnahme von stark oxidierenden Reagenzien bei erhöhten Temperaturen ist dies auch der Fall. Kohlenstoff reagiert bei Raumtemperatur mit Chlor und Brom nicht, entzündet sich aber mit Fluor. Chlorwasserstoff- und Fluorwasserstoffsäure reagieren nur während der Elektrolyse. Heiße Schwefelsäure spaltet Schwefel ab und produziert Kohlenoxide. Salpetersäure und Kaliumchlorat wirken auf Kohlenstoff oxidierend, wobei Mellitsäure und Graphitoxide entstehen. Alkalihydroxide reagieren nicht mit Kohlenstoff, geschmolzene Metalle bilden Karbide, Fe_3C ist das bekannte Beispiel aus der Stahlindustrie.

Eine genauere Beschreibung der Reaktionsfähigkeit von Kohlematerialien setzt aber die genaue Kenntnis der Struktur und Entstehungsgeschichte voraus. Eine relativ große Anzahl von Arbeiten beschreibt das Verhalten von lamellierten Graphiten, weniger ist über noch nicht in Graphit umgewandelte oder überhaupt nicht graphitisierbare Kohlematerialien bekannt. Gerade diese letzteren sind für die Elektrodentechnologie wegen ihrer geringeren Anisotropie und Beständigkeit gegen Interkalationen interessant.

Die anisotropen Eigenschaften sind durch die Elektronenbindungen charakterisiert. Sigma-Elektronen stellen die Bindungen innerhalb der Lagen her und *pi*-Elektroden sind für die lamellaren Bindungen verantwortlich. Entsprechend seiner halbmetallischen Struktur kann Graphit sowohl ein Acceptor als auch ein Donor von Elektronen sein. Prinzipielle Einlagerungselemente sind daher sowohl *p*-Typ-Elemente (Halogene) wie auch *n*-Typ-Elemente (Alkalimetalle). Tatsächlich interkalieren nur Fluor, Chlor und Brom, nicht aber Jod; weiters interkalieren Kalium, Rubidium und Cesium, nicht aber Lithium und Natrium. Die Einschränkungen sind durch Elektronenaffinitäten, Ionisationspotentiale und durch die Fermi-level-Situationen bedingt. Änderungen des Fermi-levels sind möglich und bei Herabsetzung desselben wird eine Interkalation von Natrium und eine Ausschließung von Brom erwirkt [19].

Es gibt Verbindungen mit N_2O_5, SO_3, $MnCl_2$, $NiCl_2$ und $ZnCl_2$ (Chloride nur in der Gegenwart von Chlor). HNO_3 und Oxysäuren interkalieren wie z.B. $(C_{24})^+ \cdot (HSO_4)^- \cdot 2\,H_2SO_4$. Es gibt auch die Isothermen für Chromylchlorid, Eisenchlorid, Brom/Bromide und Jod/Jodide an Graphit. Besonders die Brom-Restwerte (nach Reduzierung des Druckes) ändern sich stark mit der Struktur und der Wärmevorbehandlung. SPERON-6 ohne Wärmebehandlung bindet 30 Br_2 an 1000 C, während auf 2700 °C erhitztes Material nur 1 Br_2 auf 1000 C enthält [20].

Graphitoxide wurden ausführlich studiert, sie können u.a. präparativ hergestellt werden, indem man Graphit in Salpetersäure/Schwefelsäure-Mischungen suspendiert und $KClO_3$ dazufügt, die Temperatur aber unter 50 °C hält [2]. Als Formel werden z.B. $(C_6(OH)_3)_n$ oder $C_8H_2O_4$ vorgeschlagen. Paramagnetismus wird als Kriterium für Interkalationsmöglichkeiten angesehen.

Graphit-Phosphorsäure-Verbindungen sind bekannt. Graphit reagiert mit nahezu 100% Phosphorsäure in Gegenwart von Oxidationsmitteln (wie z.B. CrO_3), wenn die Mischung auf 80–100 °C erhitzt wird. Es bildet sich eine Graphit-Diphosphorsäure-Verbindung [21]. Ebenso gibt es Graphit-Trifluoracetate und Borfluorid-Diacetate. Eine ausführliche Zusammenstellung der Eigenschaften von Phosphorsäure in Hinblick auf ihre Verwendung in Brennstoffzellen mit Phosphorsäure als Elektrolyt wurde im Auftrag des U.S. Department of Energy durchgeführt [22].

Wasserstoff reagiert bei Zimmertemperatur nicht, aber bildet bei 500 °C in Gegenwart von Nickelkatalysatoren Methan. Als Produkt der Pyrolyse ist Wasserstoff an Kohleoberflächen in Form von Wasser-, Phenol-, Hydrochinon- und Karboxylgruppen vorhanden.

Stickstoff ist in einigen Rußen als Folge der Reaktion mit Ammoniak vorhanden. Eine entgaste Aktivkohle bindet beträchtliche Mengen von Stickstoff nach der Behandlung mit Ammoniak bei 750–900 °C [23]. Dieser Komplex ist bis 1200 °C stabil.

Schwefel kommt in Kohlematerialien organischen Ursprungs in größeren Prozentwerten vor, in Rußen (aus Erdgas) bis zu 1%. Schwefelkohlenstoff entwickelt sich bei Reaktionen von Kohlematerialien mit Schwefel bis 600 °C. 10–40% Schwefel kann an Zuckerkohle, je nach dem früheren Sauerstoffgehalt, fixiert werden.

Sauerstoffoberflächenkomplexe sind gut bekannt und wurden in der Literatur ausführlich beschrieben (Langmuir [24], Puri [25], Ward und Rideal [26]). Die Reaktion von gasförmigem Sauerstoff geht schon bei 400 °C vor sich, doch ist der Gehalt an Wasserstoff bedeutsam. Zuckerkohle mit einer Oberfläche von etwa 400 m^2/g mit einem Gehalt von 1% Wasserstoff konnte mit 14% Sauerstoff beladen werden, während Kokosnußkohle mit 350 m^2/g Oberfläche mit 0,6% Wasserstoff nur 8% Sauerstoff aufnimmt. Schwermetalle, besonders Eisen und Kobalt, sind gute Katalysatoren für die Chemisorption von Sauerstoff. Rand- und Gitterstörstellen sind besonders aktiv.

Wasserdampf reagiert mit Kohlenstoff und bildet Kohlenmonoxid und Wasserstoff. Die Dampf/Kohle-Reaktion ist die Grundlage von Kohleaktivierungsprozessen. Sie werden später ausführlich besprochen.

Kohlendioxid reagiert ebenfalls mit Kohlenstoff und bildet Kohlenmonoxid. Diese Reaktion ist langsamer als die des Wasserdampfes und ist ebenfalls eine Grundlage für Oberflächenaktivierungsprozesse.

6.1.4 Arten von Kohlematerialien

Graphite als Minerale kommen in verschiedenen Fundorten vor:

a) Makrokristalliner Graphit in Schuppen, mit bis zu 60% C, wird in Brasilien, Madagaskar, Rhodesien, Südafrika und in der UdSSR gefunden. Ceylongraphit kann nahezu 100% Kohlenstoff haben.

b) Mesokristalliner Graphit, 30–90% C, wird in Österreich und in der Tschechoslowakei gefunden.

c) Mikrokristalliner Graphit, 30–80% C, wird in China, Italien, Korea, Mexiko und Österreich gefunden.

Künstliche Graphite sind das Resultat der Hochtemperaturbehandlung (2500–3000 °C) von graphitisierbaren Materialien, z.B.:

a) Produkte der Flüssigphasenpyrolyse von aromatischen Verbindungen,

b) Produkte der Gasphasenpyrolyse von Gasen oder Dämpfen von Kohlenstoffverbindungen.

Zu der Gruppe a) gehören die Produkte der Kohlenteer- und Ölpyrolyse. Die Abscheidung von Kohlenstoff durch Pyrolyse von Methan, Propan und anderen Gasen produziert Materialien der Gruppe b). Weitere thermische Behandlung erzeugt einen Pyrographit von hoher Ordnung. Zusätzliche Hochdruckbehandlung erzeugt nahezu Einkristall-Graphitstrukturen. Pyrographite können stark anisotrop (laminar) hergestellt werden. Ein Dichtemaximum ($d = 2,3$ g/cm^3) wird bei 1600 °C erreicht.

Flexibler Graphit, Graphitfolien, können aus natürlichem Graphit oder

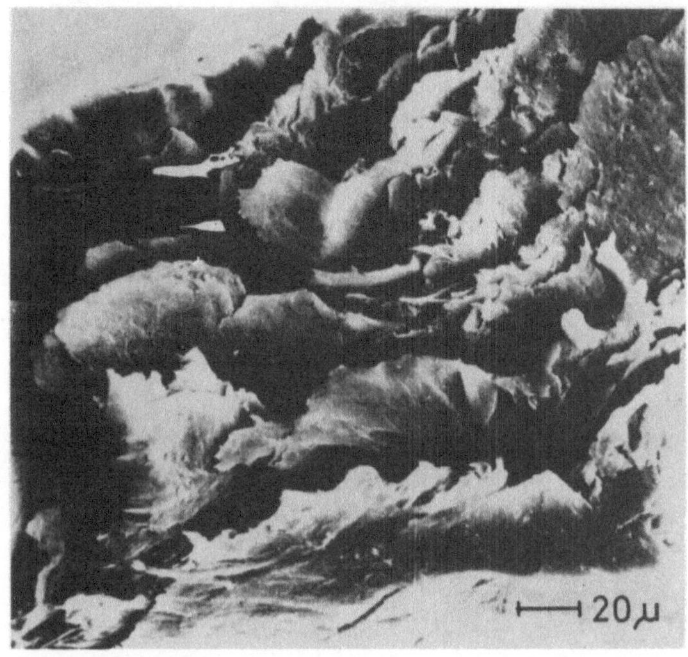

Abb. 6. SEM-Bild einer aufgefächerten Graphitfolie (SIGRI Elektrographit GmbH)

Pyrographit durch Oxidation zu Graphitoxid und dessen späterer Zersetzung bei 1000 °C erzeugt werden. Durch diese Behandlung expandiert das Material wie die Blätter eines Buches. Durch Pressen erhält man Folien oder Platten. Abb. 6 zeigt eine aufgefächerte Graphitfolie.

Glasartiger Kohlenstoff (glassy carbon) wird von nichtschmelzenden polymerischen Verbindungen durch Festphasenpyrolyse erzeugt. Dichte 1,44–1,47 g/cm^3. Technisch werden sie aus Zellulose, Phenolformaldehyd und Poly-Furfurylalkoholen hergestellt. Materialien für Molekularsiebe können aus „Saran" (85% Polyvinylidenchlorid und 15% Polyvinylchlorid) produziert werden.

Schaumkohlenstoff wird aus Furan- und Polyurethanharzen mit einer Dichte von unter 0,1 g/cm^3 erzeugt. Verwendung: Isoliermaterial mit hoher Temperaturbeständigkeit. Abb. 7 zeigt die Struktur von Schaumkohlenstoff.

Kohlenstoff-Fasern, Gewebe und Filze entstehen durch Festphasenpyrolyse von nichtschmelzenden Polymeren (z.B. Zellulose) nach Dehydrierung. Polyacrylnitril und Rayon ergeben Materialien von höchster Zugfestigkeit. Kürzlich wurden auch Teerfasern als Rohmaterial verwendet.

Die Stärke solcher Fasern übertrifft die Festigkeitswerte von Stahl (2–3 kN/mm^2) und sie werden als Verstärkung für leichte plastische Materialien in der Luft- und Raumfahrt gebraucht.

Graphit-„Whiskers" sind das Produkt der Gasphasenpyrolyse über 1000 °C. Graphit-Whiskers bis zu einer Länge von 3 cm und einem Durchmesser von

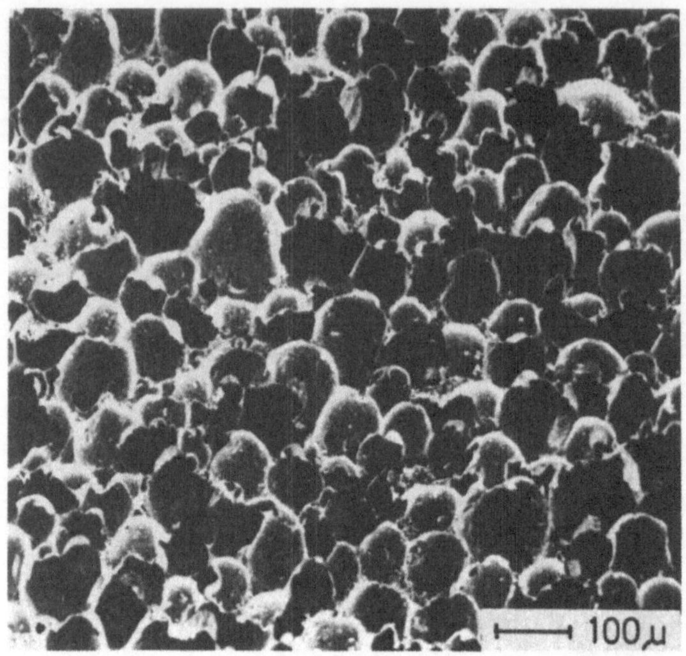

Abb. 7. Die Struktur von Schaumkohlenstoff (SIGRI Elektrographit GmbH)

10 μm können aus dem Dampf von kohlenstoffhaltigen Verbindungen (3900 K, 90 bar, Argonatmosphäre) auf einem Graphitsubstrat abgeschieden werden. In der Richtung des Wachstums beträgt die Festigkeit 20 kN/mm², der Elastizitätsmodul ist über 10 MN/mm², die Dichte 2,1–2,2 g/cm³ und der Widerstand 65 μ Ohm·cm.

Lampenruß und Flammruß

Beide Materialien sind die Produkte der unvollkommenen Verbrennung von Öl mit einer leuchtenden Flamme. Es gibt eine große Vielfalt von Arten, lockere Ruße mit einer scheinbaren Dichte von 15 g/l bis zum Zehnfachen dieses Wertes. Das wirkliche spezifische Gewicht ist 1,7 g/cm³. Lampenruß ist besonders arm an komplexen Kohlenstoff-Sauerstoff-Gruppen. Der pH-Wert ist zwischen 2,5 und 5,0. Der Aschengehalt ist um 0,1%. Die hydrophoben Eigenschaften werden durch die Teilchengröße, Oberflächenentwicklung und durch ölige Rückstände bestimmt. Die Teilchendurchmesser variieren zwischen 600 und 4000 Å. Diese Ruße können zwischen 2 und 17% flüchtige Materialien enthalten.

Verwendung: Herstellung von Druckerschwärzen, Mischungen für Bogenlampenkohlen, Zusätze zu Elektroden für luftdepolarisierte Elektroden.

Industrielle Ruße [27]

Die Anzahl der verschiedenen Rußarten ist sehr groß. Sie werden nach über

Tabelle 1. *Die Charakterisierung von Rußen, Standard-Testvorschriften* (Auszug) *

Kennzahl	Dimension	Norm	Erläuterung
Jodadsorption	mg/g	DIN 53582	Adsorbierte Jodmenge aus wäßriger Lösung. Maßzahl für die spezifische Oberfläche des Rußes. Nicht anwendbar auf oxidierte Ruße
DBP-Zahl	ml/g	ASTM D 2414-65T	Bestimmung des Netzpunktes mit Dibutylphthalat (DBP) in einem Spezialkneter. Maßzahl für die Rußstruktur
Ölbedarf	%	–	Bestimmung des Verbrauches an Leinöl bis zum Erreichen des Fließpunktes der Ruß-Öl-Paste
Farbtiefe (Schwarz-grad) in Leinöl	–	–	Lichtabsorption einer Ruß-Leinöl-Paste. Bestimmung durch visuellen Vergleich gegen Pasten mit Standardrußen oder Ausmessen in Farb-meßgeräten [201], [202]
Farbstärke	%	DIN 53204 DIN 53234 ASTM D 3265-75	Färbekraft des Rußes im Gemisch mit einem Weißpigment. Die relative Farbstärke ist das Massenverhältnis eines Standardrußes und des Prüfrußes zum Erreichen des gleichen Grautons
Flüchtige Bestandteile	%	DIN 53552 ASTM D 1620-60	Massenverlust nach 7minütigem Glühen bei 950 °C
Trocknungsverlust	%	DIN 53198 ASTM D 1509-59	Massenverlust nach 2stündigem Trocknen bei 105 °C
pH-Wert	%	DIN 53200 ASTM D 1512-60	pH-Wert einer wäßrigen Aufschlämmung von Ruß. Der pH-Wert wird vorwiegend durch Oberflächenoxide bestimmt
Extrahierbare Bestandteile	%	DIN 53553	Bestimmung der Menge an mit einem Lösungsmittel bei mindestens 8stündiger Extraktion extrahierten Bestandteilen
Glührückstand	%	DIN 53586	Bestimmung der nicht brennbaren Verunreinigungen durch Veraschen des Rußes bei 675 °C
Siebrückstand	%	DIN 53580	Grobteiligere Verunreinigungen, die mit Wasser nicht durch ein Prüfsieb gespült werden können
Stampfdichte	g/l	DIN 53194	Maßzahl für den Verdichtungsgrad des Rußes
Feinanteil und Abrieb (bei Perlruß)	%	DIN 53583	Feinanteil, der ein Sieb mit 125 μm Maschenweite passiert. Abrieb, der bei definierter mechanischer Beanspruchung entsteht und ein 125 μm-Sieb passiert

* Es gibt über 200 ASTM- und DIN-Prüfvorschriften.

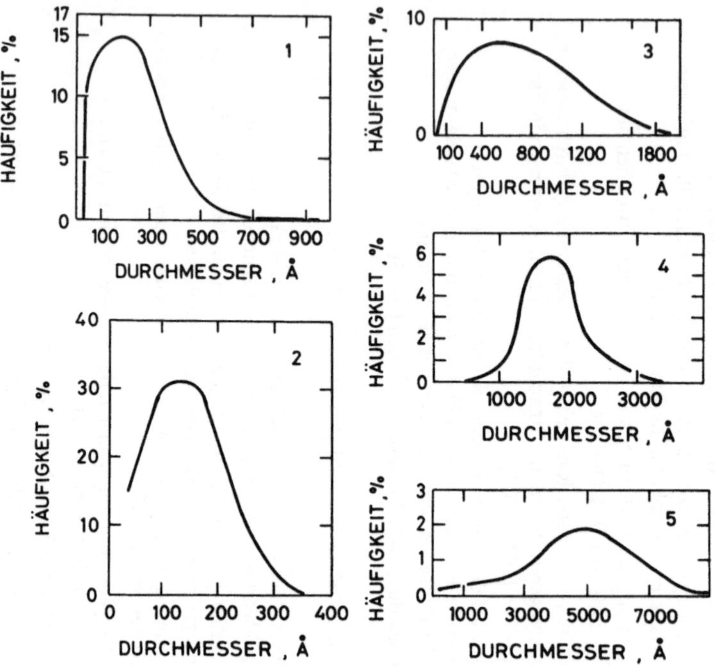

Abb. 8. Teilchengrößenverteilung von industriellen Rußen. *1* Ölruß, *2* Farbruß, *3* Ofenruß,
4 und *5* thermische Ruße (Kirk-Othmer)

200 ASTM- und DIN-Vorschriften charakterisiert (s. Tabelle 1). Technisch
werden sie durch ihre Teilchengröße klassifiziert: channel-carbon-blacks
100–300 Å, gas-furnace-blacks 400–800 Å, oil-furnace-blacks 180–600 Å.
Thermal-blacks überstreichen den breiten Bereich von 1400–4000 Å (s. Abb. 8).
Unter dem Elektronenmikroskop erscheinen alle diese Ruße als sphärische
Teilchen mit einer Tendenz, Ketten zu bilden. Die spezifischen Oberflächen
werden ebenfalls zu ihrer Klassifizierung benutzt. Die Methode von Brunauer,
Emmett, Taylor – (BET) – ergibt für die Oberflächen Daten, wie sie in Tabelle 2
angegeben sind. Ein Vergleich zwischen BET-Daten und Messungen der Teilchen-
größe (im Mikroskop) gibt einen Maßstab für die Porosität der Teilchen. Die
Poren haben einen geschätzten Durchmesser von 20–30 Å. Das Ausmaß der
Wärmebehandlung (bzw. Umwandlung in eine Graphitstruktur) kann anhand
von Röntgendiagrammen festgestellt werden (Abb. 9). Der Unterschied zwischen
Ruß und Graphit ist, daß die Reflexionen für die dreidimensionale Struktur des
Graphits fehlen. Siehe auch Abb. 2.

Die Oberflächenaktivität von teilweise graphitisierten Rußen ist groß. Sie
besitzen eine große gleichmäßige Oberfläche von Graphitebenen, sind daher sehr
nützlich als Adsorptionsmittel und zeigen gut ausgeprägte Stufenisothermen.
Adiabatische kalorimetrische Messungen werden benutzt, um die Adsorptions-
kräfte zu messen. Es zeigt sich, daß durch Wärmebehandlung Gitterplätze mit

Tabelle 2. *Typische Teilchengrößen und analytische Eigenschaften von Kohlematerialien* (adaptiert nach Mantell, Carbon- and Graphite-Handbook, Interscience Publ., 1968)

Herstellungsprozeß	Symbol	Roh-material	Teilchen-größe Å	BET-Adsorption m^2/g	Flüchtige Anteile %	pH
Channel process gas blacks						
high-color channel	HCC	natural gas	90—140	1000—400	16—5	3—4
medium-color channel	MCC	natural gas	150—170	550—320	10—5	4—5
regular color channel	RCC	natural gas	220—290	140—100	5	5
easy processing channel	EPC	natural gas	300—290	100	5	5
medium-processing channel	MPC	natural gas	250—280	110—120	5	5
medium-flow channel	MFC	natural gas	230—250	200—210	7—8	4
long-flow channel	LFC	natural gas	220—280	300—360	12	3,5
Furnace process gas blacks						
fine furnace	FF	oil or natural gas	400—500	40—50	1,0	8—9
high-modulus furnace	HMF	oil or natural gas	600	30—40	1,0	8—9
semi-reinforcing furnace	SRF	oil or natural gas	600—800	25—30	1,0	8—9
Furnace process oil blacks						
super-abrasion furnace	SAF	oil	180—220	90—125	1,0	8—9
intermediate super-abrasion furnace	ISAF	oil	230—250	115	1,0	8—9
intermediate super-abrasion furnace, low structure	ISAF-LS	oil	200—230	110—130	1,5	8—9
intermediate super-abrasion furnace, high structure	ISAF-HS	oil	225	110—120	1,5	8—9
high-abrasion furnace	HAF	oil	260—280	74—100	1,5	8—9
high-abrasion furnace, low structure	HAF-LS	oil	250—265	85—110	1,5	8—9
high-abrasion furnace, high structure	HAF-HS	oil	220—250	80	1,5	8—9
fast extruding furnace	FEF	oil	400—450	40—45	1,0	9
general purpose furnace	GPF	oil	500—550	25—30	1,0	9
conductive furnace	CF	oil	210—290	125—200	1,5—2,0	8—9
Thermal process gas blacks						
fine thermal	FT	natural gas	1800	13	0,5	9
medium thermal	MT	natural gas	4700	7	0,5	8
Other processes						
lampblack	LB	coal tars anthracene oils	650—1000	20—40	0,4—9	3—7
acetylene black Shawinigan	ACET	acetylene	420	64	0,3	5—7

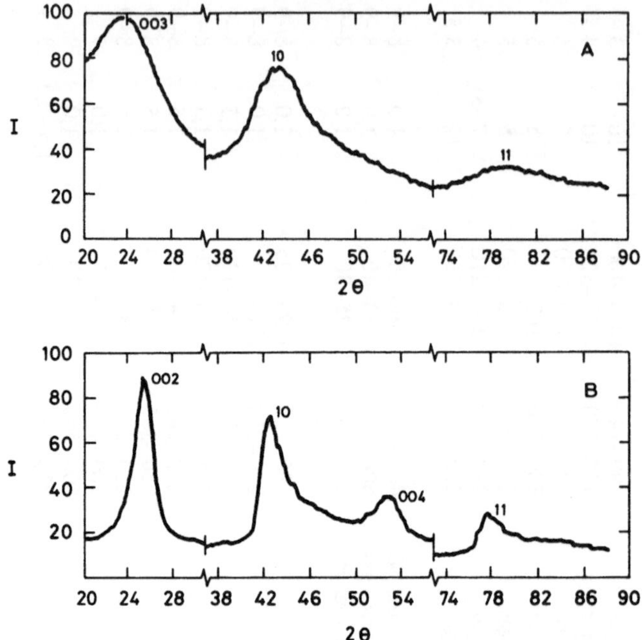

Abb. 9. Vergleich der Röntgendiagramme von einer kommerziellen Rußtype (MP channel black). *A* Ohne zusätzliche Wärmebehandlung, *B* nach Erhitzen auf 3000 °C (Kirk-Othmer)

hoher Energie verringert und die Oberflächeneigenschaften gleichmäßiger werden. Einen Überblick über physikalische Adsorptionsphänomena an Rußen gibt [28]. Eine wichtige Bestimmung von Oberflächeneigenschaften ist der Vergleich der Stickstoffadsorption und der Oberflächenreaktion mit Jod [29].

Gaschromatische Bestimmungen der Adsorption von verschiedenen Chemikalien (Azeton, Tetrahydrofuran, Äther) zeigen sehr charakteristische Unterschiede [30].

Die Verwendung von $LiAlH_4$ für die Bestimmung von Oberflächenzuständen (funktionelle Gruppenanalyse) ist in [31] beschrieben. Diese Daten können weiterhin mit den Aussagen der Vakuumpyrolyse verglichen werden.

Einen Überblick über die Eigenschaften von Rußen geben die Tabellen 3, 4 und 5.

Verwendung: 90% der Produktion von technischen Rußen geht in die Gummiindustrie, in den U.S.A. allein etwa 2 Millionen Tonnen pro Jahr. Der Rest wird in der Druckerei- und Plastikindustrie verwendet. Die erstaunlichste Eigenschaft der Ruße in bezug auf die Verbesserung der Eigenschaften von Gummi ist die Erhöhung der Abriebfestigkeit auf das 10fache. Die Vulkanisationsgeschwindigkeit wird stark beeinflußt, ebenso die Wärmeleitfähigkeit der Gummimasse.

Tabelle 3. a) *Eigenschaften von Rußen*, b) *Saure Oberflächengruppen* *

Eigenschaften von Rußen					Saure Oberflächengruppen	
Kohle-Ruß	Type	Teilchengröße	Oberfläche	Flüchtige Stoffe	Starke	Schwache
						Säuren
		$m\mu$	m^2/g		meq/g	meq/g
Black Pearls 2	HCC[1]	12	744	15,8	0,45	2,00
Black Pearls 74	MCC[1]	17	332	4,85	0,28	1,30
Spheron 6	MPC	25	112	6,89	0,06	0,89
Black Pearls A	LFC[1]	28	299	12,6	0,16	0,78
Vulcan 9	SAF	20	124	3,24	0,00	0,84
Vulcan 6	ISAF	23	114	2,47	0,02	0,56
Regal 600	ISAF	23	108	2,19	0,02	0,52
Sterling S	SRF	80	23	1,09	0,00	0,18
Regal SRF	SRF	56	30	1,46	0,00	0,21
Sterling MT	MT	470	6	0,54	0,00	0,10

* Cabot Carbon Co.

Tabelle 4. a) *Der Sauerstoffgehalt*, b) *Vakuumpyrolyse von Rußen* *

Der Sauerstoffgehalt von Rußen				Vakuumpyrolyse von Rußen, 1300°				
Kohle-Ruß	O_T^E	O_T^G	O_T^A	Kohle-Ruß	m mol/g-Anteil			
					H_2O	CO_2	H_2	CO
Black Pearls 2	6,0	5,8	5,9	Black Pearls 2	0,07	0,47	1,46	4,74
Black Pearls A	4,4	4,5	4,6	Black Pearls A	0,06	0,52	1,80	3,53
Black Pearls 74	1,9	1,7	1,6	Black Pearls 74	0,07	0,18	1,32	1,31
Vulcan 6	0,83	0,93	1,0	Spheron 6	0,07	0,24	1,64	1,92
Regal 600	0,91	0,82	0,81	Vulcan 6	0,06	0,18	0,70	0,51
Sterling S	0,25	0,30	0,28	Regal 600	0,05	0,13	0,50	0,51
Regal SRF	0,42	0,46	0,45	Sterling S	0,03	0,05	1,68	0,17
Sterling MT	0,14	0,15	0,15	Regal SRF	0,04	0,07	1,47	0,28
				Sterling MT	0,02	0,02	1,12	0,07

* Cabot Carbon Co.

Azetylenruß [32]

Er wird aus Azetylen durch kontinuierliche thermische Zersetzung gewonnen, es werden aber auch Ruße dazugerechnet, die aus Azetylen durch Explosionsprozesse oder durch Verbrennung in sauerstoffarmer Atmosphäre gewonnen werden. Azetylenruß enthält 99,5% Kohlenstoff, die Teilchengröße kann zwischen 50 und 2000 Å liegen. Die wirkliche Dichte ist 1,95 g/cm^3, die scheinbare Dichte kann von 25 g/l bis 250 g/l betragen. Azetylenruß ist stark hydrophob und bildet lange Ketten.

Tabelle 5. *Die Verteilung von Oberflächengruppen auf Rußen* *

Kohle-Ruß	$-OH$ (me/g)	(%)	$>CO$ (me/g)	(%)	$-\overset{\overset{O}{\|}}{C}-OH$ (me/g)	$-\overset{\overset{O}{\|}}{C}-OR$ (me/g)	$-\overset{\overset{O}{\|}}{C}-O()$ (%)	pH
Black Pearls 2	2,00	38	2,81	53	0,45	0,02	9	3,3
Black Pearls A	1,30	32	2,29	56	0,28	0,24	13	3,5
Black Pearls 74	0,89	57	0,49	31	0,06	0,12	12	5,4
Vulcan 6	0,56	76	0,00	0	0,02	0,16	24	7,4
Regal 600	0,54	78	0,02	3	0,02	0,11	19	7,8
Sterling S	0,18	72	0,02	8	0,00	0,05	20	8,3
Regal SRF	0,21	54	0,11	28	0,00	0,07	18	8,3
Sterling MT	0,10	83	0,00	0	0,00	0,02	17	8,4

* Cabot Carbon Corp.

Verwendung: In der Gummi- und Plastikindustrie, als Katalysator, Schmier-
mittel, Adsorptionsmittel für flüssigen Sauerstoff und als Leitmaterial in Batterie-
Depolarisatormischungen. In der letzteren Anwendung ist die Reinheit, die
chemische Widerstandsfähigkeit und die Aufsaugfähigkeit für den Elektrolyt
wichtig.

Adsorptionskohlen [33]

Die Ausgangsmaterialien für Adsorptionskohlen sind hauptsächlich pflanz-
liche Produkte wie z.B. Zellulose oder Zucker. Der thermische Prozeß beginnt
mit einer Dehydratation und ist bei etwa 600–700 °C beendet. Der Wasser-
entzug kann auch durch eine chemische Behandlung mit Zinkchlorid, Schwefelsäure oder Phosphorsäure durchgeführt werden. Ein allgemeiner Name für alle
Typen von Aktivkohlen ist „Adsorptionskohlen". Dieser Name bezeichnet
bereits die Anwendungsgebiete: industrielle Wasserbehandlung, Zuckermelasse-
reinigung, Entfärbung, Gasadsorption, Entschwefelung, Wiedergewinnung von
Lösungsmitteln, Verwendung in der Chromatographie, der pharmazeutischen
Industrie und in der Galvanotechnik. Aktivkohlen werden auch als Katalysatoren
oder Katalysatorträger in Metall-Luft-Zellen und Brennstoffzellen verwendet.

In neuerer Zeit werden auch Kohlen, Kokse, Ruße und pyrolytische Kohlematerialien durch oxidative Gasphasenoxidation „aktiviert". Oxidierende Gase
sind Sauerstoff, Luft oder Kohlendioxid, die bei 800 °C auf die Kohlematerialien
einwirken und dabei die verfügbare Oberfläche vergrößeren. Variationen dieses
Prozesses sind durch die Gegenwart von Schwermetallkatalysatoren zur Beschleunigung des Abbrandes oder durch die Katalysierung der Entstehung und
Abscheidung pyrolytischen Kohlenstoffes möglich.

Die physikalischen Strukturen dieser aktivierten Kohlen sind die der Ausgangsmaterialien. Eine Temperaturbehandlung wie die Kalzinierung stabilisiert
die Produkte gegen chemische Angriffe.

Aktivierte Kohlen

Die Aufnahmsfähigkeit kann durch Sättigung der Aktivkohle mit Dämpfen oder Flüssigkeiten (z.B. CCl_4) und nachheriges Evakuieren oder Erhitzen auf 100 °C bestimmt werden. Die Gewichtsdifferenz ist eine charakteristische Größe für die Struktur des Kohlematerials. Chlorierte Kohlenwasserstoffe, Alkohole, Wasser oder Jod geben verschiedene Werte und können mit BET-Daten oder den Ergebnissen von Quecksilberporositätsbestimmungen verglichen werden.

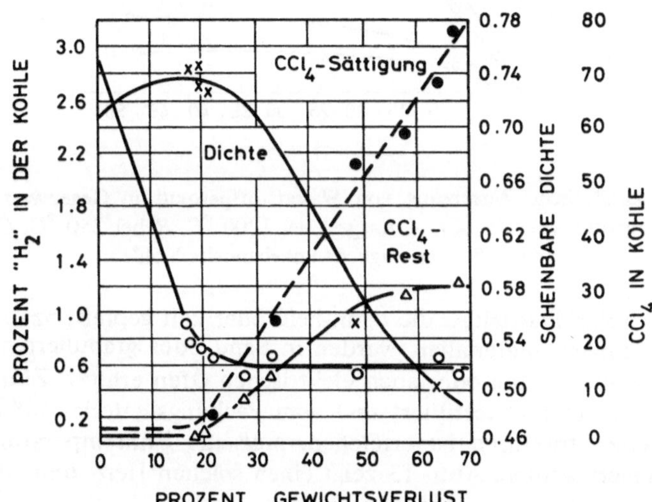

Abb. 10. Die Änderungen der Eigenschaften von Kokosnußkohle mit fortschreitender Gasaktivierung. Verlust von wasserstoffhaltigen Oberflächenverbindungen, Gewichtsverlust und Änderungen im Porenvolumen und in der Adsorptionsfähigkeit, gemessen durch CCl_4-Sättigungswerte und Restgehalt nach Evakuierung auf 2 mm Hg bei 100 °C

Der Fortschritt der Aktivierung von Kohlematerialien mit Dampf oder Kohlendioxid kann auch durch die Bestimmung des Gewichtsverlustes oder der spezifischen Dichte ermittelt werden. Abb. 10 zeigt die Veränderungen von Kokosnußkohle während der Aktivierung. Die Wichtigkeit des Entgasens und der Temperaturbehandlung von Aktivkohlen auf die katalytische Zersetzung von Wasserstoffperoxid illustriert die Abb. 11. Interessant ist auch die dabei auftretende Änderung des pH-Wertes.

6.1.5 Herstellung von Kohlebauteilen für die Industrie [34, 35]

Abb. 12 ist eine Darstellung der Produktionsstufen für industrielle Kohlematerialien, die für Kohleblöcke, Platten, Röhren oder Bauteile für Wärmeaustauscher in chemischen Anlagen gebraucht werden. Petroleumkoks ist eines der meistverwendeten Rohmaterialien. Er muß gemahlen, kalziniert und mit einem Bindemittel (Teer) gemischt werden. Das Resultat ist eine „grüne"

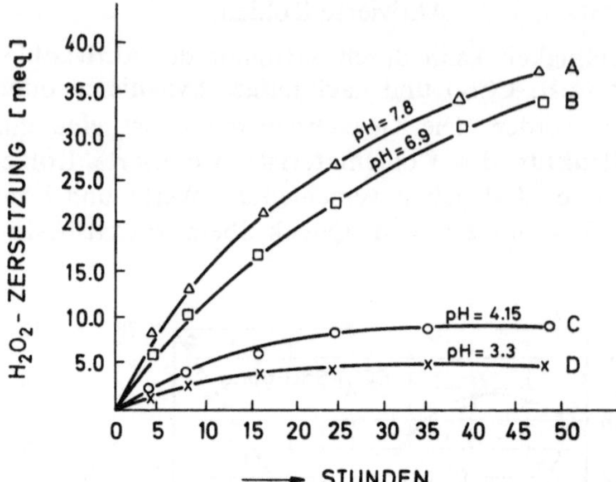

Abb. 11. Die katalytische Zersetzung von Wasserstoffperoxid in Gegenwart verschieden behandelter Aktivkohle (bei 35 °C). *A* Entgast bei 1200 °C, *B* bei 750 °C, *C* bei 400 °C und *D* die ursprüngliche unbehandelte Kohle

Mischung von hoher Plastizität, die dann heiß oder kalt gepreßt bzw. extrudiert wird. Diese „grünen" Materialien werden in Sand oder granulierten Koks gepackt und in gasbefeuerten oder auch elektrischen Öfen erhitzt. Zunächst wird der überschüssige Teer abdestilliert und vom Packungsmaterial aufgenommen. Um graphitische Strukturen zu erreichen, muß die Endtemperatur bis etwa 3000 °C gesteigert werden. Abb. 13 zeigt einen solchen Heiz- und Abkühlungszyklus.

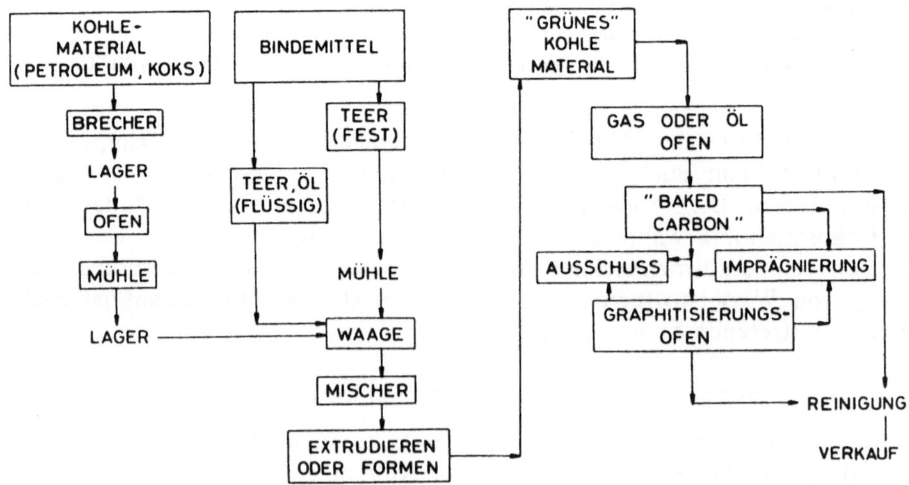

Abb. 12. Die Produktionsstufen von Industriekohlen und Elektrographit
(National Carbon Co., stark vereinfacht)

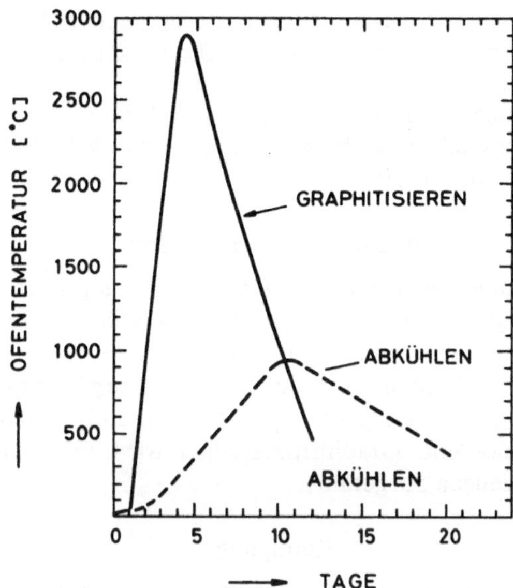

Abb. 13. Graphitisierungs- bzw. Wärmebehandlungsdiagramme von technischen Kohlematerialien (nach Kirk-Othmer)

Bindemittel

Kohlenteerpech ist ein Nebenprodukt bei der Produktion von Koks nach der Destillation der leichtflüchtigen Bestandteile. Wenn das Verhältnis von Kohlenstoff zu Wasserstoff groß ist, dann zeigt es aromatischen Ursprung an. Nach der Pyrolyse verbleibt ein Rückstand, der graphitisierbar ist.

Polymere Materialien wie z.B. Phenol-Formaldehyd-Harze, die thermisch erhärten, werden häufig als Bindemittel benützt. Bei der oxidativen Behandlung werden sie zuerst angegriffen und verursachen auf diese Weise eine gewünschte Porosität. Die gegebenenfalls entstehende Schrumpfung kann bis zu 25% betragen.

Pressen und Formen

Platten, Stäbe und Röhren werden in der gewünschten Form in Hochdruckpressen oder in Extrudiermaschinen hergestellt. Drücke bis zu 500 bar sind üblich, Extrusionsgeschwindigkeiten können in der Größenordnung von Metern pro Minute liegen. Doppelwirkende Pressen erreichen 15–20 000 t Gesamtdruck.

Ofenanlagen

Das Aufheizen der „grünen" Kohlematerialien muß langsam geschehen, weil große Mengen von Gasen in den ersten Heizphasen entweichen. Die Dehydrogenierung geschieht zwischen 500–950 °C, zugleich mit der Polymerisation des Bindemittels. Laboratoriumsöfen werden in Größen für 50 kg Material gebaut, während in industriellen Öfen bis zu 100 t verarbeitet werden können. Ringöfen haben den ökonomischen Vorteil einer ununterbrochenen Aufeinanderfolge von Laden, Aufheizen, Abkühlen und Entladen. Die Prozeßkontrolle kann vollautomatisch geleitet werden.

Die Graphitisierung wird in sogenannten Acheson-Öfen bei 3000 °C ausgeführt, ihre Leistungsaufnahme beträgt bis zu 4000 kW. Induktionsöfen sind für das Laboratorium vorteilhaft.

Mechanische Bearbeitung

Um genaue Dimensionen zu erhalten, müssen gepreßte oder extrudierte Materialien maschinell behandelt werden. Besonders für Bestandteile von Brennstoffzellen sind genaue Toleranzen nötig. Um größere Materialverluste zu vermeiden, ist daher eine Abschätzung der Schrumpfvorgänge und Verformungen wichtig. Dies kann durch geeignete Mischformulierung erreicht werden. Das Bearbeiten von Kohle- und Graphitmaterialien wird mit Diamant-Sägen oder Siliziumkarbid-Werkzeugen ausgeführt.

Reinigung

Verunreinigungen stammen entweder vom Ausgangsmaterial oder von den mechanischen Misch-, Schleif- oder Schneidevorgängen. Behandlung mit Chlor oder Fluor erzeugt flüchtige Metallhalogenverbindungen, die beim Erhitzen entweichen.

6.1.6 Die Herstellung von Rußen

Lampen- und Flammruß waren im antiken China und in Ägypten als Farbstoff bekannt und wurden durch das Abbrennen von Fetten und Ölen unter gekühlten Porzellanschalen hergestellt. Diese alte Methode ist im Prinzip noch in Verwendung. Als Ausgangsmaterial werden jedoch Teerprodukte wie Kreosot- und Anthrazenöle gebraucht. Der Kohlenstoffgehalt liegt bei 99%, der Rest ist hauptsächlich Wasserstoff. Es gibt aber spezielle luftoxidierte Ruße, die bis zu 9% Sauerstoff enthalten, dies ist bei der Herstellung von Elektroden zu berücksichtigen, denn sie sind stark hydrophil.

„Channel-black" wird dadurch hergestellt, daß viele kleine, leuchtende Naturgasflammen gegen Steine oder Stahlplatten brennen und der entstehende Ruß mechanisch abgestreift wird. Die meisten dieser Ruße werden für Druckerschwärze und als Beimengung in der Gummiindustrie verwendet (90–300 Å Teilchengröße).

Gasruß wird ebenfalls aus Naturgas hergestellt. Es wird jedoch ein großes Volumen von Gas und Luft verbrannt und durch Wassereinspritzung(„Quenchen") der durch unvollständige Verbrennung entstandene Ruß abgeschieden. Dieser Ruß wird ebenfalls in der Gummiherstellung verwendet und besitzt eine Teilchengröße von 600–800 Å mit einer Oberfläche von 25 m^2/g. Abb. 14 zeigt den DEGUSSA-Gasrußapparat.

Ölruß wird dadurch hergestellt, daß man auf 250 °C vorgewärmtes Öl in eine Erdgasflamme einspritzt. Wassereinspritzen kühlt die Verbrennungsgase und den enthaltenen Ruß von 1500 °C auf 200 °C herab. In Zyklonen wird der

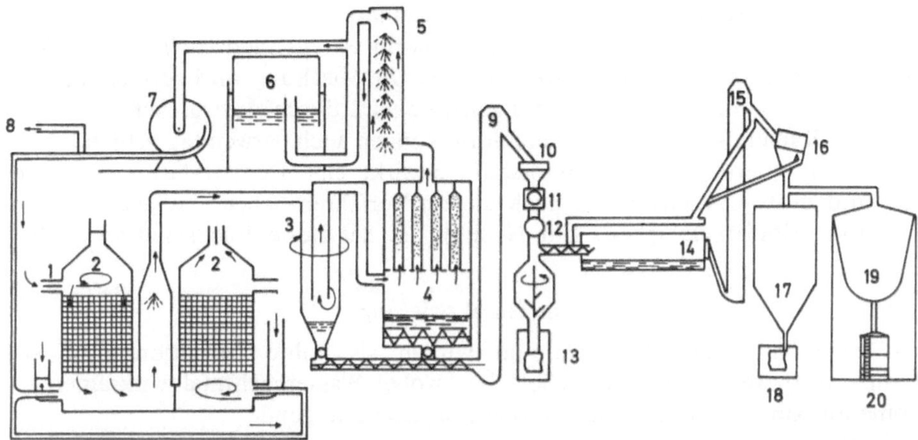

Abb. 14. DEGUSSA-Gasrußapparat zur Herstellung von Gummirußen. Trägergas ist z.B. Methan, gemischt mit Ölgas und Luft, an wassergekühlten Walzen scheidet sich der Ruß ab. *1* Gaseintritt, *2* Reaktionsofen, *3* Zyklon-Abscheider, *4* Filtersäcke, *5* Wasserstoffwäscher, *6* H_2-Behälter, *7* H_2-Gebläse, *8* Überschußwasserstoff, *9* Materialaufzug, *10* Vibrator, *11* Magnetsieb, *12* Pulvermühle, *13* Feinabfüllung, *14* Pelletizer, *15* Materialaufzug, *16* Staubabtrennung, *17* Sackabfüllung, *18* Verpackung, *19* Ruß-Lagerbehälter, *20* Verladung und Verteilung

Ruß abgetrennt und nachher für den Versand pelletisiert. Zur Modifikation der Struktur dieser Ruße werden den Brennflammen gegebenenfalls Spuren von Alkalimetallsalzen zugesetzt. Die Hauptanwendung liegt ebenfalls in der Gummiindustrie.

Thermalruße werden ohne Flammen in Zwillingsöfen hergestellt, die mit feuerfesten Steinen ausgekleidet sind. Während ein Ofen auf 1300 °C erhitzt wird, wird im anderen Naturgas in Ruß und Wasserstoff zerlegt. Die Öfen werden automatisch alle fünf Minuten umgestellt. Der suspendierte Ruß wird durch einen Kühlturm mit Sprühanlage geleitet und in Zyklonen abgetrennt. Die Ausbeute ist über 50% [36].

Azetylenruß wird in einem kontinuierlichen exothermen Prozeß bei ungefähr 800 °C hergestellt, wobei Wasserstoff als Zweitprodukt entsteht.

Eine Übersicht über die verschiedenen Rußarten und ihre charakteristischen Eigenschaften gibt Tabelle 2.

6.1.7 Aktivierungsprozesse für Kohlematerialien

Im Prinzip ist es möglich, alle kohlenstoffhältigen Materialien wie Holz, Nußschalen, Braunkohle, Lignite, Anthrazite oder Koks von Petroleumrückständen zu aktivieren. Zwei Methoden können verwendet werden. Eine ist die chemische Dehydrierung bei Temperaturen zwischen 400–1000 °C, die andere ist die Aktivierung durch oxidierende Gase wie Wasserdampf oder Kohlendioxid bei Temperaturen zwischen 800 und 1000 °C. Die Gasaktivierung wird mit bereits karbonisierten Rohmaterialien durchgeführt.

Die chemische Aktivierung mit Zinkchlorid ist ein industrielles Verfahren, um Sägespäne in Aktivkohle umzuwandeln. Die Mischung wird getrocknet und dann auf 600–700 °C erhitzt. Das Zinksalz wird durch Auswaschen zurückgewonnen. Kalzium- oder Magnesiumchlorid können auch verwendet werden.

Die Aktivierung mit Phosphorsäure bewirkt eine Dehydratation zwischen 400 und 600 °C. Aktivkohlen nach diesem Verfahren haben eine außerordentlich hohe Entfärbefähigkeit. Ein Nachteil ist der hohe Rückstand an Asche.

Die Gasaktivierung

Wasserdampf und Kohlendioxid wirken als milde Oxidationsmittel im Temperaturbereich von 800–1000 °C, wobei Wasser achtmal wirksamer als Kohlendioxid ist. Die chemischen Reaktionen sind folgende

$$H_2O + C = CO + H_2 \qquad \Delta H = + 117 \text{ kJ}$$
$$2\,H_2O + C = CO_2 + 2\,H_2 \qquad \Delta H = + 75 \text{ kJ}$$
$$CO_2 + C = 2\,CO \qquad \Delta H = + 159 \text{ kJ}$$

Die endothermen Reaktionen benötigen eine gute Wärmeüberführung von den aktivierenden Gasen auf die Kohleteilchen. Zusätzliche Wärme wird produziert, wenn zu gleicher Zeit Oxidationsreaktionen vor sich gehen

$$CO + 1/2\,O_2 = CO_2 \qquad \Delta H = - 285 \text{ kJ}$$
$$H_2 + 1/2\,O_2 = H_2O \qquad \Delta H = - 238 \text{ kJ}$$

Es ist wichtig, wie die Aktivierungsprozesse durchgeführt werden und wie die Öfen konstruiert sind. Die Ergebnisse sind verschieden in bezug auf Gewichtsverlust, Verteilung der Teilchengröße und der Zahl und Art der Oberflächenkomplexe. CO und H_2 haben einen Verzögerungseffekt wegen ihrer Adsorption an der Oberfläche und der Bildung von C(CO)- und C(H)-Komplexen. Die Verwendung von Sauerstoff als Aktivierungsgas bewirkt einen hohen Gewichtsverlust und produziert große Poren in einer sehr kurzen Zeit. Eine sehr verdünnte Sauerstoffatmosphäre (z.B. O_2 in CO_2 = 0,4) erzeugt eine sehr feine Porenstruktur von Zuckerkohle. Dieses Material hat die Eigenschaften eines Molekularsiebes. Oberflächenoxide können je nach der Temperatur, bei der Sauerstoff zugeführt wird, sauer oder alkalisch sein. Bei 1000 °C entstehen nur alkalische Oberflächenoxide. Die Gegenwart von Alkalisalzen, Chloriden, Karbonaten oder Sulfiten beschleunigt die Aktivierung. Schwermetalloxide sind besonders gute Oxidationskatalysatoren.

Ergun [37] versuchte eine einheitliche Theorie über die Reaktion von Kohlenstoff mit Wasserdampf und Kohlendioxid zu entwickeln. Eine Übersichtsarbeit über die Kinetik der Gas-Kohlenstoff-Reaktionen wurde von Walker, Rusinko und Austin verfaßt [38]. Die untersuchten Parameter waren: Teilchengröße, Einfluß von inerten Gasen, Zufuhr von aktivierenden Gasen, die Geschwindigkeit der Einstellung des Wassergasgleichgewichtes, die Verhältnisse von CO_2 zu Dampf, CO zu Dampf und H_2 zu Dampf.

Die kinetischen Überlegungen beschäftigen sich mit dem Massentransport in porösen Körpern. Andere Faktoren sind die Orientierung und Größe der Kristallite, die thermische Vorbehandlung und die Gegenwart von Verunreinigungen.

Die Anwendung dieser Betrachtungen auf die Aktivierung von Kohlematerialien, die für poröse Elektroden verwendet werden, ergibt die Möglichkeit, die Qualität solcher Elektroden in engeren Grenzen zu halten. Die Gasaktivierung kontrolliert aber nicht nur die Struktur, sondern auch die Oberflächenbeschaffenheit, welche wieder für die Stabilität und die Benetzbarkeit von Bedeutung sind. Katalysatoren, die zur Beschleunigung der Elektrodenreaktionen auf die Kohleoberflächen aufgebracht werden, haben verschiedene Aktivitäten und Lebensdauer.

Die Herstellung von kleinen Mengen von aktivierten Kohlematerialien ist leicht möglich, indem man das Kohlematerial in dünnen Schichten mit Wasserdampf oder Kohlendioxid in geschlossenen Behältern behandelt. Die Temperatur soll bei 800 °C liegen. Eine Verbesserung über diese statische Methode hinaus ist ein kleiner rotierender Ofen mit Dampf oder Kohlendioxidzufuhr.

Die moderne technische Methodik benutzt Wirbelbettsysteme, die eine sehr gute Gas- und Wärmeverteilung garantieren. Die Aktivierung kann in zwei Stufen mit verschiedenen Mischungen von oxidierenden Gasen durchgeführt werden. Zusätzlich erlaubt die Wirbelbettmethode eine gleichzeitige Klassifizierung der aktivierten Kohlematerialien in bezug auf Teilchengrößen und spezifische Gewichte.

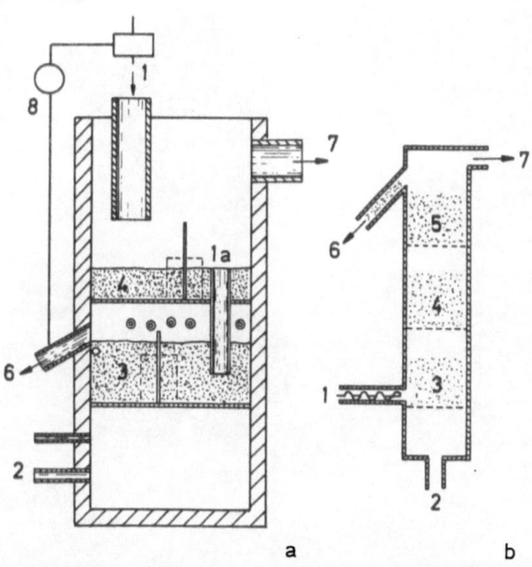

Abb. 15 a, b. Zwei Ausführungen von Wirbelbettöfen zur Aktivierung von Kohlematerialien. a) U.S.-Patent Nr. 4 010 022, J. Degel et al., und b) U.S. Patent Nr. 3 910 849, Jun-Ichi Kawabata et al. *1* Zuführung des zu aktivierenden Rohmaterials mit Überlauf *1a* zur nächsten Stufe. *2* Dampf- bzw. Luftzuführung, *3, 4, 5* Aktivierungsstufen, *6* Aktivkohleabgabe, *7* Gasabfuhr, *8* Rücklaufmaterialregelung

Abb. 15 a, b zeigen zwei spezielle Ausführungen von Wirbelbettöfen.

Die Abb. 16 und 17 illustrieren den Effekt der Wasserdampfaktivierung (800 °C) mit vorheriger Aufbringung von Spinell-Metalloxiden nach Kordesch.

Einen zusätzlichen Oberflächengewinn bekommt man in der Gegenwart von Spuren von Edelmetallen. Es ist auch die gleichzeitige Abscheidung von Kohle aus der Gasphase zu beachten, denn der zu erwartende Gewichtsverlust ist teilweise durch eine Gewichtszunahme kompensiert. An porösen Nickelelektroden kann man die Kohleabscheidung an der Oberfläche sehr schön bereits im Lichtmikroskop beobachten.

6.1.8 Die Beschreibung spezieller Kohlematerialien

Azetylenruß

„Shawinigan"-Ruß ist ein Produkt der Gulf Oil Chemicals Company, New Jersey, U.S.A. Er wird durch thermische Zersetzung von Azetylengas hergestellt und ist eine sehr reine Form von feinverteiltem Kohlenstoff (scheinbare Dichte 0,2 g/cm^3, Heliumdichte 1,95). Seine Eigenschaften kommen dem Graphit sehr nahe. Besondere Merkmale sind eine hohe Absorption von Flüssig-

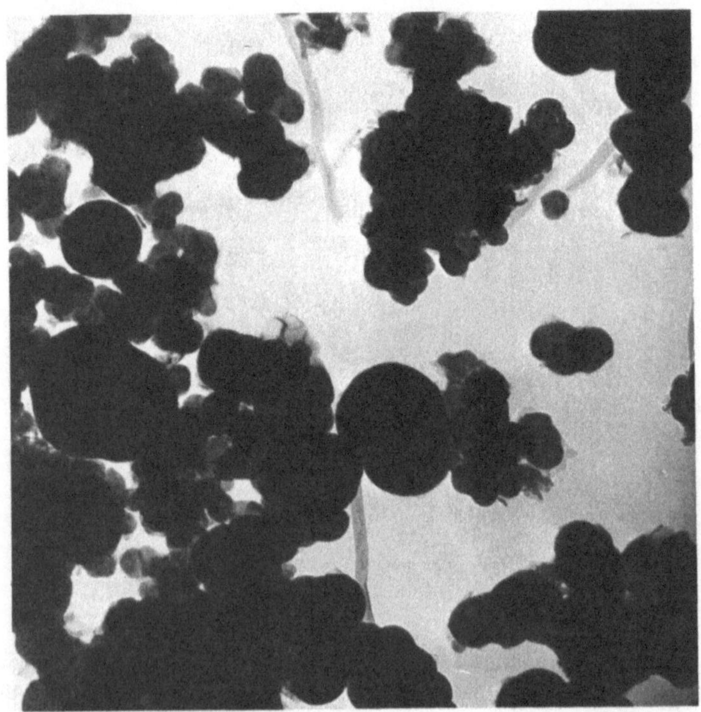

Abb. 16. Kohlepulver (unbehandelt), Transmissions-Elektronenmikroskop-Aufnahme (TEM), 60 000mal lineare Vergrößerung (Union Carbide Corp.)

keiten und eine hohe elektrische Leitfähigkeit.

Spezifische Eigenschaften des 100% kompaktierten Rußes: Feuchtigkeitsgehalt maximal 0,20%, Aschegehalt maximal 0,10%, elektrischer Widerstand 0,0127 Ohm·m bei einer Dichte von 74 g/l (unter 103 bar Druck). Die BET-Oberfläche beträgt 64,5 m²/g (Stickstoff-Absorption). Die Ausmessung mit dem Elektronenmikroskop ergibt 70 m²/g. Der Nigrometerindex ist 93.

Azetogenruß ist ein Produkt der Hoechst AG (Knapsack) in Hürth, das auch durch Spaltung von Azetylen hergestellt wird. Es ist ein graphitisierter Kohlenstoff und zeichnet sich durch seinen hohen Reinheitsgrad aus.

Typische Eigenschaften des 100% verdichteten Rußes: Feuchtigkeit 0,1%, Asche maximal 0,05%, elektrischer Widerstand bei 300 bar 0,08 Ohm·cm, Schüttgewicht 90 g/l. BET-Oberfläche 70 m²/g, Teilchengröße 35 nm, pH-Wert 7.

Ein anderes Material von Hoechst-Knapsack ist Azetogenruß VPKn 333, er stammt aus der Petrochemie und ist strukturmäßig vom Azetylenruß verschieden, läßt sich (in der Batterieindustrie) leichter zu Mischungen verarbeiten, weil die Feuchtigkeitsaufnahme anders vor sich geht. Die BET-Oberfläche ist 150 m²/g.

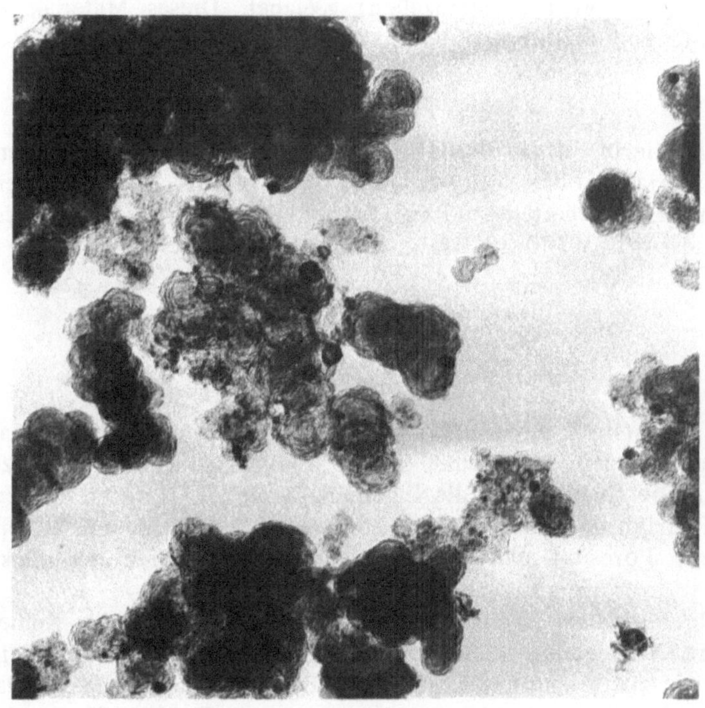

Abb. 17. Kohlematerial der Abb. 16, dampfaktiviert bei 850 °C, in Gegenwart von Schwermetalloxiden (CoAl-Spinell), bis zu einem Gewichtsverlust von 30–40%. TEM, 120 000mal vergrößert (Union Carbide Corp., S-100, Lot 9/1)

Die Oberfläche läßt sich noch stark vergrößeren und ein spezielles Produkt ist der Ruß LP KN 309 mit einer BET-Fläche von 1040 m^2/g. Die Porenradienverteilung ist so, daß 25% unter 50 Å liegen. Die Porenoberfläche ist 695 m^2/g, das Porenvolumen ist 2,497 ml/g.

Vulcan XC-72

Dieses Kohlematerial ist ein Produkt der Cabot Corp., Boston, Mass.

Typische Eigenschaften: Innere Oberfläche 254 m^2/g, Teilchengröße 30 nm, flüchtige Bestandteile 2% („Volatile"), Kohlenstoffgehalt 98%, Dichte 250 g/l, Kosten (1983) \$ 1,80/kg, pH-Wert 5, Öl (DBP) Absorption 185 cm^3/100 g.

Nach einer „Cabot-Formel" ist die elektrische Leitfähigkeit in mho·cm $L = 0,06$ (N$_2$-surface·DBPA)^{0,5}/(1 + Vol.%). Der Prozentgehalt an flüchtigen Bestandteilen (Vol.%) geht in die Gleichung stark ein, weil er ein Maß für oxidische, funktionelle Oberflächengruppen ist, die bei einer großen Oberfläche die Leitfähigkeit herabsetzen [39]. Mit obigen Zahlen ergibt sich 0,06 (254·185)^{0,5}/ (1 + 2) = 17,7 mho·cm oder 0,056 Ohm·cm.

Lonza-Graphit KS 44 (Vertrieb Lonza Ltd., Department CIGR, Basel) ist ein makrokristalliner Graphit mit kleiner Oberfläche (11 m^2/g), aber mit sehr geringem Widerstand (9,6 · 10^{-5} Ohm·m). Er ist für Batterie-Depolarisatormischungen (z.B. in Braunsteinzellen) geeignet. Dieses Material, wie auch Shawinigan-Ruß sind „International Common Samples" [40].

Ketjenblack

Dieser Kohleruß ist das Produkt einer holländischen Firma. In den U.S.A. wird das Material von der Noury Chemical Corp. in Burt, NY 14028, vertrieben.

Typische Eigenschaften sind: BET-Oberfläche 1000 m^2/g, Teilchengröße 30 nm, Öladsorption 340 ml/100 g, flüchtige Bestandteile 1%, Dichte 250 g/l, Preis (1983) \$ 5,20/kg.

6.2 Polytetrafluoräthylen (PTFE)

Dieser Kunststoff dient als modernes Bindemittel für Kohlematerialien verschiedener Typen, um damit poröse Elektrodenstrukturen herzustellen. Seine chemische Stabilität ist die Eigenschaft, die PTFE unter anderen hydrophoben Materialien auszeichnet. Gasdiffusionselektroden müssen eine gute Leitfähigkeit, Porosität und geringe Benetzbarkeit durch den Elektrolyten aufweisen.

Es ist bemerkenswert, daß die Eignung vieler verschiedener Kohlematerialien für ihre Anwendung in Sauerstoff- oder Luft-Zink-Zellen in der Primärzellenindustrie gut bekannt war und daß dabei die Verwendung von plastischen Materialien als Bindemittel weit verbreitet war. Brennstoffzellenelektroden verwendeten Paraffin, Polyäthylen, Polypropylen und andere Bindemittel, um die notwendige Hydrophobizität der Strukturen herzustellen. Dabei entsteht die sogenannte „Dreiphasengrenze", in der Gas, Elektrolyt und Kohleoberfläche eine Reaktionszone bilden. PTFE wurde schon in den Jahren um 1955 unter der Handelsmarke „Teflon" angeboten. Seine Verwendung zum Binden katalytischer Teilchen wurde erst in einer Patentanmeldung im Jahre 1960 erwähnt [41].

Bezeichnenderweise wurde es hier für Hochtemperaturzellen mit geschmolzenem alkalischem Elektrolyt erwähnt. Interessanterweise wurde in diesem Zusammenhang kein Kohlematerial als poröses und leitfähiges Substrat genannt. Die ersten praktisch verwendeten, PTFE-gebundenen Elektroden bestanden aus Platinschwarz in einer „Teflon"-Struktur, kontaktiert mit einem Metallgitter aus Platin, Tantal oder Nickel [42]. Auf der dem Gas zugewendeten Seite wurde noch eine poröse PTFE-Schichte angebracht [43]. Kurze Zeit später folgten PTFE-Graphit-Elektroden und zusammengesetzte Metall-Graphit-Elektroden.

PTFE ist in zwei Formen erhältlich: als wässerige Suspension oder als Pulver. Weltweit gibt es mehrere Herstellerfirmen.

6.2.1 PTFE als Dispersion

E. I. du Pont de Namours & Co., Inc., U.S.A., erzeugt „Teflon" Typ 30-TFE als Dispersion mit 55–60 Gew.% Feststoff, stabilisiert mit 5–6% Triton X (ein Benetzungsmittel) als Stabilisator. Die hydrophoben, kolloiden TFE-Teilchen sind negativ geladen und haben eine Größe von 0,05–0,5 μ. Der pH-Wert ist gewöhnlich über 10, die Viskosität etwa 15 Cp und der Schmelzpunkt des getrockneten Feststoffes liegt bei etwa 330 °C. Industriell wird „Teflon" zu Imprägnierungen und Überzügen benutzt. In Anwendungen, bei denen es auf einen niedrigen Reibungskoeffizienten ankommt und ausgezeichnete chemische und mechanische Widerstandsfähigkeit unter extremen Bedingungen verlangt wird, ist es unübertroffen. Nach dem Aufbringen der Dispersion wird zunächst das Wasser durch Erwärmen entfernt und anschließend eine weitere Polymerisation bzw. „Sinterung" durch Erhitzen auf etwa 330 °C erzielt.

Der pH-Wert der Dispersion kann durch den Zusatz von organischen oder anorganischen Säuren reduziert werden. Ein zu großer Zusatz dieser Reagenzien kann jedoch eine irreversible Koagulation hervorrufen. Die Viskosität und Benetzungseigenschaften können durch den Zusatz von anionischen oder nichtionischen Substanzen eingestellt werden. Kationische Additive sollen wegen Koagulationsgefahr vermieden werden.

„Teflon"-30-TFE-Dispersion zerfällt bei längerer Lagerung oder beim Erhitzen über 65 °C, kann aber nach leichtem Rühren oder Rollen der Behälter verwendet werden. Frieren verursacht irreversible Koagulation.

Spezifisches Gewicht der Dispersion (60% s.): 1,50 g/ml.

Spezifisches Gewicht des gesinterten „Teflon"-Materials: 2,2 g/ml.

6.2.2 PTFE in Pulverform

„Teflon K" Type 10 ist ein frei fließendes weißes Pulver. Die Teilchengröße ist 500 μm, die Oberfläche ist 10 m^2/g. Es ist in allgemeinen Lösungsmitteln praktisch unlöslich, reagiert aber mit Alkalimetallen und Fluor. Der Schmelzbereich liegt zwischen 320 und 340 °C. Für die Verwendung in Elektrodenmischungen muß es noch weiter zerkleinert werden, was man mit sehr schnellen Mixern bei Tieftemperaturen leicht machen kann.

Die Farbwerke Hoechst AG, Frankfurt/Main, erzeugen ein trockenes PTFE-Pulver mit dem Namen „Hostaflon" TF 2053. Ähnlich dem vorher erwähnten pulverförmigen PTFE wird es für das Mischen und Formen von Elektroden verwendet, vorzugsweise mit einem Füllmaterial, wie z.B. Zinkoxid, Zucker oder Ammoniumkarbonat. Ähnlich wie bei der wässerigen Suspension durch Entfernung des Wassers kann durch Herauslösen der Füllstoffe jede gewünschte Porosität erzielt werden. Siehe das Kapitel „Elektrodentechnologie".

6.3 Polyäthylene und Polypropylene (PE und PP)

Zur Herstellung von Plastikbauteilen, aber auch zum Extrudieren von Platten und Röhren, werden Copolymere dieser Polyolefine verwendet. Eine besondere Anwendung ist die Herstellung leitender plastischer Folien für bipolare Zellen. Durch Pressen, Formen oder Extrudieren können auch gerippte Bauteile massengefertigt werden. Die Herstellung von elektrisch leitfähigen Polyolefin-Mischungen mit Kohle bzw. Graphit ist in einem Patent [44] wie folgt beschrieben:

Kohle-Ruß mit einer großen Oberfläche (über $500-1000$ m^2/g), z.B. Ketjenblack oder Vulcankohle und eventuell eine Kohlefaser und/oder Glasfaser, werden in einem Banbury-Mixer bei $125-200$ °C mit Copolymeren von PE und PP für $3-30$ Minuten gemischt. Diese Masse kann mit einer Extrudiermaschine in Folien oder in jede andere Form gepreßt werden. Die so hergestellten Folien oder bipolaren Platten sind nicht porös und haben eine gute elektrische Leitfähigkeit.

Ein Beispiel: 100 Gewichtsteile Copolymer, 25 Gewichtsteile Kohlematerial, 10 Gewichtsteile Fasern, 1 Gewichtsteil Silica ergeben ein Material mit einem Volumswiderstand von 1,0 Ohm·cm. Ein weiterer Zusatz von 15 Gewichtsteilen Acrylpolypropylen. ändert den Widerstandwert auf 0,3 Ohm·cm. Das Extrudieren erfolgt bei 210 °C und bei 300 bar. Über die Wahl der Kohlematerialien berichtet ein technischer Aufsatz [45].

Hersteller von Polyäthylen-Polypropylen-Copolymeren sind z.B. die Firmen: Hercules Inc. in den U.S.A. und ICI in England. Ein Produzent von Kohlefasern ist Union Carbide Corp. („Thornel", VMC-Thermal Pitch Fiber). Owens-Corning Corp. erzeugt Fiberglas zur Verstärkung und „Cabosil", ein Gleitzusatz, wird von Cabot Corp. hergestellt.

6.4 Elektrolyte

6.4.1 Wässerige Elektrolyte

Die Wahl des Elektrolyts für Brennstoffzellen hängt vom System ab. Alkalische Zellen verwenden ausschließlich wässerige Lösungen von Kali- oder Natronlauge. Die Eigenschaften dieser Elektrolyte sind weitgehend bekannt und in Handelsprospekten nachlesbar.

Die Eigenschaften der Phosphorsäure in höchsten Konzentrationen waren nicht genügend bekannt und es bedurfte einer eingehenden Studie, sie aus der Literatur zusammenzustellen [46].

Über die Suche nach neuen Elektrolyten für saure Brennstoffzellen im U.S. Army MERADCOM-Programm berichtet Joebstl [47]. Hauptsächlich wurden Perfluoralkan-Sulfonsäuren, z.B. die Trifluormethan-Sulfonsäure (TFMSA) untersucht. Verbesserte Eigenschaften schien nach Berichten von ERC im Jahre 1975 die Tetrafluoräthan-1,2-Disulfonsäure (TFEDSA) zu haben, dies wurde aber nicht bestätigt [48]. Weitere Arbeiten wurden an der Case Western Reserve University in Cleveland durchgeführt [49, 50].

Genügend Arbeiten mit TFMSA wurden bereits gemacht, um die Vor- und Nachteile gegenüber der Phosphorsäure festzustellen.

Vorteile: Größere Sauerstofflöslichkeit, geringere Anionenadsorption und die vergrößerte Acidität. Die Zellenspannung ist um etwa 50 mV höher als bei H_3PO_4. Zellen funktionieren bei geringerer Temperatur (90 °C).

Nachteile: Konzentrierte Lösungen (über 6 M) benetzen PTFE, haben eine geringere Leitfähigkeit, einen höheren Dampfdruck und verlangen CO-Anteile unter 100 ppm.

6.4.2 Membran-Elektrolyte

Die gegenwärtigen Membranen auf der Basis von Du Pont's Nafion sind eingehend untersucht [51] und arbeiten in der Elektrolyse sehr zufriedenstellend. Für Brennstoffzellen ist aber der Dampfdruck des Wassers in Nafion (bei 80–100 °C) zu hoch und die Membranen trocknen leicht aus. Außerdem ist der Preis für mobile Batterien zu hoch, etwa $ 300 pro m^2. Ein japanischer Hersteller ist Asahi Glass Co., in diese Membranen wurden Karboxylgruppen anstelle der Sulfongruppen eingebaut.

Literatur

1. Mantell, C. L.: Carbon and Graphite Handbook. New York: Interscience 1968.
2. Recent Carbon Technology, including carbon and SiC (Ishikawa, T., Nagaoki, T., eds.), English edition 1983, I. C. Lewis, JEC-Press Inc., The U.S. Office of the Electrochem. Soc. of Japan, Cleveland, Ohio, 1983.
3. Davidson, H. W., Wiggs, P. K., Churchhouse, A. H., Maggs, F. A. P., Bradley, R. S.: Manufactured Carbon. Oxford: Pergamon Press 1968.
4. Acheson, E. G.: U.S. Patent Nr. 568, 323, 1896.
5. Franklin, R. E.: Proc. Royal Soc. (London) *A209*, 196 (1951).
6. Fair, F. V., Collins, F. M.: Proc. of the 5th Conf. on Carbon, 1951, Vol. 1, pp. 503. New York: Pergamon Press 1962.
7. Maire, J., Mering, J.: Chem. and Phys. of Carbon, Vol. *6*, pp. 125–181. Eine Serie, die von P. L. Walker jr. und P. A. Thrower 1965 begonnen und fortgesetzt wurde. Vol. 15 erschien 1979. Marcel Dekker, Inc., N.Y.
8. Fischbach, D. B.: Chem. and Phys. of Carbon 7, 1–105 (1971).
9. Pacault, A.: Chem. and Phys. of Carbon 7, 107–154 (1971).
10. Walker, P. L., jr., Imperial, G.: Nature *180*, 1184 (1957).

11. Ergun, S.: Chem. and Phys. of Carbon *3*, 211−288 (1968).

12. Ruland, W.: Chem. and Phys. of Carbon *4*, 1−80 (1968).

13. Thrower, P. A.: Chem. and Phys. of Carbon *5*, 217−319 (1969).

14. Amelinckx, S., Delavignette, P., Meerschap, M.: Chem. and Phys. of Carbon *1*, 1−77 (1965).

15. Williamson, S. K.: Proc. Royal Soc. (London) *A257*, 457 (1960).

16. Millward, G. R., Jefferson, D. A.: Chem. and Phys. of Carbon *14*, 1−82 (1978).

17. Thomas, J. M.: Chem. and Phys. of Carbon *1*, 121−202 (1965).

18. Henning, G. R.: Chem. and Phys. of Carbon *2*, 2−49 (1966).

19. Robert, M. C., Oberlin, M., Mering, J.: Chem. and Phys. of Carbon *10*, 141−211 (1973).

20. Holley, J. G.: Chem. and Phys. of Carbon *5*, 321−372 (1969).

21. Rudolf, W., Hofmann, U.: Z. Anorgan. Allg. Chemie *238*, 1/50, 37/8 (1938).

22. Sarangapani, S., Bindra, P., Yeager, E.: Physical and Chemical Properties of Phosphoric Acid. Case Laboratories for Electrochemical Studies, CWRU, Cleveland, Ohio, 1980.

23. Emmet, P. M.: Chem. Review *43*, 69 (1948).

24. Langmuir, I.: J. Amer. Chem. Soc. *37*, 1139 (1915).

25. Puri, B. R.: Chem. and Phys. of Carbon *6*, 191−282 (1970).

26. Ward, A. F. C. H., Rideal, E. K.: J. Amer. Chem. Soc. *49*, 3117 (1927).

27. Kirk-Othmer: Encyclopedia of Chemical Technology, Vol. 4, 2nd ed., pp. 243−282 New York: Interscience 1964.

28. Avgul, N. N., Kiselev, A. V.: Chem. and Phys. of Carbon *6*, 1−124 (1970).

29. Rivin, D.: Rubber Chem. and Technology *44*, 307−343 (1971).

30. Kipling, J. J.: Adsorption from Solutions of Non-Electrolytes. London: Academic Press 1965.

31. Rivin, D.: 4th Rubber Technology Conference, London, 1962.

32. Schwob, Y.: Acetylene Black: Manufacture, Properties and Applications. Chem. and Phys. of Carbon *15*, 109−218 (1979).

33. Mantell, C. L.: Carbon and Graphite Handbook, pp. 171−231. New York: Interscience 1968.

34. Kirk-Othmer: Encyclopedia of Chemical Technology, Vol. 4, 2nd ed., pp. 163−282. New York: Interscience 1964.

35. Ullmann: Enzyklopädie der Technischen Chemie, 4. Ausgabe, Vol. 14, S. 595−651, 1977.

36. Prozeßschema einer kommerziellen Anlage zur Herstellung von Thermal-Ruß aus Erdgas (Kirk-Othmer).

37. Ergun, S., Mentser, M.: Chem. and Phys. of Carbon *1*, 203−263 (1965).

38. Walker, P. L., Jr., Rusinko, F., Jr., Austin, L. G.: Advances in Catalysis, Vol. 11, p. 133. New York: Academic Press 1959.

39. Cabot Carbon Corp.: Special Technical Bulletin S-8, „Blacks“.

40. International Common Samples (I.C.-Samples), are distributed by the I.C-MnO_2-Sample Office, The U.S. Office of the Electrochem. Soc., P.O. Box 45035, Cleveland OH 44145.

41. Elmore, G. V., Tanner, H. A.: U.S. Patent Nr. 3419, 900, 1968, applied for March 4, 1960.

42. Niedrach, L. W., Alford, H. R.: J. Electrochem. Soc. *112*, 117 (1965).

43. Haldeman, R. G., Colman, W. P., Langer, S. H., Barber, W. A.: In: Fuel Cell Systems (Gould, R. F., ed.), Advances in Chemistry, Series No. 47, pp. 106−115. Amer. Chem. Soc. (1965).

44. Tsien, H. C.: Electric Conductive Polyolefin Compositions. U.S. Patent Nr. 4, 169, 816, 1979.

45. Tsien, H. C.: Plastics Engineering, August 1981, pp. 21−24.

46. Sarangapani, S., Bindra, P., Yeager, E.: Physical and Chemical Properties of Phosphoric Acid. Case Western Reserve University, Dept. of Chemistry, Cleveland, Ohio, Brookhaven National Laboratory, DOE-Contract DE-AC02-76CH00016, Energy Technology Programs, 1978–1981.
47. Jöbstl, J.: Proceedings of the Workshop on Renewable Fuels and Advanced Power Sources for Transportation, Denver, Colorado, June 17–18, 1982.
48. Baker, B.: Final Report to MERADCOM, DAAK02-73-C-0084 (1975).
49. Oxygen Reduction on Platinum Catalysts in Phosphoric Acid. EPRI-Report EM-1814, CWRU-Project No. 634-1-2 (1981).
50. Case Western Reserve University: O_2-Reduction in Various Acidic Electrolytes, EPRI-Contract RP1200-7 (1982).
51. Hopfinger, A. J., Mauritz, K. A.: Chapter 9, pp. 521–535. In: Comprehensive Treatise of Electrochemistry, Vol. 2 (Bockris, J. O'M., Conway, B., Yeager, E., White, R., eds.). New York: Plenum Press 1981.

7.0 Elektrodentechnologie

7.1 Einleitung und Übersicht

Brennstoffzellenelektroden kann man nach ihren Konstruktionsmaterialien einteilen in Kohleelektroden, Metallelektroden und zusammengesetzte Elektroden, wobei die letztere eine Kombination eines Metallträgers und einer aktiven Kohleschichte darstellt. Für Phosphorsäure und Trifluormethansulfonsäure als Elektrolyte sind nur Kohleelektroden geeignet. Als Stromableiter können säurewiderstandsfähige Metalle, z.B. Tantalgitter, verwendet werden. Aus Kostengründen sind jedoch Elektroden, die nur aus Kohle bestehen, besonders geeignet. Bei Stromabnahme vom Rand der Elektroden muß man genügend dicke Kohleplatten zur Vermeidung des Spannungsabfalles am Widerstand verwenden. Eine neuere Lösung mit dünnen Kohleelektroden stellt die bipolare Zellkonstruktion dar. Als Konstruktionsmaterial für saure Zellen verwendet man graphitische, möglichst wenig poröse Kohlematerialien.

Für alkalische Zellen kann man sowohl Kohlematerialien als auch poröse Metalle für die aktiven Schichten verwenden. Die Prinzipien der Erstellung der Dreiphasenzone: Elektrolyt, elektronisch leitender Feststoff und Gas sind bei Kohle- und Metallelektroden verschieden. Kohlematerialien werden durch Mischen oder Behandeln mit hydrophoben Substanzen (PTFE, Polyäthylen, Paraffin) elektrolytabstoßend und erweisen sich daher als poröse Körper mit einer großen Grenzfläche zwischen dem Elektrolyten und Reaktionsgas. Die Stabilität dieser Grenzfläche über eine lange Zeitperiode ist eine schwierig zu lösende Aufgabe. Eine Änderung der Oberflächen- oder Grenzflächenspannung verursacht zunehmende Benetzung und schließlich ein Durchtränken der Elektroden, so daß sie unbrauchbar werden. Es ist nicht möglich, Metallstrukturen im gleichen Ausmaß wie poröse Kohle zu hydrophobieren. Obwohl PTFE für beide verwendbar ist, sind doch die Präparationsmethoden sehr verschieden.

Poröse Metalle werden in der Regel mit PTFE-Dispersionen getränkt und anschließend auf die PTFE-Sintertemperatur erhitzt. Aktive Kohlematerialien werden vorteilhaft mit PTFE-Pulver vermischt, geformt und dann einer Temperaturbehandlung unterworfen. Bei der Herstellung von zusammengesetzten Elektroden (composite electrodes) mit hydrophobierter Aktivkohle als Arbeitsschichte und PTFE-behandelten porösen Nickelfolien als Stromableiter, werden z.B. beide Methoden verwendet.

Es ist allgemein üblich, poröse Metallelektroden mit einem Gasdruckunterschied zu betreiben, so daß der Elektrolyt nicht in die Struktur eindringen kann.

Zur exakten Kontrolle der Grenzfläche zwischen Flüssigkeit und Gas wurden Elektroden mit zweifacher Porosität mit dem Ergebnis entwickelt, daß die Feinporenstruktur völlig benetzt wird, während der großporige Anteil frei bleibt. Eine spezielle Abart stellen die sogenannten zusammengesetzten Kohle-Metall-Elektroden dar, die einen weiten Anwendungsbereich in der alkalischen Brennstoffzellentechnologie fanden.

Kohleelektroden als Platten, mit variierender (doppelter) oder mehrfacher Porosität, sind nicht ausreichend erforscht, obwohl die Kombination der Prinzipien der Erhaltung des Druckgleichgewichtes und der Anwendung der Hydrophobizität sehr aussichtsreich erscheint. Unter diesen Bedingungen könnte man die Elektrolytzirkulation mit allen ihren Vorteilen, wie z.B. gute Wärmeabführung, gute Leitfähigkeit und Regeneration, anwenden.

Die Technologie der immobilisierten Elektrolyte, wobei die Flüssigkeit in einer Matrix aufgesaugt wird, hat in den Wasserstoff-Luft-Brennstoffzellen mit Phosphorsäure als Elektrolyt derzeit den höchsten Stand erreicht. Die mikroporöse Matrix erschwert das Eindringen des Elektrolyten in die (hydrophobe) poröse Elektrode und die Grenzfläche wird stabilisiert.

Von der Wasserelektrolyse wurde die Technologie der „solid polymer membranes" SPE (TM, General Electric Co.) übernommen. Wasserstoff-Luft-Brennstoffzellen könnten dann mit Reformerwasserstoff, der Kohlenoxide enthält, betrieben werden.

Zusammenfassend: Elektroden müssen die folgenden grundsätzlichen Bedingungen erfüllen:

a) Die Struktur soll mehrere Lagen aufweisen, wobei jede für ihre Aufgabe optimiert wird.

b) Gute Leitfähigkeit und stabile physikalische Eigenschaften sind notwendig.

c) Eine hohe katalytische Aktivität bei möglichst geringen Mengen von Edelmetallzusätzen wird angestrebt.

d) Für die Lebensdauer ist eine weitgehend unveränderliche Grenzfläche, Elektrode-Elektrolyt-Gasphase, maßgebend.

e) Die Möglichkeit der Massenproduktion bei niedrigen Kosten muß erreicht werden.

7.2 Konstruktion und Materialien für Elektroden

Die Stromableitung von den Elektroden erfolgt meist durch aufgepreßte Metallgitter, soferne es nicht Sintermetallelektroden sind. Bei Einzelektroden wird der Strom am Rande mit Hilfe von Einfach- oder (bei Hochleistungszellen) Vielfachkontakten abgenommen. Bei bipolaren Elektroden erfolgt die Stromabnahme gleichmäßig über die ganze Fläche verteilt. Wegen der schlechten elektronischen Leitfähigkeit von Kohlematerialien wird bei Elektroden, die nur aus Kohle bestehen, die bipolare Konstruktion bevorzugt. Zellen mit sauren Elektrolyten können außer Edelmetallen oder Spezialmetallen wie z.B. Tantal nur Graphit verwenden.

Die Arbeitsschichte der Elektroden kann man in einen katalytisch aktiven Anteil und in den Gasdiffusionsbereich zerlegen. Die dem Elektrolyt zugewandte

Seite muß gut benetzbar sein, denn eine nur teilweise vom Elektrolyt kontaktierte Oberfläche bedeutet einen hohen Übergangswiderstand. Bei Sauerstoffelektroden entsteht auch eine beträchtliche Wärmemenge wegen der Zersetzung des Wasserstoffperoxids, das als Zwischenprodukt auftritt. Diese Wärmemenge muß abgeführt werden. Reaktionswasser entsteht in alkalischen Zellen an der Wasserstoffelektrode, in sauren Zellen an der Sauerstoffelektrode. Um eine Verdünnung des Elektrolyten zu vermeiden, muß dieses Wasser in den Gasraum abgeführt werden.

Aus Gründen der Wirtschaftlichkeit ist es notwendig, daß Platin nur in der dem Elektrolyten nächsten Schichte verwendet wird. Auf diese Weise kann man trotz einer geringen Gesamtkonzentration an Katalysator (z.B. 0,5 mg Pt/cm^2) eine hohe lokale Anreicherung von Edelmetall erreichen. Die große Oberfläche (kleine Teilchengröße) des Platinkatalysators muß auch bei höheren Temperaturen ohne Agglomeration erhalten bleiben. Das Kohlematerial, das als Träger für den Katalysator dient, muß sowohl den chemischen Einflüssen des Elektrolyten als auch dem oxidativen Angriff durch Peroxid und Sauerstoff standhalten. Aktivkohlen oxidieren wesentlich schneller als graphitische Ruße. Falls der Katalysator den elektronischen Kontakt mit dem Substrat verliert, kann er nicht funktionieren. Das Einschieben einer Elektrolytschichte zwischen Katalysator und Träger bewirkt einen Verlust der elektronischen Leitfähigkeit.

Die Konstruktionsmaterialien für Sammelleitungen und Trennwände sind meist Kunststoffe oder Graphit. Im letzteren Fall ist die Undurchlässigkeit für Gase eine sehr wichtige Eigenschaft.

7.3 Die Elektroden der Union Carbide Corp. (UCC)

7.3.1 Überblick

Kohleelektroden für luftdepolarisierte alkalische Zinkzellen wurden für viele Jahre von der National Carbon Co. [1, 2] hergestellt, ebenso wurden Elektroden für die Elektrolyse, Metallgewinnung und Bogenlampenkohlen produziert. Carbon Product Div. erzeugt in neuerer Zeit Graphitmaterailien für Wärmeaustauscher, Kohlefasern, Filze, Gewebe und Spezialfasern. Pyrolytische Überzüge, Graphitfolien und sehr leichte Kohlematerialien mit außerordentlichen mechanischen Eigenschaften bilden die neueste Kohletechnologie.

Union Carbide Zink-Luftzellen enthielten Kohleelektroden, die aus gebundenem aktivem Kohlematerial bestanden. Mit Teer oder Zucker gebundene natürliche Kohlen (aus pflanzlichem Material) seien als Beispiel genannt. Diese hochporösen Kohlematerialien wurden mit Wachs oder öligen Substanzen imprägniert, um sie wasserabstoßend zu machen. Für Sauerstoff-Zink-Quecksilberzellen wurden verbesserte doppelt poröse Elektroden konstruiert: 5 mm dicke poröse Graphitplatten wurden mit 1,5 mm Aktivkohle („Nuchar") belegt. Bindemittel war in diesem Fall Polyäthylen. Als Katalysator wurde in kleinen Mengen Silber verwendet. Diesen folgten 1959 3 mm dicke plastikgebundene Kohleelektroden mit Stromkollektoren aus gelochtem Stahlblech. Auch Braunstein diente als Katalysator für die Peroxidzersetzung [3, 4].

Ab 1960 wurden 3 mm dicke Röhren- und Plattenelektroden, die nur aus poröser Kohle bestanden, erzeugt. Diese Elektroden konnten sowohl in sauren, als auch in alkalischen Elektrolyten verwendet werden. Durch die Oberflächenaktivierung mit Dampf oder Kohlendioxid bei etwa 800–900 °C konnte die gewünschte Gaspermeabilität und Oberfläche erreicht werden. Auf der dem Elektrolyten zugekehrten Seite betrug die innere Oberfläche ungefähr 500 m^2/g, also die einer Aktivkohle. Auf dieser Seite wird auch der Katalysator (Platin für die Wasserstoffelektrode) aufgebracht. Die Gasseite dieser Elektroden wurde durch eine Paraffinbehandlung hydrophobiert.

Als Beispiel für die Herstellung solcher Kohleelektroden wird die folgende Vorschrift angegeben:

Kohleröhren werden aus einer Mischung von 100 Teilen Lampenruß, 60 Teilen weichem Teer und 3 Teilen Öl extrudiert. Anschließend werden die „grünen" Röhren 6 Stunden lang bei etwa 1000 °C unter Luftausschluß erhitzt. Nach dieser Behandlung hat das Kohlematerial eine Porosität von 18–20% (gemessen durch Wassersättigung). In der folgenden Gasaktivierung mit Kohlendioxid oder Dampf (bei 905 °C) vergrößert sich die Porosität um weitere 25%). Abb. 1 zeigt das Prozeßschema.

Seit der Entdeckung von Kordesch und Marko, daß Schwermetalloxide (insbesondere unlösliche Hochtemperatur-Spinelle) einen starken katalytischen Einfluß auf die Peroxidzersetzung an Kathoden haben [5, 6], wurden Nitrate

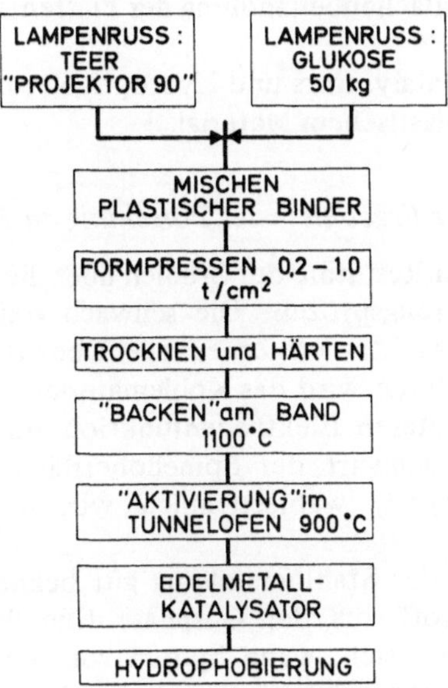

Abb. 1. Das Prozeßschema der Herstellung von Kohleplatten oder Röhren aus Mischungen von Kohle-(Lampen)-Ruß und einem Bindemittel wie z.B. Holzteer oder Zucker. National Carbon Co., Div. of Union Carbide and Carbon Corp., 1955

von Kobalt und Aluminium in stöchiometrischen Verhältnissen in Wasser gelöst und als Imprägnierungslösungen für poröse Kohlematerialien verwendet. Erhitzen auf 800–900 °C erzeugt $CoO \cdot Al_2O_3$ in den Kohleporen hauptsächlich in der Nähe der Oberfläche. Diese Schwermetalloxide sind auch Katalysatoren für den gleichzeitig ablaufenden Aktivierungsvorgang mit Dampf oder Kohlendioxid, wodurch die Produktionszeit wesentlich verkürzt wird. Die Gegenwart der Spinelle verlängert auch die Lebenserwartung für die eventuell aufgetragenen Edelmetallkatalysatoren (Pt, Pd, Rh, Ru und Mischungen davon). Hydrophobierung erfolgt durch Behandlung mit Paraffin- oder Polyäthylenlösungen (siehe später angeführte Patente). Die Leistung solcher röhrenförmiger Elektroden in sauren Elektrolyten (H_2SO_4, HCl) und alkalischen Lösungen (KOH, NaOH) war zufriedenstellend: 50–100 mA/cm² bei 1,10 V.

Zur Verbesserung der mechanischen Eigenschaften und als Erleichterung bei der Herstellung wurde der Teer als Bindemittel durch Kunstharze ersetzt. Dies ermöglichte es, Platten von 1–3 mm Dicke mit einer Fläche bis zu 1000 cm² herzustellen [7, 8].

Nachstehend die Herstellungsschritte für die Produktion von Kohleplatten- oder Röhrenelektroden:

a) Herstellung der Mischung von Ruß und Kunstharz, „Flour" genannt.

b) Mischen und Sieben des „Flour", eventuell pelletisieren, nochmals mahlen und sieben.

c) Formpressen und Extrudieren des „grünen" Kohlematerials.

d) Erhitzen und gegebenenfalls Aktivieren der geformten Masse (Baking-Process).

e) Mechanische Oberflächenbehandlung der Platten, z.B. Schleifen der Platten oder Fräsen von Rillen.

f) Aufbringung des Katalysators und Hydrophobierungsmittels.

g) Umrahmung mit plastischem Material.

7.3.2 Frühzeitige Ergebnisse der Forschung an Kohleelektroden

Einige der wichtigsten Resultate der Studien über die Elektrodenpräparierung betrafen den Gasaktivierungsprozeß: Die schwach oxidierenden Bedingungen des Boudouard-Gleichgewichtes entfernen alle Oberflächengruppen („H"-Verbindungen genannt). Dadurch wird das Kohlematerial gegen die Oxidation unter den Bedingungen der späteren Elektrodenfunktion stabilisiert. Es wurde auch beobachtet, daß die Gegenwart der Spinelloberflächen die Lebensdauer des Platinkatalysators verlängert, wahrscheinlich wird die Rekristallisation der Platinteilchen gehemmt.

Ein Vorgang, der in der Stahlherstellung gut bekannt ist, nämlich die Abscheidung von Kohlenstoff aus der Gasphase (die Wasserstoff und Kohlenmonoxid enthält) geht vor sich, wenn Spuren von Schwermetallen wie Eisen, Kobalt, Nickel, Mangan und Edelmetallen vorhanden sind. Für die Kohleelektroden bedeutet es, daß neuer Kohlenstoff auf der Oberfläche abgeschieden wird. Dieser neue Kohlenstoff ist sehr aktiv in bezug auf die Peroxidzersetzung und erwies sich auch gegen Oxidation sehr stabil. Sauerstoffelektroden, die einen solchen Kohlenstoff als aktive Schicht trugen, konnten Stromdichten bis zu 4 A/cm² bei 100 °C liefern. Die Spannung bei dieser Belastung war noch immer 0,70 V gegen eine Wasserstoffelektrode in der gleichen Lösung.

Das entsprechende Patent [9] gibt folgende Beschreibung: Die Menge des abgeschiedenen Kohlenstoffes hängt von der Zusammensetzung der Ofenatmosphäre, der Temperatur und der Menge und der Art des Katalysators ab. Diese Variablen können geändert werden, um jede beliebige Menge von Kohlenstoff abzuscheiden. Es wurde gefunden, daß eine Beschichtung von 0,01 mm bis 0,1 mm am günstigsten ist.

Beispiel: Eine poröse Graphitröhre von 75 mm Länge mit einem Außendurchmesser von 18 mm und einer Wandstärke von 3 mm wurde mit 3 ml einer zweimolaren wässerigen Lösung von Eisen- (oder Kobalt-) Nitrat getränkt und getrocknet. Die Röhre wurde dann in Stickstoffatmosphäre auf 600 °C erhitzt. Anschließend wurde ein Gemisch von Kohlenmonoxid und Wasserstoff mit einer Geschwindigkeit von etwa 1 Liter pro Minute darübergeleitet. Nach etwa 2 Stunden wurde die Gasmischung wieder durch Stickstoff ersetzt und der Ofen abgekühlt. Die Röhre war mit einer gleichmäßigen porösen Kohlenstoffschichte von 0,1 mm Dicke bedeckt. Als Sauerstoffelektrode in einer alkalischen Zinkzelle wurden mit Luft als Betriebsgas 200 mA/cm² bei 1,15 V erzielt. Bei Betrieb mit reinem Sauerstoff erhielt man bei der gleichen Spannung 4 A/cm².

7.3.3 Die Konstruktion von bipolaren Brennstoffzellen

Um ein universell verwendbares System, das nur aus Kohlematerial besteht, zu erhalten, wurden bipolare Zellen konstruiert. Diese konnten in sauren und alkalischen Elektrolyten in gleicher Art verwendet werden. Abb. 2 zeigt vier Variationen von Zellkonstruktionen mit porösen Kohleelektroden. Abb. 3 zeigt eine Laboratoriumsversion dieser bipolaren Anordnung von Kohleelektroden. Diese Konstruktionen wurden später in anderer Form in Brennstoffzellen mit Phosphorsäure als Elektrolyt verwendet [10]

7.3.4 Die Entwicklung von Elektrokatalysatoren

Edelmetallkatalysatoren wurden als nicht ökonomisch angesehen und daher nach Möglichkeit nicht oder nur in geringsten Mengen verwendet. Ein mg Pt/cm² wurde als höchstzulässige Konzentration betrachtet. Kohleelektroden ohne Platinkatalysator funktionieren als Sauerstoffelektroden in alkalischen Elektrolyten gut, in sauren Elektrolyten jedoch nur sehr schlecht. Wasserstoffelektroden benötigen Platinmetalle oder spezielle Katalysatoren, wie z.B. Wolframkarbid in allen Elektrolyten.

Nachstehend werden einige Union Carbide-Patente, die sich auf Elektrokatalysatoren beziehen, angeführt:

Ein US-Patent [11] beschreibt die Katalysierung einer Wasserstoffanode aus poröser Kohle unter Verwendung von Lösungen, die Schwermetall- und Aluminiumsalze enthalten. Nach Erhitzen über 700 °C entstehen Spinelle, die nach einer weiteren Imprägnierung mit Salzen der Platingruppe als Substrate für den Elektrokatalysator dienen. Der Effekt der verbesserten Stromdichte und erhöh-

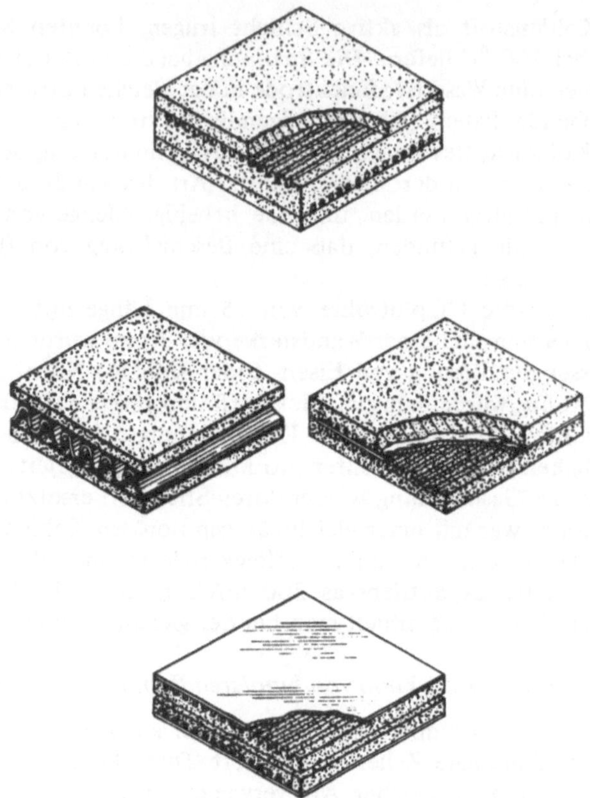

Abb. 2. Vier Varianten von bipolaren Kohleelektroden, Beispiele aus dem
U.S. Patent Nr. 3,188,242 (Union Carbide Corp.)

ten Lebensdauer war sowohl in alkalischen als auch in sauren Elektrolyten deutlich ausgeprägt.

Ein Patent [12] beschreibt eine Methode zur Katalysierung von porösen
Kohleelektroden in Gegenwart eines Hydrophobierungsmittels. Es wird damit
die Schwierigkeit gelöst, den Katalysator aus einer wässerigen Lösung gleichmäßig auf der Oberfläche abzuscheiden. Als Zusatz zur Katalysatorlösung wurde
vorzugsweise Isopropylalkohol verwendet. Die Wirkung des Hydrophobierungsmittels wird durch die niedrige Oberflächenspannung des Alkohols während der
Imprägnierung beseitigt. Diese Methode der Aufbringung von Katalysatoren
wurde später bei Teflon-gebundenen Elektroden produktionsmäßig verwendet.

Zur Vermeidung von Verunreinigung durch Chloridionen wurden die Edelmetallsalze auch als Azetylazetonate angewandt. Diese Salze sind ebenso wie
einige Hydrophobierungsmittel in Lösungsmitteln, wie z.B. Azeton, löslich [13].

7.3.5 Die Entwicklung von Elektroden mit mehreren Schichten

Der Umstand, daß Kohleelektroden stark elektrolytabstoßend sein müssen,

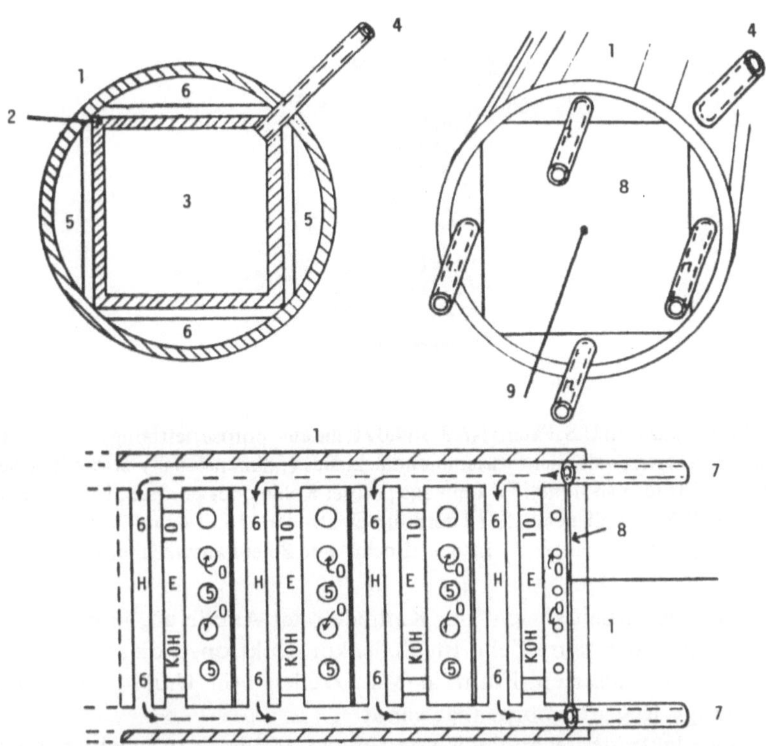

Abb. 3. Anwendung der bipolaren Konstruktion aus der vorhergehenden Abb. 2 in einer Laboratoriumszelle. *1* Rohr aus Plastik (Lucite), *2* Abstandshalter, *3* Poröse Kohleelektrode, *4* Elektrolyt (KOH)-Zuführung, *5* Sauerstoffraum, *6* Wasserstoffraum, *7* Gaszufuhr und Ableitungsrohre, *8* Stromkollektor, *9* Anschlußdraht, *10* Elektrolytraum

um eine lange Lebensdauer zu haben, führt zu Schwierigkeiten mit dem hohen Übergangswiderstand an der Grenzfläche zum Elektrolyten. Nur eine gleichmäßig benetzte Oberfläche erlaubt hohe Stromdichten.

Ein Patent [14] beschreibt die Aufbringung einer Schichte von gut benetzbaren oder mikroporösen Materialien wie z.B. Natrium-Karboxymethylzellulose, Azetylzellulose, Polyvinylalkohol oder mikroporösem Gummi.

Ein anderes Patent [15] benutzt als benetzbare Oberflächenschichte ein poröses, leitfähiges Material, das zugleich auch als Elektrolytreservoir dient. In der praktischen Ausführung kann das poröse Material aus Nickel oder Kohle bestehen. Der Vorteil einer solchen nicht kompressiblen Schichte ist die hohe Kapillarität und gute Wärmeleitfähigkeit. Die Möglichkeit, diese „Deckschichte" mit einer höheren Konzentration von Edelmetallkatalysator zu versehen, erlaubt die Konstruktion einer mehrschichtigen Elektrode. Man hat, um dieses Prinzip technisch anzuwenden, eine poröse, leitfähige Kohleschicht als Elektrolytreservoir und Docht verwendet. Abb. 4 zeigt diese Konstruktion, die eigentlich eine Matrixzelle darstellt. Man braucht nur auf einer Seite der mit Elektrolyt gefüllten Kohleschichte einen isolierenden Separator anzubringen. Der „Docht"

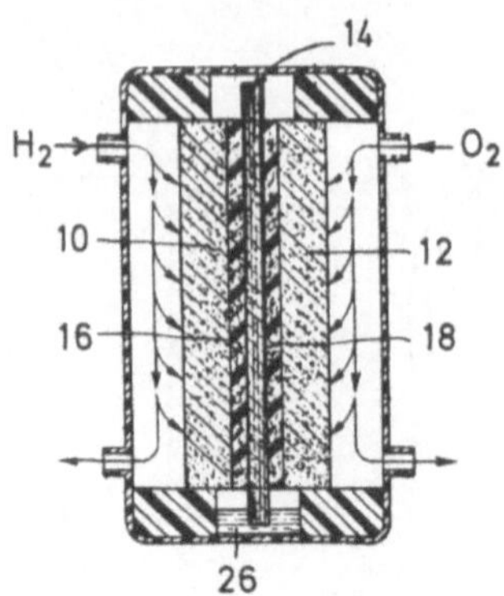

Abb. 4. Zeichnung aus dem U.S. Patent Nr. 3,364,071, die eine poröse, leitfähige, mit Elektrolyt gefüllte Schichte (Matrix) als nicht zusammendrückbares („dimensionally stable") Reservoir zwischen den Elektroden anordnet. Es kann aus poröser Kohle oder porösem Nickel bestehen, es kann auch als "Docht" dienen. *10, 12* sind die Elektroden, *16, 18* sind isolierende poröse Separatoren (es genügt auch einer); *14* ist der „Docht" und *26* ein zusätzlicher Elektrolytraum

liegt direkt an der Arbeitsschicht der Kathode oder Anode an, je nachdem, ob es eine alkalische oder saure Zelle ist. Zellenkonstruktionen dieser Art wurden später in einer verbesserten Form in Matrixzellen von United Technologies Corp. und Energy Research Corp. angewandt.

Ein für die Elektrodentechnologie von Union Carbide Corp. wichtig gewordenes Patent [16] beschreibt eine zusammengesetzte Elektrode mit mindestens zwei Zonen: Eine davon beginnt an der Elektrolytgrenzfläche, trägt den Katalysator und besitzt hydrophilen Charakter. Die andere schließt daran an, ist mit dem Reaktionsgas gefüllt und hat hydrophobe Eigenschaften. Eine typische, zusammengesetzte Elektrode besteht aus einer porösen katalysierten Kohleschichte auf der Elektrolytseite und einer porösen inaktiven hydrophoben Schichte, die zugleich als Stromableiter dient. Die folgende Abb. 5 stellt Schnitte durch eine zweischichtige Kohleelektrode dar. Die Schichten sind verschieden hydrophobiert, was man durch eine graduierte Hydrophobierung, z.B. Vakuumdestillation von Paraffin oder durch Abdecken mit einem löslichen Film (vor der Hydrophobierung) erreichen kann. Abb. 6 zeigt eine elektronenmikroskopische Aufnahme der Grenzregion zwischen der Gasdiffusionsschichte B und der katalysierten „Arbeitsschichte" A, die dem Elektrolyt zugewandt ist. Abb. 7 ist eine 70 000fache Vergrößerung eines Mikrotomschnittes von einer Pt-katalysierten (aktiven) Kohleschichte einer „fixed zone"-Elektrode. Das Kohlematerial liegt in einer Teflon-Struktur, die man im Bild nicht sieht. Die Hohlräume sind mit Epoxidharz ausgefüllt und man kann Teflon und Epoxidharz nicht unterscheiden [17].

Eine weitere Variation dieser Elektrodenkonstruktion [18] kombiniert eine poröse vielschichtige Kohleelektrode mit einer porösen Nickelschichte. Die Stufen der kommerziellen Herstellung dieser „fixed zone"-Elektroden werden in Abb. 8 dargestellt.

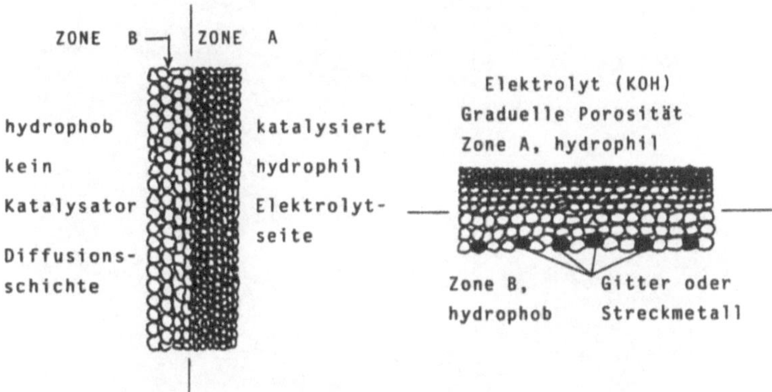

Abb. 5. Skizzen von Elektroden nach U.S. Patent Nr. 3,423,247 mit mindestens zwei Zonen. Eine (*A*) dient als Katalysatorträger, ist vom Elektrolyten benetzt und die andere, (*B*), ist die hydrophobe Gasdiffusionsschichte. Die Zone (*A*) kann graduell hydrophobiert sein: durch Vakuumimprägnierung oder durch Aufspritzen verschiedener Lagen, die eine variable Porengröße aufweisen

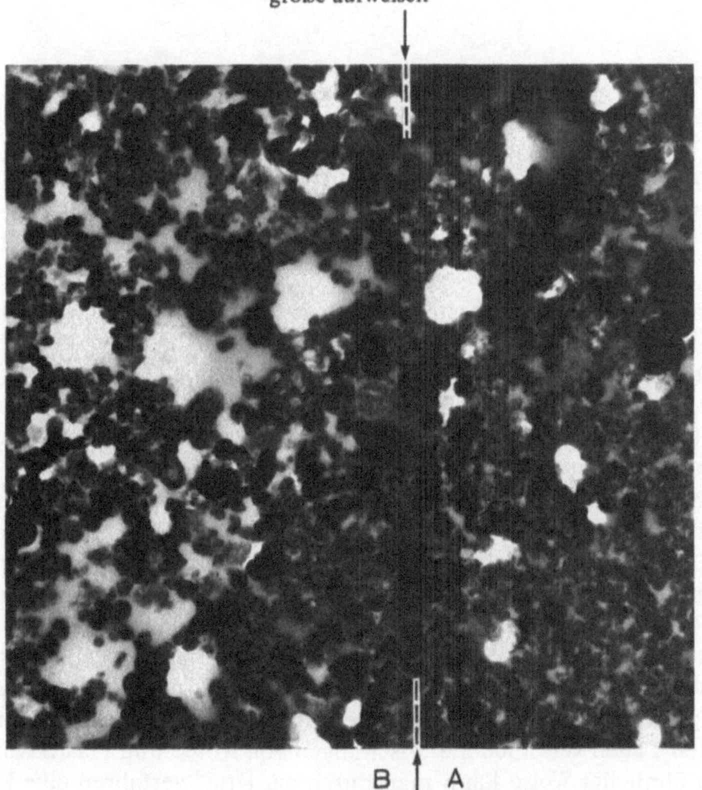

Abb. 6. Elektronenmikroskopische Aufnahme der Grenzregion zwischen der Gasdiffusionsschichte (*B*) und der katalysierten „Arbeitsschichte" (*A*), die dem Elektrolyt zugewandt ist. Vergleiche mit der Zeichnung in Abb. 5. Die Vergrößerung ist etwa 17 000mal linear

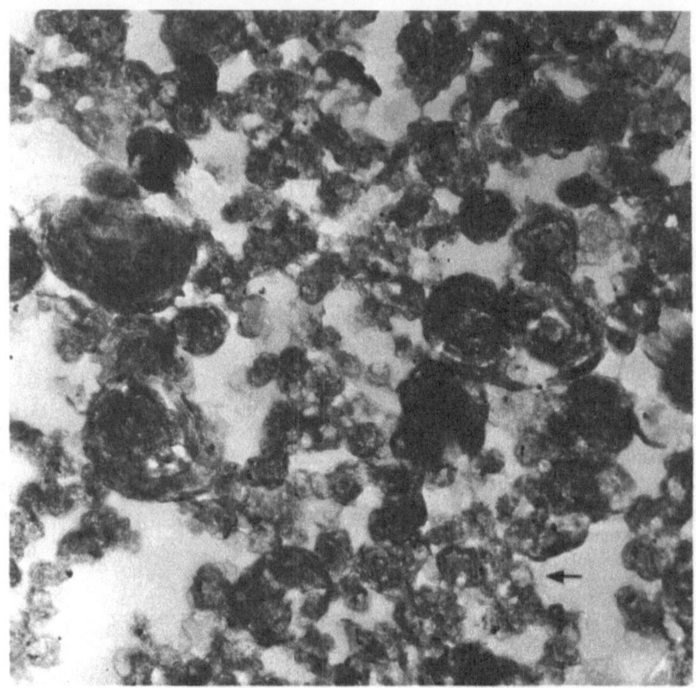

Abb. 7. Ein 70 000mal vergrößertes Bild eines Mikrotomschnittes (Epoxid-Einbettung) einer Pt-katalysierten Kohleschichte einer „fixed zone"-Elektrode der Union Carbide Corp. Das Kohlematerial ist Teflon-gebunden

Die poröse Nickelschicht besteht aus gesinterten Nickelteilchen, die durch Zersetzung von Nickelkarbonyl gewonnen wurden. Abb. 9 zeigt das Porenspektrum der 0,5–0,8 mm dicken Nickelschicht. Die unmittelbar auf den Nickelträger aufgespritzte Teflon-Kohlepulvermischung kann z.B. mit Azetylenruß hergestellt werden. Eine gute Leitfähigkeit dieser Zwischenschichte, die hauptsächlich Bindezwecken dient, ist notwendig.

Die Schichten mit aktiver Kohle enthalten gasaktiviertes Kohlematerial, das z.B. mit Teer oder Zucker gebunden wurde. Abb. 10 zeigt das Porenspektrum des Kohlematerials „S-100". Das Diagramm weist auf den großen Anteil der Poren unter 100 Å hin. Abb. 11 gibt einen Vergleich der Teilchendurchmesser in Relation zum anteilsmäßigen Gewicht der Teilchen. Die Auszählung erfolgte unter dem Mikroskop. Drei verschiedene Materialien wurden verglichen.

Technisch von Wichtigkeit ist die Möglichkeit, durch ein Spritzverfahren eine beliebige Gradation der Hydrophobierung zu erreichen, indem man für die aufgespritzten Lagen verschiedene Mischungen von Kohle und Plastik verwendet [19, 20]. In ähnlicher Weise kann man durch ein Druckverfahren eine Katalysatorschichte auf der Elektrolytseite auftragen. In späteren Variationen dieses Prozesses wurden statt einer Lösung von Polyäthylen (z.B. in Xylol) eine wässerige Suspension von Teflon verwendet. Die Menge des entfernten Wassers be-

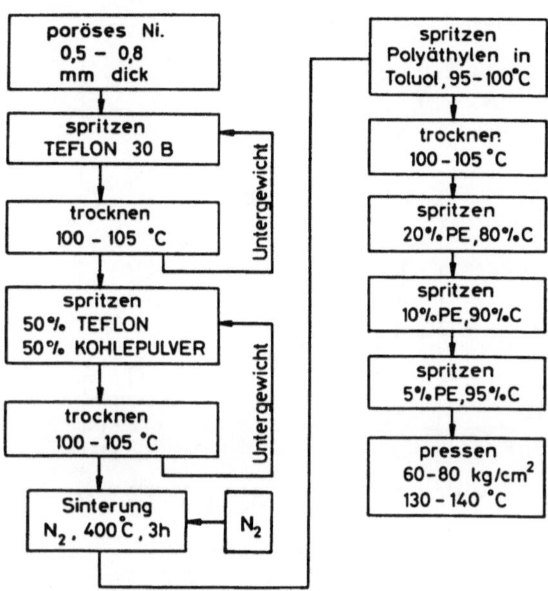

Abb. 8. Die Stufen des Herstellungsprozesses der „composite"- oder „fixed zone"-Elektroden sind in diesem Schema für PTFE-imprägnierte poröse Nickelfolien und Polyäthylen hydrophobierte Kohleschichten gezeigt. Später wurden alle Schichten mit PTFE-Suspensionen hergestellt und einem weiteren Sinterprozeß bei 300 °C unterworfen

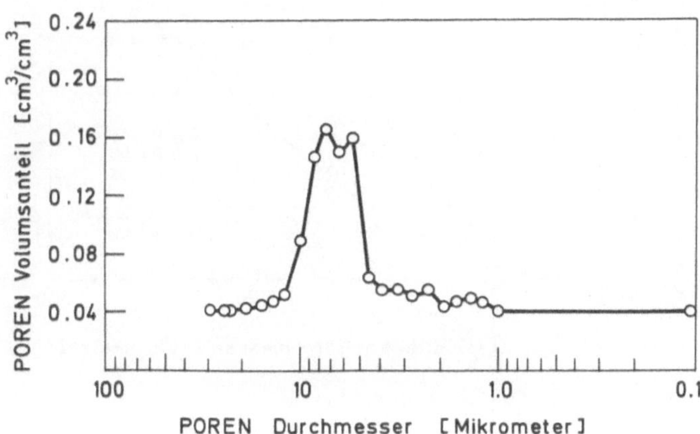

Abb. 9. Porenspektrum einer porösen Nickelschichte wie sie in den „fixed zone"-Elektroden der Union Carbide Corp. als Stromableiter verwendet wurde

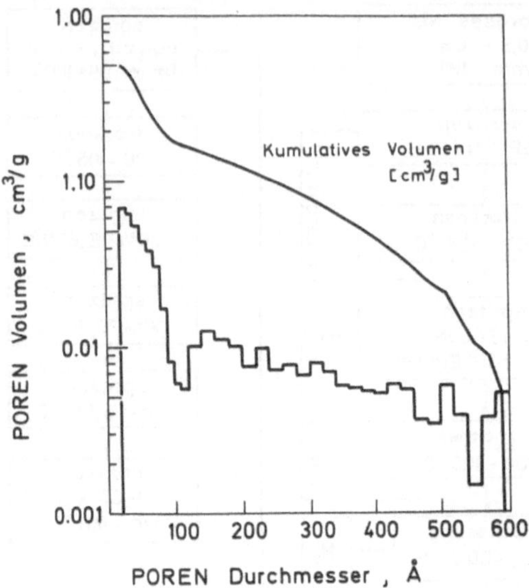

Abb. 10. Porenspektrum des Kohlematerials (S-100), das in den „fixed zone"-Elektroden der Union Carbide Corp. als Katalysatorträger verwendet wurde

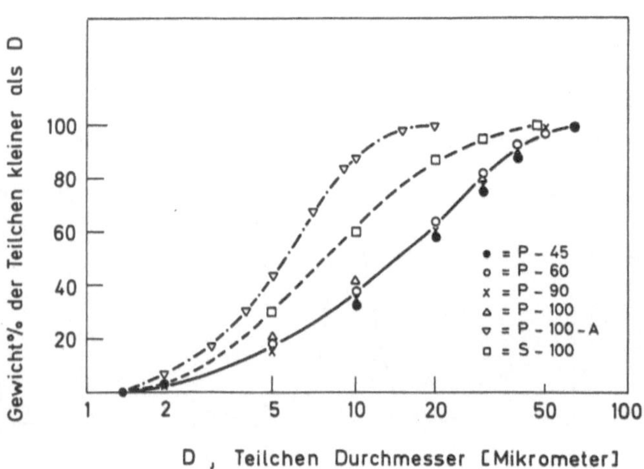

Abb. 11. Verteilung der Teilchen verschiedener Kohlematerialien, die in den „fixed zone"-Elektroden der Union Carbide Corp. verwendet wurden. *P* bezeichnet Teerkohle (pitch-carbon), *S* bezeichnet Zuckerkohle (sugar carbon). Die Zahlen (45, 60, 90, 100) beziehen sich auf die Tyler-Siebmaschenzahl (45 mesh = 350 μm, 100 mesh = 150 μm)

stimmte dann die Porosität der Elektrode. Durch nachfolgendes Sintern (z.B. 20 Minuten bei 300 °C) wird die Struktur noch weiter verfestigt.

Diese dünnen Wasserstoff- und Sauerstoffelektroden waren die Grundlage für die Union Carbide-Systeme (s. die Kapitel „Stationäre Systeme" und „Brennstoffzellen für Fahrzeuge"). Die folgenden Abb. 12, 13, 14 und 15 zeigen die unter verschiedenen Testbedingungen [21] „widerstandsfrei" gemessenen Stromspannungskurven von Zellen mit diesen Elektroden. „Widerstandsfrei" bedeutet, daß der Spannungsabfall an den „Ohmschen" Komponenten des Zellwiderstandes meßtechnisch (durch kurze Stromunterbrechungen oder durch Brückenmessung mit Wechselstrom) eliminiert wurde. Die meisten Konstruktionsunterschiede der Zellen werden dadurch berücksichtigt und die Ergebnisse erscheinen untereinander normalisiert.

Ein Nachteil der dünnen „fixed zone"-Elektroden war, daß schon geringe Druckdifferenzen zwischen Gas und Elektrolytseite das Gas zum Durchblasen brachten. Die Ursache war die schlechte Benetzbarkeit der hydrophoben Grenzfläche besonders auf der Sauerstoffseite, bemerkbar an den langen „break-in"-Perioden.

Diesem Umstand wurde durch die Konstruktion der sogenannten „reversed electrode", der umgekehrten „composite electrode", Rechnung getragen [22]. Eine doppelt poröse Nickelfolie wurde − ohne Hydrophobierung mit Teflon − auf der Elektrolytseite verwendet und die hoch hydrophobierte Kohleschichte auf der Gasseite aufgetragen. Die doppelt poröse Nickelschichte hatte die feinen Poren auf der KOH-Seite und die groben Poren waren der Kohleschichte zugewandt, eine Maßnahme, die einerseits eine gute kapillare Benetzung durch den Elektrolyten sicherstellte, und andererseits die aufgewalzte Teflon-gebundene Kohleschichte gut verankerte. Auf der Gasseite konnte dann noch eine poröse Teflon-Folie aufgebracht werden, oder die Rückseite wurde mit Teflon bespritzt (Heißluft-Sprühmethode). Bei Verwendung von Platinkatalysator war dieser in der Kohleschichte eingebaut. Abb. 16 zeigt die Konstruktion der „umgekehrten Elektrode".

Abb. 17 ist eine Scanning Electron Microscope-Aufnahme einer Elektrode, die der Skizze in Abb. 13 entspricht [23]. Diese Aufnahmen wurden im Zusammenhang mit Studien über die Eindringtiefe von Elektrolyten gemacht [24]. Diese Elektrode ist als „bifunktionelle" Elektrode zur Sauerstoffentwicklung in aufladbaren Zink-Luft-Batterien geeignet und man könnte sich die Methode der Zuhilfenahme einer dritten Elektrode ersparen [25].

Bei Verwendung in Nickeloxid-Wasserstoff-Zellen dient das feinporige Nickel als Elektrolytreservoir [26]. Die Leistungen dieser neuartigen Elektrode als Luft- oder Sauerstoffelektrode in Brennstoffzellen kann man aus Abb. 18 ersehen. Die Elektrode kann einem Gasdruck von einigen bar widerstehen, wenn die feinporige Nickelschichte mit Elektrolyt gefüllt ist. In dieser Hinsicht ist diese Elektrode eine Kombination der doppelporösen Nickelektrode von Bacon und der Teflon-gebundenen Kohleelektrode.

Union Carbide Corp. hat die Entwicklung von Elektroden für Brennstoffzellen in den Jahren 1975−1977 stark reduziert und danach nur mehr an Projekten auf dem Gebiet der Sauerstoff-Luft-Elektroden für die Chlor-Alkali-

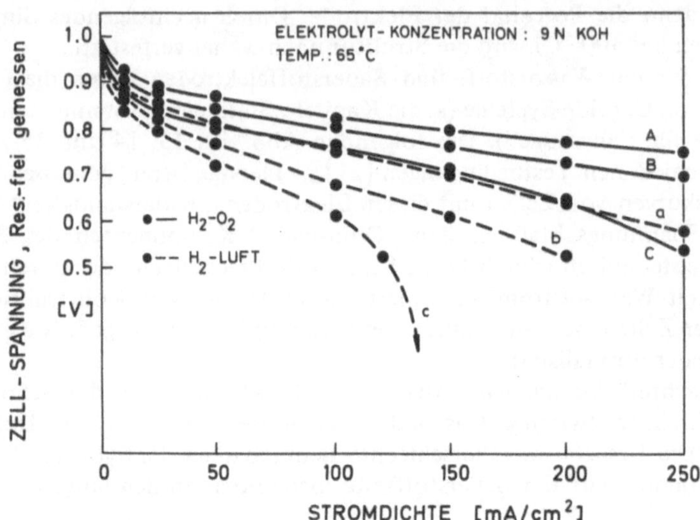

Abb. 12. Stromspannungskurven der „fixed zone"-Elektroden von Union Carbide Corp.: Leistungen bei Umgebungsdruck und bei erhöhtem Druck, mit Wasserstoff-Sauerstoff und mit Wasserstoff-Luft. *A,a* 1 bar Überdruck, *B,b* 0,7 bar Überdruck und *C,c* bei Umgebungsdruck. In der Auswertung nach Abschnitt 3.3.3 haben diese Elektroden eine Konstante *K* von etwa 1200 bis 1500

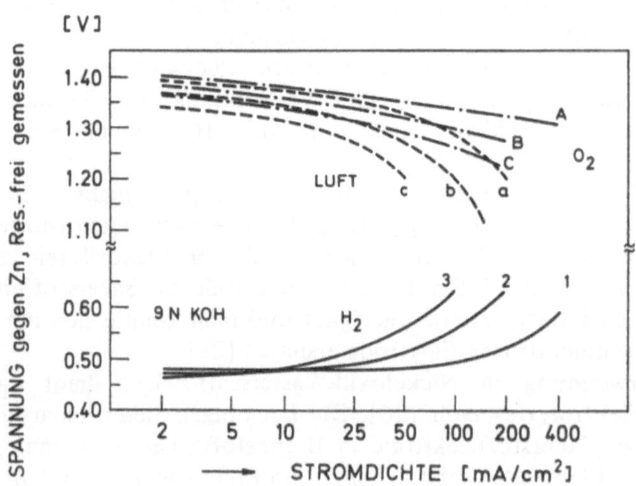

Abb. 13. Die „fixed zone"-Elektroden-Charakteristik getrennt in Anoden- und Kathoden-Polarisationskurven (Normaldruck, Zn als Bezugselektrode). Gezeigt wird der Temperatureffekt. *A,B,C* Sauerstoff, *a,b,c* Luft, *1,2,3* Wasserstoff. *A,a,1* 70°C, *B,b,2* 50°C, *C,c,3* 25°C. Mit 9-N Natronlauge ist der Temperatureffekt viel größer

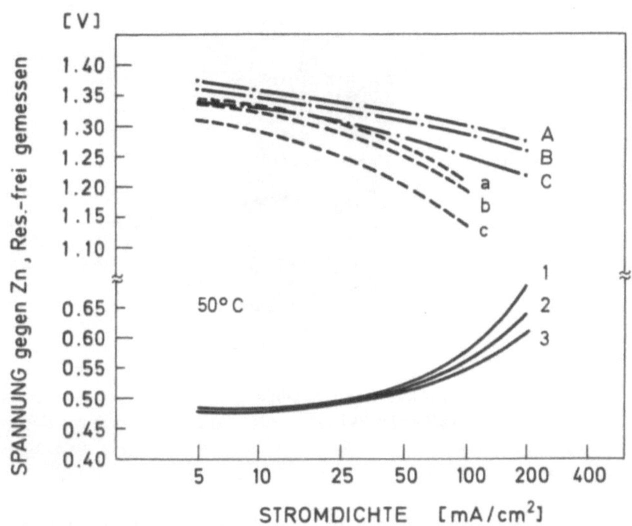

Abb. 14. Der Effekt der Elektrolytkonzentration auf die Polarisationscharakteristik der „fixed zone"-Elektroden der Union Carbide Corp. *A,B,C* Sauerstoff, *a,b,c* Luft, *1,2,3* Wasserstoff. *A,a,1* 12-N KOH, *B,b,2* 9-N KOH, *C,c,3* 6-N KOH. Bezugselektrode ist Zn, −0,47 V vs. H_2. Bei Verwendung von Natronlauge ist die Abhängigkeit von der Konzentration wesentlich stärker

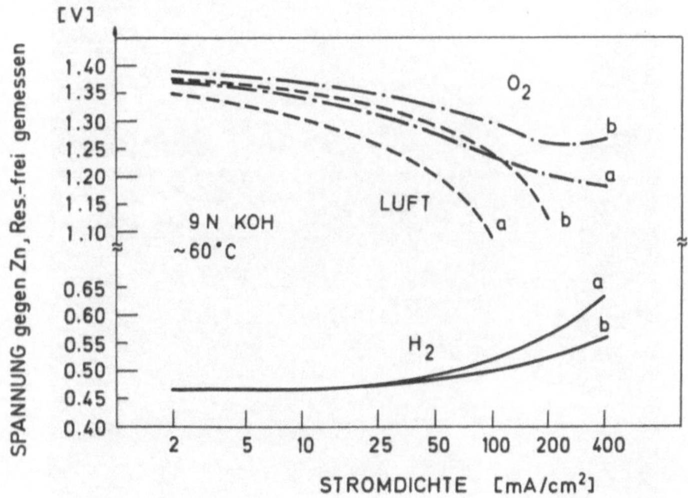

Abb. 15. Diese Abbildung zeigt das Phänomen der „break-in time". Die Kurven (*a*) wurden zwei Stunden nach Inbetriebnahme aufgenommen. Die Kurven (*b*) nach zwei Wochen Betrieb mit 50 mA/cm². Das Ansteigen der Sauerstoffkurve bei sehr hohen Stromdichten ist auf eine lokale Erhöhung der Temperatur während der Aufnahme der Polarisationskurve zurückzuführen

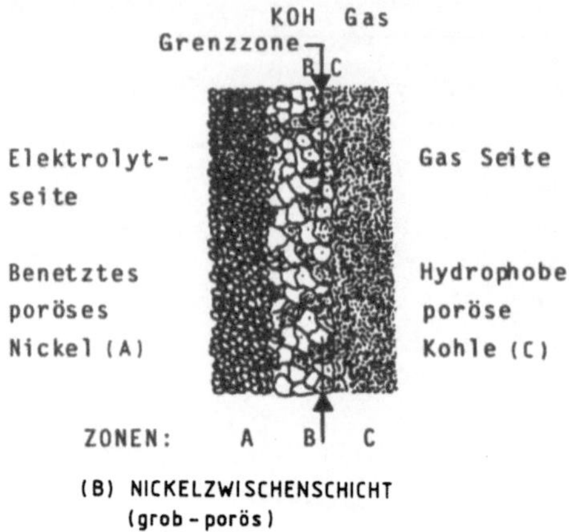

Abb. 16. Diese schematische Darstellung zeigt den Aufbau der sogenannten „umgekehrten Elektrode" von Union Carbide Corp. Diese Elektrode ist auch als „bifunktionelle" Elektrode, nämlich zur Sauerstoffentwicklung in aufladbaren Zink-Luft-Batterien geeignet

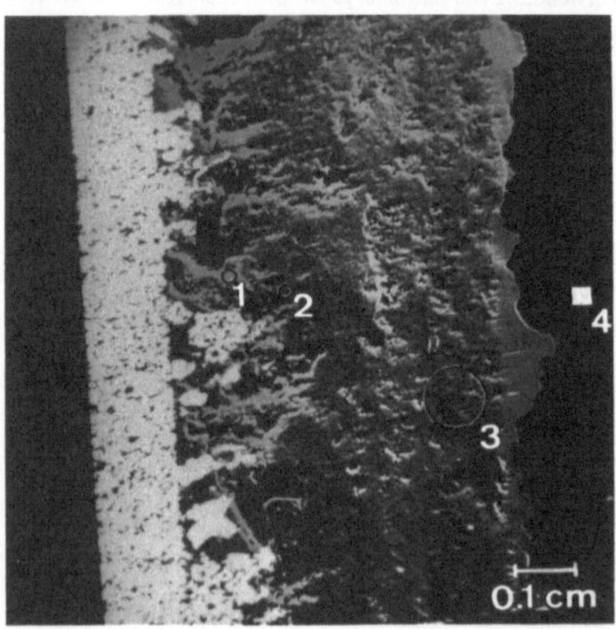

Abb. 17. Scanning-Electron-Microscope-Photo einer „umgekehrten" Elektrode. Dieses Bild (100mal) entspricht der Skizze in Abb. 16 mit dem Unterschied, daß auf der Gasseite noch ein Teflon-Spray aufgetragen wurde (Mikrotomschnitt: Zentrum für Elektronenmikroskopie, Graz)

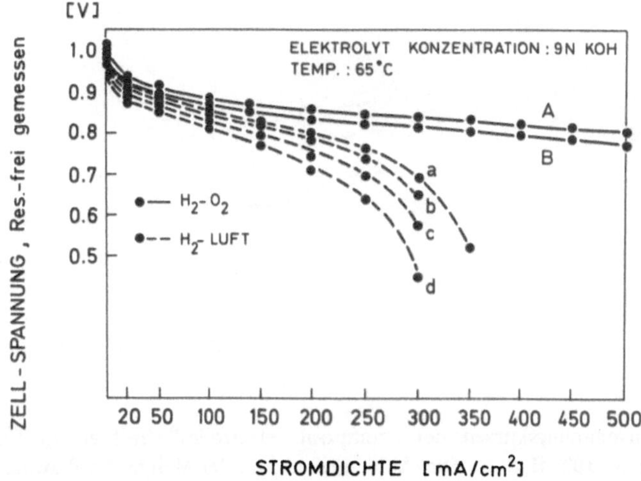

Abb. 18. Stromspannungscharakteristik der „umgekehrten", „bifunktionellen" Elektroden
von Union Carbide Corp. Die Druckabhängigkeit ist ein Kriterium für die Qualität der Gasdiffusionsschichte. Vom Katalysatorstandpunkt ist keine Begrenzung ersichtlich. *A* Sauerstoff
bei 1 bar Überdruck, *B* ohne Überdruck. *a* 1 bar, *b* 0,7 bar, *c* 0,3 bar Überdruck mit Luft,
d Luftbetrieb bei Umgebungsdruck. In der Auswertung nach Abschnitt 3.3.3 haben diese
Elektroden eine Konstante von etwa 2000 bis 2500

Industrie (Wasserstoffverzehr) weitergearbeitet. In Zusammenarbeit mit Diamond-
Shamrock Corp. wurden „composite electrodes" weiterentwickelt, mit dem
Ziel, die Katalysatormenge herabzusetzen und die Kosten des Nickelkollektors
zu verringern.

7.3.6 Elektroden für saure Elektrolyte

Union Carbide Corp. hatte in den Jahren 1968–1970 ein intensives Programm zur Entwicklung von Elektroden für saure Elektrolyte. Hauptziel war
die Herstellung von Elektroden mit niedrigen Kosten. Anstelle der porösen
Nickelfolien oder Nickelgitter zur Stromableitung wurden Kohlevliese verwendet, die von der Carbon Division der Corporation für andere Zwecke in großen
Mengen hergestellt wurden.

Diese Umstellung auf Kohleelektroden ohne Metallableitungen machte es
notwendig, Zellen nach dem bipolaren Bauprinzip zu konstruieren, so wie die
früheren „baked carbon" (Platten- oder Block-)Elektroden, nur daß jetzt dünne,
flexible Elektroden erwünscht waren.

Abb. 19 zeigt die Leistungsfähigkeit der „composite electrodes" aus dem
Jahre 1964, wenn anstelle eines Nickelgitters ein Tantalgitter verwendet wurde.
Der Elektrolyt war 10% Schwefelsäure.

In einem Kontrakt mit der U.S. Army wurden „low cost electrodes" für die
Verwendung in phosphorsauren Elektrolyten entwickelt [27].

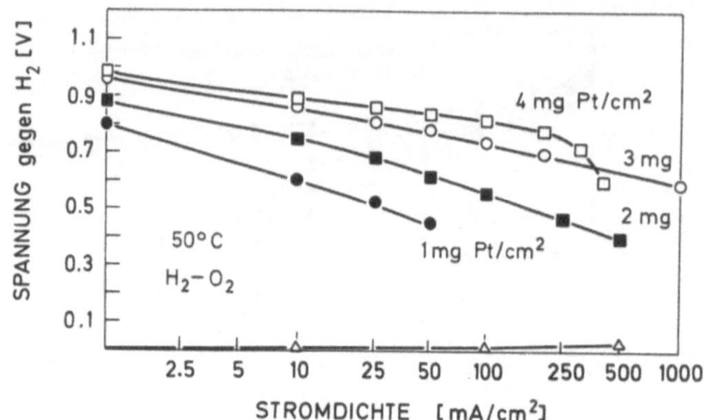

Abb. 19. Stromspannungskurven der „composite electrodes" (mit einem Tantalgitter als Stromableitung) in 10% H_2SO_4. Die Abhängigkeit von der Menge des Platinkatalysators ist bemerkenswert

Der Herstellungsprozeß wurde in einem Patent [28] festgehalten. Die Verringerung des Widerstandes des Kohlesubstrates war eine Aufgabe für Kohlespezialisten [29].

Die Spannungen dieser Luft-Wasserstoff-Zellen (einschließlich des Widerstandsabfalls) waren 0,71 V bei 50 mA/cm², 0,61 V bei 100 mA/cm² und 0,51 V bei 150 mA/cm². Die Arbeitstemperatur war 135 °C. Diese Kohleelektroden waren überraschend unempfindlich gegen Kohlenmonoxid. Die Lebensdauer der besten Zelle im Jahre 1972 war 8000 Stunden mit einer Endspannung von 0,55 V bei 80 mA/cm². Die Zellenanordnung für die Testzellen ist in Abb. 20 dargestellt. Alle Materialien waren aus Kohle.

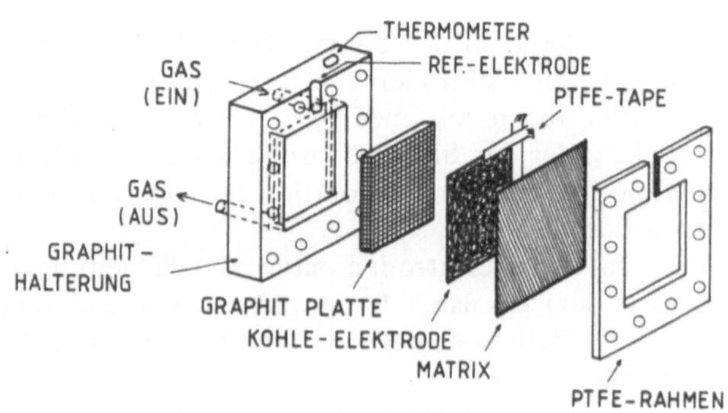

Abb. 20. Die Meßanordnung für Einzelzellen. Die Konstruktion war die einer Matrixzelle. Als Matrixsubstanz wurden zuerst Gewebe aus Tantaloxid und später die Phenolharzfasermatten von Energy Research Corp. verwendet

7.4 Die Elektroden der United Technologies Corp. (UTC)

Die meisten der Patente, die sich auf das gegenwärtige UTC-Brennstoff-zellensystem mit Phosphorsäure als Elektrolyt beziehen, wurden in den Jahren 1974/75 angemeldet. Eine ausführliche Patent- und Literatursammlung über Kohleelektroden für phosphorsaure Brennstoffzellen ist verfügbar [30].

Zu dieser Zeit wurde es deutlich, daß alkalische Zellen die Anforderungen, die an ein System mit Kohlenwasserstoffen als Brennstoff gestellt werden, nicht erfüllen können. Man hat zwar versucht, alkalische Systeme mit Wasserstoff aus Wasserdampfreformern zu betreiben, doch erkannte man bald, daß die Reinigung des Wasserstoffes einen zu großen Aufwand erforderte. Der Kohlen-monoxidgehalt konnte durch die Shift-Reaktion auf wenige Prozente erniedrigt und das Kohlendioxid durch Adsorptionsanlagen auf unter 1% gebracht werden, aber diese Mengen waren für ein alkalisches System noch zu hoch. Der hohe Widerstand der Phosphorsäure war zwar ein Nachteil, aber er wurde durch die Unempfindlichkeit dieses Elektrolyten gegen Kohlendioxid bei weitem aufgehoben.

Die Verwendung der Phosphorsäure schließt eine Metallkontaktierung aus und es müssen alle Materialien aus Graphit oder Kohlenstoff bestehen. Die Anwendung von Platin oder Spezialmetallen wie z.B. Wolfram oder Tantal in Form von Netzen zur Stromabnahme ist zu kostspielig. Kohlematerialien haben einen wesentlich größeren Widerstand als Metalle und eine Randableitung des Stromes ist nicht möglich. Aus diesem Grund mußte die bipolare Zellenkonstruktion gewählt werden. Diese Konstruktion ist besonders einfach mit immobilisierten (Matrix-)Elektrolyten ausführbar. Flüssige, umgepumpte Elektrolyte würden zu beträchtlichen parasitären Stromverlusten führen.

Kenntnisse über Eigenschaften von Kohlematerialien und die Herstellung von Katalysatoren wurden bereits früher von United Aircraft Corp. (späterer Name United Technologies Corp.) an alkalischen Systemen erworben. Diese können zum Großteil auch auf Phosphorsäuresysteme angewandt werden. Neue Erkenntnisse über Substratstrukturen und die Herstellung von bipolaren Elektroden mußten jedoch erworben werden.

Abb. 21 zeigt die bipolare Elektrodenanordnung in den Zellen der United Technology Corp. In der abgebildeten Konstruktion wird die Elektrode aus einer Substratschicht und einer Katalysatorschichte gebildet. In neueren Konstruktionen werden die beiden Katalysatorschichten auf die Matrix aufgebracht, wodurch eine Vereinfachung des Zusammenbaus und eine Verringerung der Bestandteile erreicht wird.

7.4.1 Substrate

Die porösen Substrate oder Träger, auf welche die aktiven katalysierten Kohlelagen aufgebracht werden, müssen eine hohe Leitfähigkeit besitzen. Als Ausgangsstoffe dienen daher verkohlte Papier-, Gewebe- oder Filzmaterialien.

Ein Patent [31] beschreibt ein Substrat, das aus einem karbonisierten Phenol-Formaldehyd-Harz („Novolack") besteht. Auch Gewebe aus „Nylon"

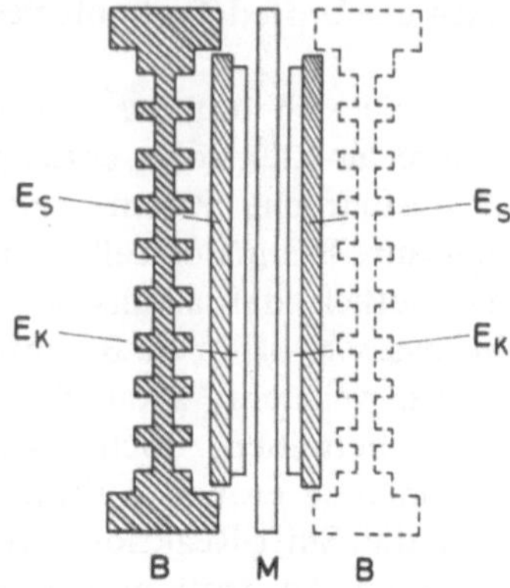

Abb. 21. Die bipolare Elektrodenanordnung in den Zellen der United Technology Corp. B bezeichnet die bipolaren Leiterplatten (gasundurchlässig), M ist die Matrix mit Phosphorsäure gefüllt, E_S und E_K bilden die beiden Elektroden E, wobei S das Substrat (Kohleträger) und K die Katalysatorschicht angeben

oder „Rayon" kann man z.B. bei 1300 °C verkohlen. Ein solches „Kohlepapier" muß dann zur Vergrößerung der Leitfähigkeit mit pyrolytischem Kohlenstoff gefüllt werden. Einige solche UTC-Verfahren werden in der Patentliteratur beschrieben [32, 33, 34].

Solche Substratmaterialien sind heute von mehreren Firmen erhältlich und können für spezielle Elektroden hergestellt werden. Hersteller sind z.B. Toyoba Co. in Japan, Union Carbide Corp. oder Stackpole in den U.S.A. und Sigri GmbH in Europa.

7.4.2 Elektrodenstrukturen

Um Elektroden herzustellen, müssen die Substrate hydrophobiert und katalysiert werden, oder es muß eine zusätzliche Schichte, die den Edelmetallkatalysator und das Bindemittel enthält, aufgetragen werden.

Ein Patent [35] beschreibt folgendes Verfahren: Ein mit pyrolytischem Kohlenstoff verdichtetes Kohlepapier wird mit PTFE-Suspension (z.B. Dupont Co. – TFE-30) imprägniert und dann eine Stunde lang auf nahezu 100 °C erhitzt, um das Wasser zu entfernen. Darauf folgt eine Sinterperiode von etwa 5 Minuten bei 300 °C. Anschließend wird eine Schichte mit folgender Zusammensetzung aufgetragen: 50% PTFE, 45% Graphit und etwa 5% Platinkatalysator. Erfindungsgemäß enthält der Edelmetallkatalysator auch noch Anteile von Wolframoxid und Rhodium.

Ein anderes Patent [36] beschreibt ebenfalls ein poröses, leitfähiges Kohlesubstrat, das den Träger für eine aktive Elektrodenschicht darstellt. Die Elektrode selbst besteht aus abwechselnden Schichten von porösem, hydrophobem und hydrophilem Material. Die hydrophoben Schichten werden von submicrongroßen Teilchen aus Teflon gebildet und die Katalysator-enthaltenden hydrophilen Lagen bestehen aus Platin, das auf Ruß aufgetragen ist. Eine geringe Menge von Teflon dient als Bindemittel.

Die entsprechende Herstellungsvorschrift besagt folgendes: Eine Dispersion bestehend aus 1,19 g Katalysator (20% Platin und 80% Ruß der Type Vulcan XC-72) in 500 ml Wasser, 1500 ml Isopropanol und 60 mg von „Teflon 30" wird mit Hilfe einer Ultraschallanlage hergestellt, 80 ml der obigen Suspension werden benötigt, um auf einer Filterfläche von 680 cm^2 eine Katalysatorschichte von 10 Micron aufzubringen.

Für die hydrophobe Schichte wird viel mehr Teflon verwendet. Die Dispersion wird aus 3,945 g „Teflon 30" in 500 ml Wasser und 1500 ml von Isopropanol hergestellt. Eine 10 μm dicke Schichte wird wie oben hergestellt.

Während die soeben beschriebene Elektrodenkonstruktion die benötigten Mischungsverhältnisse zur Herstellung von Elektrodenschichten beschreibt, dürfte sie in der Praxis jedoch nicht angewandt worden sein.

Eine Elektrode, die eine bestimmte Porenstruktur mit Hilfe der Beimengung eines Füllmaterials besitzt, wird in einem weiteren UTC-Patent beschrieben [37]. Zinkoxid wird in die Teflonsuspension eingemischt, worauf sich Agglomerate bilden, die dann anschließend in eine Katalysator-Kohlesuspension eingetragen werden. Nach Filtration der Suspension wird die Filterschichte getrocknet, gepreßt und gesintert. In allen Suspensionen wird die Zugabe von Isopropanol empfohlen, um temporär die nicht benetzenden Eigenschaften des Teflons aufzuheben. Die Sintertemperatur ist üblicherweise 320−340 °C und wird für eine Dauer von 10 Minuten gehalten. Anschließend wird das Zinkoxid herausgelöst.

Eine Serie von Patenten [38, 39] beschreibt die Katalysierung von Elektroden mit Edelmetallkatalysatoren nach der Herstellung der Elektrodenstruktur. In diesem Fall werden Metallsalze in wässeriger Lösung unter Zuhilfenahme von Alkohol als Benetzungsmittel auf die Elektrodenoberfläche aufgebracht.

Zur Verbesserung der Haftung des Platinkatalysators und zur Verhinderung der Agglomerierung der Platinteilchen wurde die Abscheidung von Kohlenstoff aus der Gasphase vorgeschlagen [40].

7.5 Die Elektroden der Energy Research Corp. (ERC)

Die Elektroden der ERC sind PTFE-(„Teflon")-Kohleelektroden. Die Beladung mit Platinkatalysator der neueren Elektroden beträgt nur mehr 0,25 mg/cm^2. Als Träger dient ein Azetylenruß von hoher Beständigkeit unter Betriebsbedingungen, die auch Teillast und höhere Drücke bei Temperaturen bis 190 °C einschließen. Bei einer Stromdichte von 100 mA/cm^2 beträgt die Zellspannung 0,72 V. Ein graphitisches Kohlefasermaterial als Trägerschichte wird ebenfalls auf seine Korrosionsfestigkeit untersucht.

Die Methode, eine PTFE-gebundene poröse Elektrodenträgerschichte herzustellen, wird in einem Patent [41] wie folgt beschrieben: Eine Mischung aus sehr reinem gepulvertem Graphit und 7,5% PTFE-Pulver wird in einem Hochgeschwindigkeitsrührer drei Minuten lang mit einer leichten Petroleumfraktion vermengt. Anschließend wird die sehr homogene Suspension zentrifugiert und der teigige Rückstand auf eine Dicke von 0,2 mm ausgewalzt. Dies erfolgt in etwa 10 Walzvorgängen, welche die Graphit-PTFE-Mischung zu so einer Konsistenz bringen, daß sie selbsthaftend wird und ihr eigenes Gewicht tragen kann. Der getrocknete Film wird dann unter einem Druck von ungefähr 27 kg/cm² gepreßt. Die Porosität des Materials beträgt etwa 55% und die Leitfähigkeit in der Ebene der Folie beträgt etwa 0,05 Ohm·cm, senkrecht zur Folienebene 0,07 Ohm·cm.

In einem weiteren Patent [42] wird die Herstellung der PTFE-gebundenen Kohle-Katalysatorschichte beschrieben: 10 g Zucker werden zu einem sehr feinen Pulver gemahlen und mit 3 g Platinschwarz und 1 g gepulvertem PTFE in 200 ml Leichtpetroleum fünf Minuten lang gemischt. Die homogene Suspension wird dann filtriert bzw. zentrifugiert. Der Filterrückstand ist das Ausgangsmaterial für einen Teig, der nach dem Auswalzen zwischen zwei Rollen eine Folie ergibt, die 3 g Platin auf etwa 900 cm² Oberfläche enthält. Die Folie wird, um das Leichtpetroleum zu entfernen, getrocknet und anschließend mit heißem Wasser auf einer Vakuumsiebplatte gewaschen, wodurch der Zucker herausgelöst wird.

Die poröse Platinelektrode wird zwischen zwei Cellophanfolien bis auf einen Enddruck von etwa 170 bar gepreßt. Nach Entfernung des Cellophans wird diese Schichte auf die oben beschriebene Trägerschichte unter einem Druck von etwa 30 bar aufgepreßt, um eine gute Verbindung zwischen Elektrode und Graphitunterlage zu sichern. Schließlich wird die zusammengesetzte Elektrode bei 325 °C ungefähr 15 Minuten lang gesintert. Eine solche Elektrode gibt bei einer Stromdichte von 100 mA/cm² als Luftelektrode in Phosphorsäure bei 130 °C eine Spannung von 0,67 V.

Anstelle von Zucker kann auch Zinkoxid als Füllstoff verwendet werden. In diesem Fall muß jedoch verdünnte Schwefelsäure als Waschmittel dienen.

Die Matrix zum Aufsaugen der Phosphorsäure bestand früher aus einem phenolischen Fasermaterial, ähnlich den Separatoren in Bleibatterien, aber das Elektrolytvolumen, das darin gehalten werden konnte, war nicht ausreichend, und der Widerstand gegen Gasdurchbrüche, besonders bei höheren Drücken, war unbefriedigend. Eine verbesserte Matrix verwendet Siliziumkarbidpulver; damit wurden über 16 000 Betriebsstunden erreicht.

Die bipolaren Platten, die als Scheider zwischen den Elektroden dienen, müssen eine hohe Korrosionsfestigkeit gegen Phosphorsäure zeigen und eine gute Leitfähigkeit besitzen. Das ursprünglich verwendete, mit Phenolharz gebundene Material wurde durch Erhitzen graphitiert und damit wesentlich verbessert.

7.6 Die Elektroden der Engelhard Corp. (EC)

Als „Standard"-Katalysatormischung für beide Elektroden wurde Platinschwarz mit einer anfänglichen Oberfläche von 60 m²/g in einer Menge von 1 g auf 10 g Kohle verwendet. Dieser Katalysator zeigte Sintererscheinungen und Aktivitätsverluste und wurde durch ein verbessertes Material mit mehr als 1500 Stunden Stabilität und einer Oberfläche von 80 m²/g ersetzt. Die Katalysatorverteilung betrug schließlich 0,5 g Pt pro cm² der geometrischen Elektrodenoberfläche [43].

Studien von Platinmetallegierungen, die bei Engelhard Corp. durchgeführt wurden [44], ergaben, daß Mischkatalysatoren wie z.B. 95% Pt, 5% Ru oder 95% Pt, 5% Ir oder Rh als Anodenkatalysatoren für die Methanoloxidation in Phosphorsäure besonders geeignet waren.

Eine zusammengesetzte Struktur für eine Matrix wird in einem Patent [45] beschrieben. Die Matrix besteht aus zwei PTFE-gebundenen Schichten, von denen eine Kohlepulver und die andere einen inerten Füller enthält.

Ein weiteres Patent [46] beschreibt eine Brennstoffzellenanode für saure Elektrolyte, wobei die Legierungen von Platin und Osmium bzw. Platin und Ruthenium Zusätze von 2–4% Gold, Silber, Palladium und anderen Edelmetallen haben.

7.7 Die Kohleelektroden anderer Hersteller

7.7.1 „Kocite"

Energy Research Corp., Danbury, Conn. und Universal Oil Products Co., Des Plaines, Ill., berichteten über Elektroden für Brennstoffzellen mit einem Katalysator, der aus Aluminiumoxid und pyrolytischer Kohle zusammengesetzt war. Der Handelsname dieses Materials ist „Kocite". Ein Programm, das die Stabilität von diesem Elektrokatalysator untersuchte, wurde von EPRI gefördert [47].

Das Prinzip dieser Katalysatorherstellung ist die Abscheidung von Kohlenstoff aus der Gasphase durch die pyrophore Zersetzung (über 600 °C) einer organischen Verbindung (z.B. von Cyclohexan) oder ihrer Bruchstücke auf der Oberfläche einer großoberflächigen Substanz wie z.B. Aluminiumoxid. Das Verfahren ist in einem Patent festgelegt [48]. In einer neueren Version wird das Aluminiumoxid mit Säure herausgelöst.

Elektroden werden aus diesem Material hergestellt, indem man trockenes PTFE-Pulver, einen Füller, eine Trägerflüssigkeit dazumischt und die entstehende Masse einem Filter- oder Zentrifugierprozeß unterwirft. Die gewalzte Folie wird auf ein Kohlefaserpapier aufgepreßt und einem Sinterprozeß unterworfen. Eine typische Elektrodendicke ist 0,5 mm, wobei 0,1 mm von der Katalysatorschichte eingenommen wird [49].

7.7.2 Prototech-Elektroden

Prototech Comp., Newton Highlands, MA 02161, U.S.A., erzeugt einen PTFE-gebundenen Kohle-Platin-Katalysator, der sich durch eine besonders gut verteilte Form von Platin auszeichnet. Die Teilchengröße soll zwischen 15 und 25 Å liegen. Diesbezügliche Patente [50, 51] beschreiben die Herstellung des kolloidalen Platins auf Kohle, z.B. 10% Pt auf Vulcan XC-72. Ausgangsmaterial ist $H_3Pt(SO_3)_2OH$, saures Platinsulfit, das thermisch zersetzt wird. Die Herstellung dieser Säure erfolgt durch Zufügen von $NaHSO_3$ zu einer neutralen Lösung von Natriumchloroplatinat, bis der pH-Wert auf ungefähr 4 absinkt, worauf dann Natriumkarbonat zugefügt wird, bis der pH-Wert auf 7 steigt. Nach Austausch des Natriums gegen Wasserstoff mit Hilfe eines Ionenaustauschers wird SO_2 freigesetzt. Ein kolloidales Sol ensteht beim Erhitzen in Luft auf 135 °C. Dieses wird auf die Kohle aufgebracht und wirkt als Katalysator.

7.7.3 Diamond-Shamrock Corp., Painesville, Ohio

L. J. Gestaut [52] untersuchte die Polarisation von Platin-Kohle-Elektroden, insbesondere den Effekt der Gasdiffusion. Testelektroden wurden hergestellt, indem die nötigen Mengen von Platin aus der Salzlösung mit Kaliumborohydrid reduziert und auf Kohle abgeschieden wurden. Das Platin-Kohlematerial wurde mit Teflon-Suspension gemischt und in eine dünne Schichte verarbeitet. Eine poröse, hydrophobe Schichte und ein Stromkollektor wurden auf der Gasseite hinzugefügt und ergaben damit die fertige Elektrode. Der Elektrolyt war 10 molare Lauge, die Arbeitstemperatur 60 °C. Die Kathoden wurden mit 155 mA/cm² belastet und der Unterschied zwischen Luftbetrieb und Sauerstoffbetrieb wurde gemessen. Lebensdauerkurven zeigten ein deutliches Minimum der Gasdiffusionspolarisation. Als Erklärung wurde die optimale Eindringtiefe des Elektrolyten angegeben. Die Abhängigkeit vom Platingehalt der Elektroden erwies sich als geringfügig. Platinmengen, größer als 2 mg Pt/cm², waren nicht nur überflüssig, sondern sogar nachteilig.

Der Einfluß der Vorbehandlungen des Kohlematerials, das für poröse Sauerstoffelektroden verwendet wird, wurde untersucht [53]. Um die Peroxidzersetzung und die Korrosionsfestigkeit des Kohlematerials zu verbessern, wurden verschiedene Methoden der Wärmebehandlung und Kohleaktivierung in der Gasphase angewandt [54]. Es wurde gefunden, daß eine Ammoniakbehandlung die Kathodenleistung in den ersten 500 Stunden verbessert.

7.7.4 ELTECH Systems Corp.

Diese Firma in Fairport Harbor, Ohio, wurde im Zusammenhang mit den Arbeiten bei Diamond-Shamrock Corp. gegründet. Die dort erzeugten Kohleelektroden waren als Sauerstoffelektroden für Chloralkali-Elektrolyseanlagen bestimmt [55]. In dieser Anwendung müssen die Kathoden bei einer Stromdichte von 3,1 kA/m² (das sind 310 mA/cm²) über eine Zeitspanne von zumindest einem Jahr funktionieren. Der Elektrolyt ist Natronlauge und die Arbeitstemperatur liegt bei 80 °C. Es gelang, Elektroden von über 1 m² geometrischer Oberfläche über ein Monat hindurch, praktisch ohne Leistungsabfall, in Betrieb zu halten. Um den hydrostatischen Druck des Elektrolyts zu kompensieren, wurde zunächst mit Überdruck gearbeitet. Dies hatte eine ungleichmäßige Gasung der Elektrode zur Folge. Segmentierte Luftkammern hinter den Elektroden erlaubten eine graduelle Angleichung des differentiellen Druckes. Eine bemerkenswerte Variation der Zellenkonstruktion beinhaltete eine Krümmung der Elektroden, wodurch thermische Ausdehnungsverschiedenheiten reversibel aufgefangen wurden [56].

7.7.5 Die Elektroden von Occidental Chemical Corp./Alsthom Cie.

Ein Entwicklungsprogramm für Wasserstoff-Luft-Brennstoffzellen wurde im

Jahre 1978 von der Firma Occidental Chemical Corp., South Niagara Falls, New York, finanziert. Das Ziel war, das Alsthom-Konzept alkalischer Zellen kommerziell zu entwickeln. Bis zu diesem Zeitpunkt wurde die Entwicklung bei Alsthom in den Laboratorien von Massy, Frankreich, durchgeführt. Die Konstruktion benützt billiges thermoplastisches, leitfähiges Material und vermeidet komplizierte Methoden der Herstellung. Das Grundmaterial ist Polypropylen in leitfähiger und nicht leitfähiger Form, woraus die Zellbestandteile gleichzeitig extrudiert werden. Die so entstehende bipolare Zellkonstruktion eignet sich für die Massenherstellung [57].

Typische Leistungsdaten
der Oxyhydrogenzelle von Occidental Chemical Corp.

Stromdichte	$150\ mA/cm^2$
Zellspannung	0,80 V
Wirkungsgrad (O.H.W.)	54%
Energiedichte	$12\ W/dm^2$
Batterie-400-Zellen	19 kW
Arbeitstemperatur	75 °C
Elektrolyt	KOH oder NaOH
Lebenserwartung der Anoden	8000 Stunden
Lebenserwartung der Kathoden	3000 Stunden

Die Herstellungskosten wurden von Occidental Chemical Corp. auf etwa US $ 100 pro kW geschätzt, ein sehr niedriger Wert! Die Kosten für ein totales System, so wie es für Chlor-Alkali-Fabriken geeignet wäre, würden nur etwa US $ 200–300 betragen.

Dasselbe System ist angeblich auch für saure Zellen gut geeignet. Unter den entsprechenden Betriebsbedingungen hofft man auf 20 000 Stunden Lebensdauer.

7.7.6 Die Kohleelektroden von ELENCO n.v.

Electrochemische Energieconversie N.V. (ELENCO) wurde im Januar 1976 von Bekaert (Zwevegem, Belgien), DSM (Geleen & Heerlen, Holland) und SCK-CEN (Mol, Belgien) gegründet. Der Zweck war die Entwicklung eines Wasserstoff-Luft-Brennstoffzellensystems mit alkalischem Elektrolyt. Die Elektroden sind „fixed zone electrodes", die aus PTFE-gebundener Kohle mit einem Edelmetallkatalysator bestehen [58]. Als Katalysatoren wurde zunächst Platin und Palladium in der Anode und Silber in der Kathode verwendet. Die Mehrschichtelektrode besteht aus einem metallischen Gitter auf der Elektrolytseite, zwei katalytischen Schichten und einer porösen PTFE-Schichte. Die Konstruktion dieser Elektrode ist schematisch in Abb. 22 dargestellt. Ein Beispiel für eine solche Elektrode ist im Folgenden angegeben:

1. Dicke: der metallischen Ableitung $300\ \mu m$
       der ersten katalytischen Schichte $40\ \mu m$
       der zweiten katalytischen Schichte $80\ \mu m$

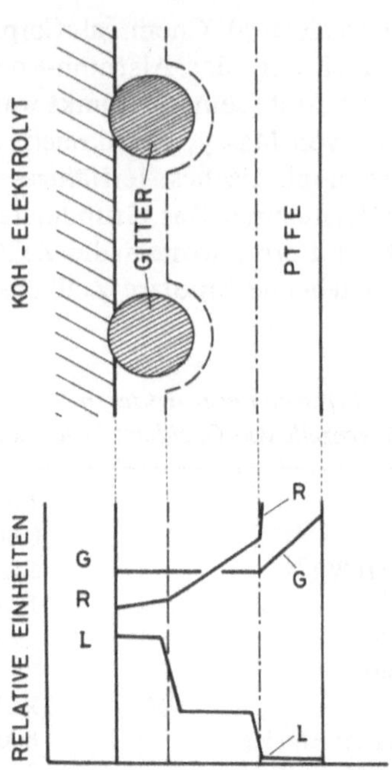

Abb. 22. Ein Schnitt durch eine Elektrode von ELENCO n.v. mit Angaben über die Profilwerte von R, des elektrischen Widerstandes, von G, der Gaspermeabilität und L, der Lösungs- oder Elektrolytpermeabilität. Die angegebenen Werte sind relativ zu betrachten, die Skala ist als beliebig anzunehmen. Die Elektrodendicke ist 400 μm

>   der porösen PTFE-Schichte   180 μm
>   nach Beendigung der Rollprozesse, Elektrodendicke   400 μm

2. Metallische Ableitungen:
    Nickelnetz, Streckmetall, Gewicht: 75 mg/cm^2

3. Katalytische Schichten mit 8–25% PTFE
    Anode: 0,4 mg (Pt-Pd)/cm^2 (0,53 mg Pt-Pd/g Kohle)
    Kathode: 0,86 mg Ag/cm^2 (1,32 mg Ag/g Kohle)
    Porosität: 60–70%

4. Die PTFE-Schichte wiegt 14 mg/cm^2 und hat eine Porosität von 50%.

Die Herstellung bedient sich der Rollmethode bei Zimmertemperatur. Die Porosität wird durch den PTFE-Gehalt und das Ausmaß des Rollens bestimmt. Die zwei katalysierten Schichten haben eine verschiedene Porosität und Hydrophobizität. Die Polarisation der Elektroden als Funktion des Prozentgehaltes an PTFE geht durch ein Minimum, das zwischen 10 und 15% liegt, vom Betriebsgas (Wasserstoff oder Luft), von der Stromdichte und vom Gasdruck abhängig ist. Die Abb. 23 und 24 zeigen diese voneinander abhängigen Parameter.

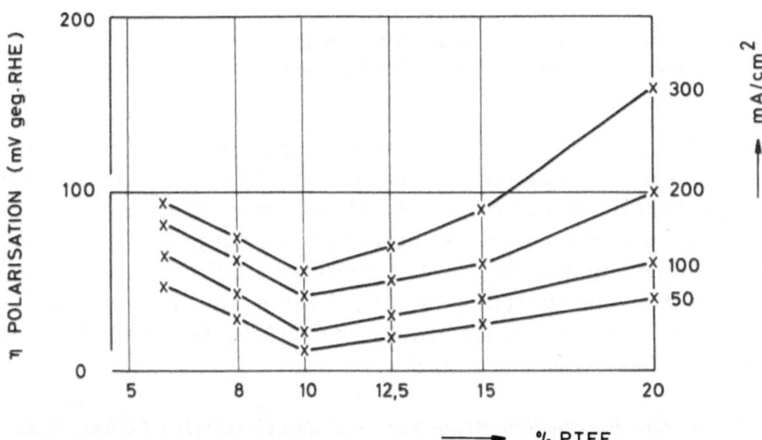

Abb. 23. Abhängigkeit der Anodenpolarisation einer ELENCO-Elektrode, gemessen gegen eine ruhende Wasserstoffelektrode (in mV), vom Prozentgehalt an PTFE in der Elektrodenmasse und von der Stromdichte

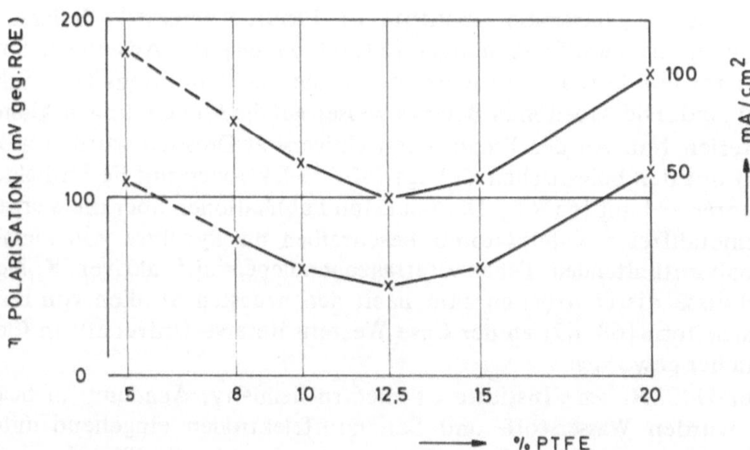

Abb. 24. Abhängigkeit der Kathodenpolarisation einer ELENCO-Elektrode, gemessen gegen eine ruhende Sauerstoffelektrode (in mV) vom Prozentgehalt an PTFE in der Elektrodenmasse und von der Stromdichte

5. Die elektrochemischen Charakteristika (8 M KOH, 65°C):
   Zu Beginn: 50 mA/cm² 0,82 V, 100 mA/cm² 0,70 V
   Nach 1000 Stunden: 50 mA/cm² 0,79 V, 100 mA/cm² 0,75 V.
   Eine im Jahre 1979 ausgeführte Analyse der widerstandsfreien Polarisations-kurven nach der Methode von Kordesch (Beschreibung in Abschnitt 3.3.3) ergab einen Wert für $K = 1267$ (bar, mA/cm²), ähnlich wie in Abb. 11.

6. Langzeitversuche:
   Bei kontinuierlicher Belastung: über 5000 Stunden
   In intermittierenden Versuchen: über 3000 Stunden

Eine ausführliche Beschreibung der Herstellung und Prüfung der ELENCO-Elektroden ist in der Dissertation von Dr. A. Blanchart enthalten [59]. Der gegenwärtige Status der ELENCO-Entwicklung ist: Wasserstoff-Luft-Moduls in der Größenordnung von 10–50 kW Leistung und einer praktischen Lebensdauer von 5000 Stunden sind verfügbar. Die spezifische Leistung der Zellen beträgt 72 mW/cm². Es wird erwartet, daß diese Leistung auf 125 mW/cm² und die Lebensdauer auf 10 000 Stunden erhöht werden [60]. Bezüglich der Anwendungen s. Kapitel „Elektrische Fahrzeuge".

7.7.7 Die Elektrodenentwicklung in den Oststaaten (Überblick)

Eine Einführung in die Theorie und Arbeiten über PTFE-gebundene Diffusions-Kohleelektroden am „Central Laboratory of Electrochemical Power Sources", Bulgarische Akademie der Wissenschaften, Sofia, Bulgarien, am „Heyrovski Institut", Prag, Tschechoslowakei und am „Laboratory for Electrochemical Energy Conversion, Institute of Electrochemistry", Belgrad, Jugoslawien, geben die Veröffentlichungen [61, 62, 63, 64]. Die Arbeiten in Sofia und in Prag betreffen Luftsauerstoffelektroden, die aus mindestens zwei Schichten aufgebaut sind. Die Arbeiten in Belgrad weisen auf die Anwendung in Aluminium-Luft-Batterien hin. An der Technischen Universität Dresden wurden in Zusammenarbeit mit den bulgarischen Kollegen Kohleelektroden mit Fe-Phthalocyanin-Katalysatoren gebaut [65, 66]. Die neuesten Publikationen über die Verwendung von edelmetallfreien Katalysatoren beschreiben die Pyrolyse von metallfreien und Kobalt-enthaltenden Dibenzotetraazaannulenen auf aktiver Kohle [67]. Die Ergebnisse dieser Arbeiten sind nach den neuesten Studien von E. Yeager und Mitarbeitern [68, 69] an der Case Western Reserve University in Cleveland verständlicher geworden.

In der UdSSR, am „Institute of Electrochemistry, Academy of Sciences", Moskau, wurden Wasserstoff- und Sauerstoffelektroden eingehend untersucht [70]. Am „Moscow Energy Institute" wurden Brennstoffzellen, hauptsächlich vom Typ der Membranzellen für Wasserstoff und Sauerstoff gebaut [71, 72]. Hydrazin-Luft-Batterien mit porösen Nickelelektroden wurden ebenfalls entwickelt [73].

Die Herstellung von mehrschichtigen katalysierten Kohleelektroden wurde im Pilot-Maßstab von der Forschungsgruppe in Sofia unternommen. Die Unempfindlichkeit gegen Kohlendioxid in stark alkalischen Elektrolyten ist eine wichtige Charakteristik dieser Elektroden. Die Hauptanwendung dürfte in Zink-Luft- und Aluminium-Luft-Batterien liegen.

7.7.8 Die Brennstoffzellentechnologie in Japan

Die japanische Regierung finanziert zwei große Projekte auf dem Gebiet der Energietechnologie. Diese sind das „Sunshine Project" für die Energieerzeugung und das „Moonlight Project" für die Technologie zur Energiekonservierung.

Das Programm zur Entwicklung von neuen Batteriesystemen umfaßt die Zeitspanne 1980–1990 mit dem Ziel, zumindest 10 kW Moduls zu entwickeln und zu produzieren. Diese Moduls sollen bis zu Megawattsystemen zusammensetzbar sein. Bis 1985 soll die erste Konstruktionsphase beendet sein, daran schließt sich die Herstellungstechnologie an.

Zur Zeit des Berichtsjahres [74] wurde das R&D-Programm mit einem Budget in der Höhe von 17 Milliarden Yen bedacht.

Brennstoffzellen werden im Rahmen des „Moonlight Project" entwickelt. Im Jahre 1981 standen dafür 239 Millionen Yen zur Verfügung. Alle Typen von Brennstoffzellen werden untersucht, d.h. Zellen mit Phosphorsäure, flüssigen Alkalien, geschmolzenen Karbonaten und Feststoffen als Elektrolyte. Die Zellen mit alkalischen Elektrolyten und Festelektrolyten wurden vom Wasserstoff-Energiesektor des „Sunshine Project" zum „Moonlight Project" überstellt. Die Festelektrolytzellen umfassen die Hochtemperatur-sauerstoffionenleitenden Elektrolyte und die polymeren Membranelektrolyte. Zellen mit phosphorsaurem und alkalischem Elektrolyt haben als Demonstrationsziel das Jahr 1986 mit einem projektierten gemeinsamen Budget von 10 Milliarden Yen.

Besondere Beachtung wurde der Entwicklung von Brennstoffzellen mit phosphorsaurem Elektrolyt für Kleinkraftwerke geschenkt. Das 4,5 Megawattsystem der United Technologies Corp. wurde von der Tokyo Electric Power Company in Tokio installiert (s. Kap. 9.1.1) [75].

Mitsubishi Electric Corp. (MELCO) entwickelte ebenfalls ein Brennstoffzellensystem mit phosphorsaurem Elektrolyt (PAFC-System). Gegenwärtig werden 2500 cm^2 Zellen mit Siliziumkarbid-Matrix bei 210 °C geprüft [76]. Das Ziel der Entwicklung sind zunächst 35 kW-Anlagen mit Dampfreformern, die von Fuji Electric Co. gebaut werden [77].

Nach einer Angabe des japanischen Ministeriums für „International Trade and Industry" sollen in den Jahren 1984–1985 1000 kW große Pilotanlagen auf der Basis der phosphorsauren Zellen mit Reformern konstruiert werden, deren praktische Erprobung ab 1986 erfolgen wird [78].

7.8 Zusammenstellung der Fabrikationsmethoden für PTFE-gebundene Elektroden

7.8.1 Allgemeine Angaben

Am Institut für Chemische Technologie Anorganischer Stoffe der Technischen Universität Graz wurden die Fabrikationsmethoden für die Herstellung PTFE-gebundener Sauerstoff-(Luft-)Elektroden nach Elektrodentypen ausgewählt und in die Praxis umgesetzt.

Type A: *Für alkalische Elektrolyte:* zwei- oder dreischichtige Elektroden, mit Terminal-(Tab)-Stromabnahme unter Verwendung von vernickelten Eisengittern oder

Nickelnetzen als Kollektoren. Zum Schutz gegen das Austreten von Elektrolyt kann noch eine poröse PTFE-Folie auf der Gasseite aufgesintert werden.
Verwendung für *monopolare* Zellen.
Schema:

- Pt-Katalysator auf Kohle, 5—15% PTFE
- Kohle mit 15—40% PTFE, Ni-Gitter
- (Poröse PTFE-Folie)

Type B: *Für alkalische Elektrolyte:* zwei- oder dreischichtige Elektroden, mit Terminal-(Tab)-Stromabnahme unter Verwendung von Nickelgittern oder Streckmetall als Kollektoren in der Diffusionsschichte.
Verwendung für *monopolare* und *bipolare* Zellen.
Schema:

- Pt-Katalysator auf Kohle, 5—15% PTFE
- Kohle mit 15—40% PTFE
- Ni-Netz (mit Graphit und 40—60% PTFE, gesintert)

Type C: *Für alkalische und saure Elektrolyte:* eine dreischichtige Elektrode für *bipolare* Zellen.
Schema:

- Pt-Katalysator auf Kohle, 5—15% PTFE
- Kohle mit 15—40% PTFE
- Kohlevlies oder Kohlegewebe mit 40—60% PTFE

Alle drei Elektrodentypen können auch für die Verwendung als Wasserstoffelektroden katalysiert werden. In diesem Falle wird z.B. das Platin durch eine Mischung von Platin und Palladium oder Rhodium und Palladium (20:80) ersetzt. Das Aufbringen der Katalysatormetalle kann ebenfalls durch Imprägnierung der Kohle mit den entsprechenden Salzen erfolgen.

Als Prozesse für die Herstellung der einzelnen Schichten kommen drei Methoden in Frage:

1. Durch *Walzen* eines Teiges aus Kohle, Teflonpulver und Suspensionsmittel, z.B. Petroleum oder Toluol. Die Zugabe eines Füllmittels (Zucker oder Bikarbonat) zur Porenbildung ist optional.

2. Durch *Pressen* von Kohlepulver (mit oder ohne Katalysator) gemischt mit einem Füllmittel und PTFE-Pulver.

3. Durch *Spritzen*: a) einer stark verdünnten wässerigen Suspension von PTFE, gemischt mit Kohlepulver (mit oder ohne Katalysator). Das Verhältnis Kohle zu PTFE wird festgelegt und die Verdünnung der leicht viskosen Mischung der Spritzvorrichtung angepaßt; b) einer spritzfähigen Mischung von Kohlepulver (mit oder ohne Katalysator), Polyäthylenpulver und einem organischen Lösungsmittel wie z.B. Toluol, Xylol oder Tetrachloräthylen.

Eine Kombination aller drei Methoden ist in bestimmten Fällen angezeigt. Z.B. kann die sehr dünne Katalysator-Kohleschichte gewalzt (gerollt) werden, die anschließende Diffusionsschichte aber gespritzt und die poröse PTFE-Folie aufgepreßt werden. Alle Schichten müssen leicht gepreßt (gerollt) und gesintert werden (320 °C, 20 min), um eine gut kohärente Mehrschichtelektrode zu erhalten. Gitter können gegebenenfalls in fertige Schichten heiß gepreßt (aufgesintert) werden.

Der Katalysator kann entweder kommerziell (z.B. als Platinschwarz) erworben und mit der Kohle gemischt werden, oder schon auf der Kohle aufgebracht (z.B. 10% Platin auf Vulcan XC-72) gekauft werden.

Eine andere Methode der Katalysierung besteht darin, daß die wässerige Platinsalzlösung auf die Oberfläche der fertigen Elektrode durch Aufspritzen, Aufbürsten oder in einem Druckverfahren (Siebdruck) in genau bestimmter Konzentration aufgebracht wird. Eine Quetschwalze (squeegee), wie sie in der Photographie verwendet wird, ist für Laboratoriumsarbeiten sehr gut geeignet. Wichtig ist es, eine bestimmte Menge Isopropylalkohol hinzuzufügen, um die Hydrophobizität des PTFE temporär zu beseitigen.

Der aktive Elektrokatalysator wird dann durch eine weitere thermische Behandlung oder durch Reduktion erzeugt (s. die Patentliteratur in den Abschnitten 7.3 und 7.4). Die Mengen des Edelmetallkatalysators bewegen sich zwischen 0,25 und 1,0 mg/cm^2.

7.8.2 Spezifische Herstellungsvorschriften [79, 80]

7.8.2.1 Die Elektrodenfabrikation aus gewalzten Schichten

Die Arbeiten von M.Schautz [81] verfolgten den Zweck, eine Optimierung der Herstellungsvorschriften für zweischichtige gewalzte Elektroden (Type A) zu erarbeiten. Die Optimierung betraf

die verwendeten Kohlematerialien,
den Gewichtsanteil von PTFE,
die Auswahl und Menge des Füllmaterials,
die Art, Menge und Aufbringung des Katalysators,
die Sinterbedingungen.

Ein Beispiel für ein Fließschema der Elektrodenproduktion (nach der obigen Aufstellung, Type A-1) zeigt Abb. 25.

Die elektrische Ableitung wird durch ein vernickeltes Eisennetz bewirkt. Für Wasserstoffelektroden ist ein Reinnickelnetz erforderlich. Auf dieses Nickelgitter wird die Elektrodenfolie, die als Diffusionsschichte arbeitet, aufgewalzt.

Die Ausgangsmaterialien für die Diffusionsschichte sind in diesem Beispiel Azetylenruß, fein vermahlenes PTFE-Pulver und Zucker. Nach Einwaage der erforderlichen Mengen wird die Elektrodenmischung in einem Hochgeschwindigkeitsmixer 5 Minuten gemischt. Das Material wird dann in Benzin (Kp = 100–125 °C) suspendiert und langsam durchgemischt, bis eine bestimmte Viskosität erreicht wird (Dauer bis zu 30 Minuten). Anschließend wird die Suspension auf einem Filter abgesaugt. Der Benzingehalt der Masse beträgt ungefähr 50 bis 60%.

Zum Auswalzen der Folien wird ein voller Stahlzylinder mit 26,5 cm Durchmesser und 35 cm Länge mit einem Gewicht von 150 kg verwendet. Die feuchte Elektrodenmasse wird zwischen zwei saugfähige Hartpapierschichten eingelegt und schrittweise von einer Anfangsdicke von 2,5 mm auf die endgültige Schichtdicke (Gasdiffusionsschichte 0,4 mm, Katalysatorschichte 0,1 mm) gewalzt. Der Abstand zwischen Walze und Bodenplatte wird durch eingelegte Distanzbleche schrittweise geändert.

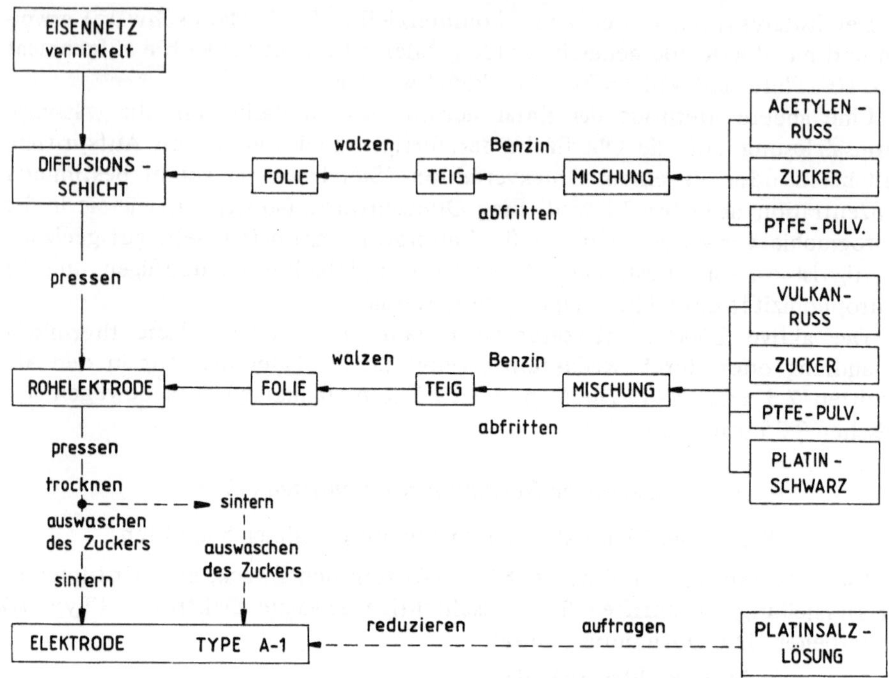

Abb. 25. Fließschema der Herstellung von zweischichtigen gewalzten PTFE-Kohleelektroden nach M. Schautz. Als Füllmittel wurde Zucker verwendet

Das vernickelte Netz (12 Maschen pro cm², Gewicht 80 mg/cm²) wird auf die noch feuchte Folie gelegt und mit 150 bar gepreßt. Die Elektrodengröße ist 12×12 cm.

Als nächstes wird die aktive Schichte, die den Platinkatalysator enthält, hergestellt. Die Ausgangsmaterialien sind z.B. Vulcan XC-72, feingemahlenes PTFE-Pulver, Zucker und Platinschwarz. Wie vorher beschrieben, wird ein Teig hergestellt, der zu einer 0,1 mm starken Folie ausgewalzt wird. Diese Folie wird dann auf die Diffusionsschichte, die sich bereits auf dem Netz befindet, aufgewalzt. Nach dem Pressen mit 200 bar Druck wird die Elektrode luftgetrocknet. Die endgültige Elektrodendicke liegt bei etwa 0,45 mm.

Das Auswaschen des Zuckers mit Wasser oder Methanol kann an dieser Stelle oder nach dem Sintern erfolgen.

Während des Sinterns in einem Ofen bei 320 °C (unter leichtem Druck) über eine Zeitspanne von 15 Minuten wird die Aufrechterhaltung einer Schutzgasatmosphäre empfohlen.

Eine Variation des Prozesses stellt die Aktivschichte ohne Platinschwarz her und schließt die Katalysierung der Elektrode an den Sinterprozeß an. In diesem Fall wird die nötige Menge der Platinsalzlösung (z.B. Hexachloroplatinat) auf die Elektrodenoberfläche aufgebürstet und nach dem Trocknen zum Metallkolloid reduziert. Die Berechnung der benötigten Anzahl von ml-Salzlösung erfolgt auf

Grund einer Blindbestimmung der Saugfähigkeit der Elektrodenoberfläche und basiert auf der gewünschten Metallkonzentration (z.B. 0,5 mg Pt pro cm² geometrischer Oberfläche).

Die untersuchten Kohlematerialien waren:

Lonza-Graphit*, Lonza Ltd., Basel

Shawinigan Azetylenruß*, Gulf Oil Co., Englewood Cliffs, N. J.

Denka-Black*, Denki Kagaku Kogyo, Tokio

Vulcan XC-72, Cabot Corp., Boston

Ketjenblack-EC, Armak, Burt, N. J.

Anthralur KC, Lurgi GmbH., Frankfurt

Acetogenruß LPKn 309, Hoechst AG, Frankfurt.

Die mit * bezeichneten Materialien sind „International Common Samples" (I.C.S.) der U.S. Electrochemical Society.

Die verwendeten Polytetrafluoräthylen (PTFE)-Produkte:

Pulver: Hostaflon TF 2053, Hoechst AG

Wässerige Emulsion: Teflon B-30, DuPont Co.

Die verwendeten Katalysatoren:

Platinschwarz: Engelhard Ind., Lot 21,155

10% Platin auf Vulcan XC-72: Prototech Co.

Kommerzielle Edelmetallsalze, in Lösungen.

Die Resultate können hier nur auszugsweise mitgeteilt werden, zum Teil sind die besonders vielversprechenden Arbeiten mit dampfaktivierten Kohlematerialien noch in der Auswertung. Tabelle 1 vergleicht Elektroden verschiedener Herstellungsart unter Benutzung der Kohlematerialien aus der obigen Liste. Die Elektrode Nr. 12 hat eine zu geringe Porosität der Diffusionszone. Elektrode Nr. 17 hat keinen Füllstoff in der aktiven Zone. Elektrode Nr. 33 hat eine sehr hohe Anfangsspannung, die aber nicht hält. Elektrode Nr. 38 hat eine sehr stabile Spannung und damit eine längere Lebenserwartung. Eine ausführliche Zusammenstellung und Beschreibung befindet sich in [82].

Die Platinkatalysatormenge hatte nur einen geringen Einfluß im Bereich von 0,5 bis 1,0 mg Pt/cm². Unter 0,2 mg Pt/cm² fiel die Leistung stark ab. Über 2 mg/cm² stieg die Leistung noch weiter an, die Lebenserwartung wurde jedoch deutlich schlechter. Eine Beimengung von Graphit diente nur der Verbesserung der Leitfähigkeit, verringerte aber die Hydrophobizität merklich.

Abb. 26 zeigt Polarisationskurven der zweischichtigen PTFE-Kohleelektrode Nr. 33 (aus Tabelle 7.1) in Abhängigkeit vom Sauerstoffpartialdruck. Die Elektrode war zum Zeitpunkt der Messung erst 24 Stunden (mit 100 mA/cm²) in Betrieb. Eine Auswertung der Polarisationskurven nach Abschnitt 3.3.3 ergab eine Konstante K von etwa 8000.

7.8.2.2 Die Herstellung von Elektroden im Preßverfahren

Aus den im vorigen Abschnitt 7.8.2.1 erwähnten Materialien können auch Elektroden nach dem Schema A-2 bzw. B-2 hergestellt werden. S. Jahangir [83] hat darüber eingehende Studien durchgeführt. Abb. 27 zeigt das Fließschema der Herstellung von Elektroden nach dem Preßverfahren, mit Ammoniumkarbonat als Füllstoff in der Diffusionsschichte. Die aktive Schichte wird durch Binden

Tabelle 1. *Vergleich der nach dem Walzverfahren hergestellten Elektroden*

Elektrode Nr.	Diffusionszone Material	%	Katalysierte aktive Zone Material	%	Gewicht (mg/cm^2) Ni-Netz	Diff. Zone	Aktive Zone	Gesamtgewicht ohne Zucker	Katalysator mg/cm^2 Type	Spannung, U, R-frei — bei 100 mA/cm^2 gegen Zn — nach U (V)	bei 200 mA/cm^2 gegen Zn — nach U (V)
	(%) nach Lösen des Zuckers										
12	Shawinigan	60 (80)	Vulcan	45 (80)	83,0	10,4	7,8	101,1	0,5 mg Pt	24 h 1,31	24 h 1,26
	PTFE	16 (20)	PTFE	7 (13)					pro cm^2	100 h 1,26	100 h 1,22
	Zucker	25 (0)	Platin	4 (7)					Platinschwarz	200 h 1,22	200 h 1,17
			Zucker	44 (0)							
17	Vulcan	28 (70)	Vulcan	45 (80)	78,3	28,0	13,0	81,2	0,5 mg Pt	24 h 1,32	24 h 1,27
	PTFE	12 (30)	PTFE	7 (13)					pro cm^2	100 h 1,29	100 h 1,22
	Zucker	60 (0)	Platin	4 (7)					Platinschwarz	200 h 1,29	200 h 1,22
			Zucker	44 (0)							
33	Shawinigan	25 (63)	Acetogenr. LPKn 309	73 (88)	79,9	17,0	15,9	95,4	0,41 mg Pt	24 h 1,36	24 h 1,33
	PTFE	15 (38)	PTFE	8 (10)					pro cm^2	130 h 1,28	130 h 1,25
	Zucker	60 (0)	Platin	2 (2)					Platinschwarz	200 h 1,31	100 h 1,27
			Zucker	17 (0)						500 h 1,29	500 h 1,24
38	Shawinigan	25 (63)	Ketjenblack	68 (80)	79,5	21,8	13,7	104,8	0,41 mg Pt	24 h 1,31	24 h 1,25
	PTFE	15 (37)	PTFE	14 (17)					pro cm^2	200 h 1,33	24 h 1,25
	Zucker	60 (0)	Platin	3 (3)					Platinschwarz	500 h 1,29	500 h 1,24
			Zucker	15 (0)							

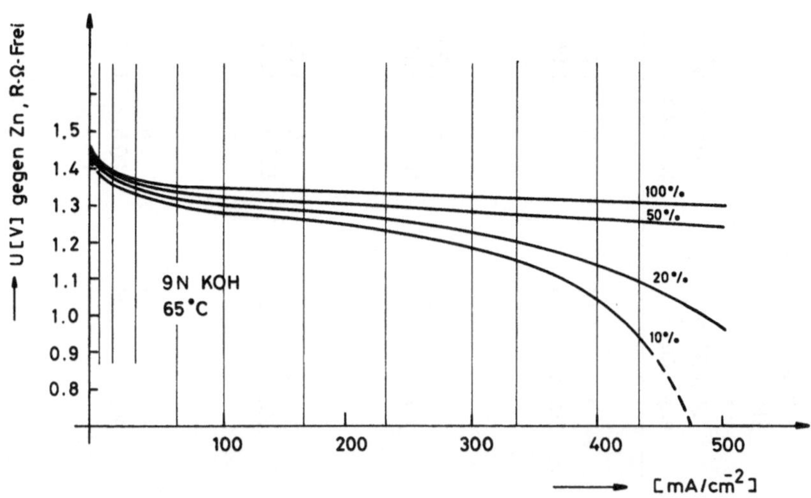

Abb. 26. Die Polarisationskurven der zweischichtigen Elektrode Nr. 22 (aus Tabelle 7.1) bei verschiedenen Sauerstoffkonzentrationen. Die Messung erfolgte widerstandsfrei gegen Zink als Bezugselektrode nach 24 Betriebsstunden. Eine Auswertung nach Abschnitt 3.3.3 ergibt eine Elektrodenkonstante K von etwa 8000

der Kohle mit wässeriger PTFE-Suspension, Teflon B-30, einem Produkt der DuPont Co., das einen Feststoffanteil von etwa 60% und Triton X als Emulsionshilfe enthält, hergestellt. Zur Verbesserung der Pastierungseigenschaften werden noch einige Prozente von Natrium-Carboxymethylzellulose zugesetzt.

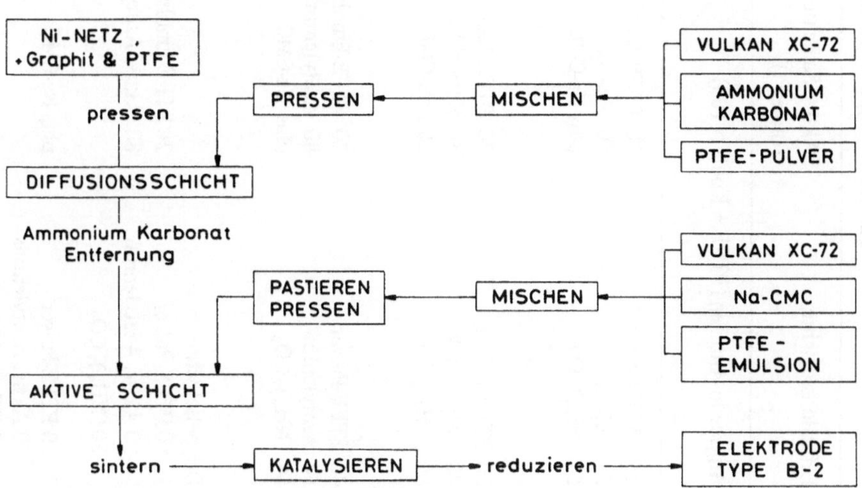

Abb. 27. Fließschema der Herstellung von Elektroden nach dem Preßverfahren mit Ammoniumkarbonat als Füllmittel (nach S. Jahangir). Die Elektroden dieser Type wurden nach der Fertigstellung mit Pt-Salzlösung katalysiert

Tabelle 2. *Vergleich der nach dem Preßverfahren hergestellten Elektroden*

Elektrode Nr.	Diffusionsschichte	Aktive Schichte (ohne Pt)	Sintermethode	R-freie Spannung (V) Stromdichte	
	Angabe in Anteilen (PTFE + Kohle = 100)			$100\ \mathrm{mA/cm^2}$ gegen Zn	$200\ \mathrm{mA/cm^2}$ gegen Zn
54	46 PTFE-Pulver 54 Vulcan 54 $(NH_4)_2CO_3$	20 PTFE-Emulsion 80 Vulcan plus Na-CMC	Druck: 50 kg/cm² bei 320 °C für 20 Minuten	1 h 1,14 200 h 1,19	1 h 1,00 200 h 1,05
65	30 PTFE-Pulver 70 Ketjenblack 60 $(NH_4)_2CO_3$	20 PTFE-Emulsion 80 Ketjenblack plus Na-CMC	Druck: 50 kg/cm² bei 320 °C für 20 Minuten	1 h 1,27 200 h 1,27	1 h 1,20 200 h 1,17
56	46 PTFE-Pulver 54 Azetylenruß 54 $(NH_4)_2CO_3$	20 PTFE-Emulsion 80 Azetylenruß plus Na-CMC	Druck: 50 kg/cm² bei 320 °C für 20 Minuten	1 h 1,15 200 h 1,12	1 h 1,04 200 h 1,02

	Doppelschichte
	1. 50 PTFE-Pulver
	   50 Aktiv. Azetylenruß
	   60 $(NH_4)_2CO_3$
		20 PTFE-Emulsion
		80 Aktiv. Azetylenruß
			Druck:
			50 kg/cm²
			in N_2 Atmosphere
				1 h 1,27
				200 h 1,26
					1 h 1,23
					200 h 1,18

76	2. 30 PTFE-Pulver
	   70 Aktiv. Azetylenruß
	   60 $(NH_4)_2CO_3$
		plus Na-CMC	bei 320 °C
			für 20 Minuten		

Tabelle 2 vergleicht die Ergebnisse der verschiedenen Herstellungsprozesse nach dem Preßverfahren. Alle Elektroden sind durch Auftragen von Platinsalzlösungen nach der Fertigung katalysiert (Bereich 0,5–1,0 mg Pt/cm^2). Es zeigen sich beträchtliche Unterschiede in den Kohlematerialien. Diese wurden zwar in den angeführten Beispielen in beiden Schichten verwendet, aber in der Diffusionsschichte mit PTFE-Pulver verpreßt und in der aktiven Schichte mit PTFE-Emulsion gebunden. Elektrode Nr. 54 enthält Vulcan XC-72 (BET-Oberfläche etwa 300 m^2/g) und Elektrode Nr. 65 enthält Ketjenblack (BET-Wert über 1000 m^2/g). Besonders zu beachten ist auch die Verbesserung durch die Verwendung von Azetylenruß, der in der Gasphase aktiviert wurde (vgl. Elektrode Nr. 56 mit Nr. 76). Durch die Gasaktivierung wird die Oberfläche von Azetylenruß (etwa 100 m^2/g) auf ein Vielfaches erhöht und die Stabilität (trotz der vergrößerten Oberfläche) verbessert.

Abb. 28 zeigt Polarisationskurven der Elektrode Nr. 65 mit Sauerstoff und Luft als Betriebsgase. Zum Zeitpunkt der Messung war diese Elektrode bereits 200 Stunden mit 100 mA/cm^2 in Betrieb. Wertet man die Polarisationskurven dieser Elektrode nach Abschnitt 3.3.3 aus, so erhält man als Konstante K etwa 3000.

7.8.2.3 Die Herstellung von „gespritzten" Elektroden

In Abschnitt 7.3.5 (Abb. 8) wurde bereits der Prozeß der Herstellung von dünnen porösen Schichten nach dem Spritzverfahren dargestellt. Diese Fabrikationsmethode wird derzeit von K. Kordesch und J. Gsellmann am Institut für die Technologie Anorganischer Stoffe (IAS) der Technischen Universität Graz, Österreich, weiterhin untersucht. Entwicklungsarbeiten mit dem Ziel, eine Produktionskapazität aufzubauen, wurden parallel dazu von K. Kordesch

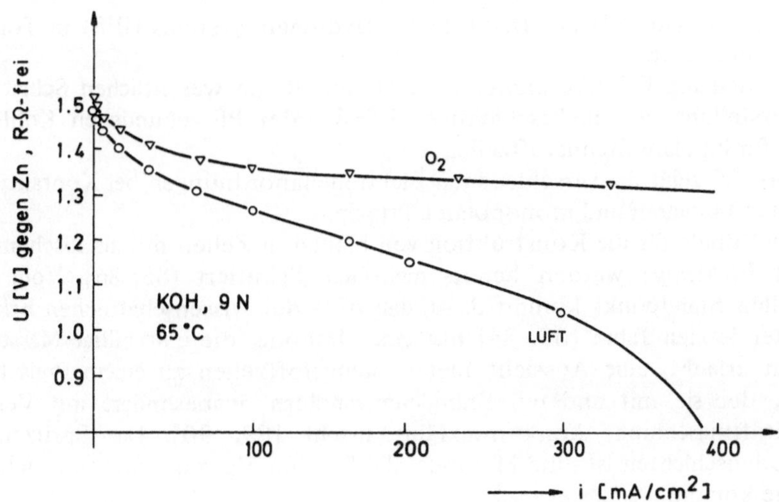

Abb. 28. Polarisationskurven der Elektrode Nr. 65 mit reinem Sauerstoff und Luft als Betriebsgase. Die Messung erfolgte nach 200 Betriebsstunden. Wertet man die Elektrode nach Abschnitt 3.3.3 aus, so erhält man als Konstante K etwa 3000

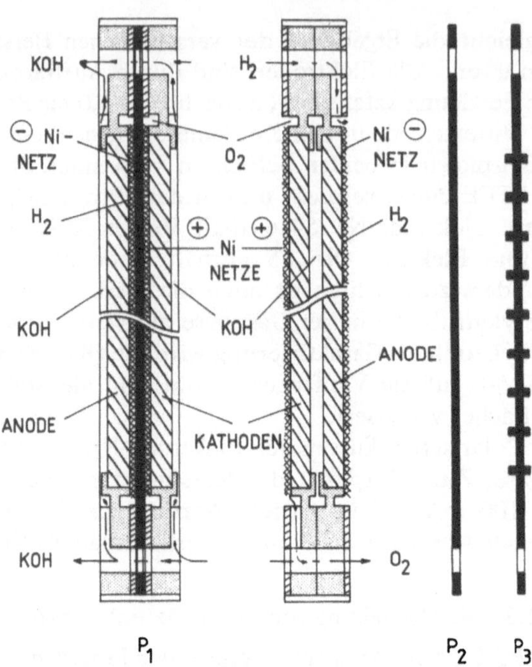

Abb. 29. Die Elektrodenanordnung in alkalischen bipolaren Zellen (links) verglichen mit der Konstruktion von monopolar kontaktierten Zellen (rechts). Der Strom kann entweder über Nickelnetze zu leitfähigen glatten Kontaktplatten (Type P_1) fließen, oder durch eine geeignete Formgebung der zentralen Kontaktplatte (P_2) direkt von einer Elektrode zur anderen geleitet werden

und S. Srinivasan [84] am Institute for Hydrogen Systems (IHS) in Toronto, Kanada, begonnen.

Das Schema C-3 (Abschnitt 7.8.2.1) enthält die wesentlichen Schritte für die Herstellung von mehrschichtigen PTFE- oder PE-gebundenen Kohleelektroden für bipolare Brennstoffzellen.

Abb. 29 zeigt die verschiedenen Elektrodenanordnungen bei Kontaktierung nach dem bipolaren und monopolaren Prinzip.

Die Gründe für die Konstruktion von bipolaren Zellen mit alkalischem oder saurem Elektrolyt wurden bereits mehrfach diskutiert [85, 86]. Vom kommerziellen Standpunkt kommt dazu, daß trotz der wissenschaftlichen Erkenntnisse der letzten Jahre [87, 88] nur eine Methode, die eine billige Massenproduktion erlaubt, eine Aussicht bietet, Brennstoffzellen zu einem Preis herzustellen, der sie mit anderen Energieumwandlern, insbesondere mit Verbrennungskraftmaschinen, konkurrenzfähig macht [89, 90]. Das Spritzen von Elektrodenschichten ist eine Methode, die für eine Massenproduktion sicherlich in Frage kommt.

Abb. 30 ist die Konstruktionszeichnung einer Druckluftspritzpistole speziell für das Spritzen von modifizierten Kohle-Plastik-Suspensionen bzw. Emulsionen, die normalerweise die Düse sehr schnell verstopfen. Die Spritzdüse ist variabel, enthält aber keine zentrale Nadel. Der Vorratsbehälter für die zu spritzende Suspension wird unter Überdruck gesetzt (im Gegensatz zu dem üblichen Ansaugdruck), um die Förderung von viskosen Massen zu ermöglichen. Eine Heizvorrichtung ermöglicht das Spritzen heißer Lösungen oder Mischungen. Gespritzt wird unter Zuhilfenahme einer automatischen Seiten-, Höhen- und Vorschubeinrichtung, die eine genaue Reproduzierbarkeit der Spritzbewegungen ermöglicht [91].

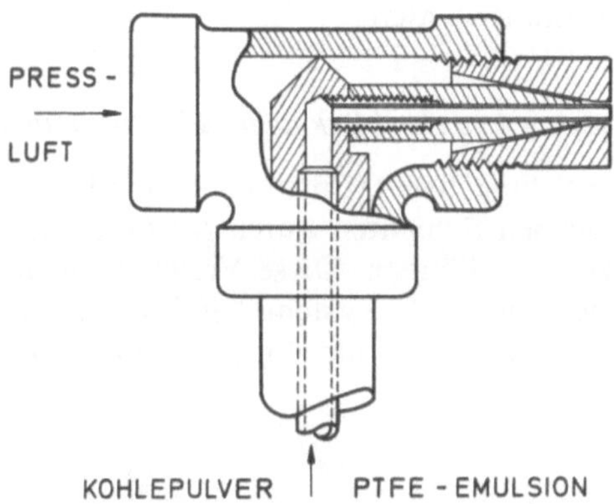

Abb. 30. Schnitt durch eine modifizierte Druckluftspritzpistole zum Spritzen von Kohle-PTFE-Emulsionen, Polyäthylenlösungen mit Kohle und Kohle/Katalysator-Suspensionen

Eine Kontrolle der aufgetragenen Mengen von Kohlematerial und Plastik wird durch das eingestellte Gewichtsverhältnis und durch Wägen der getrockneten Schichten gesichert. Die Quantität des Lösungs- oder Verdünnungsmittels spielt keine Rolle, es verdampft und produziert die gewünschte Porosität. Bei Untergewicht kann nachgespritzt werden. Die bei technischen Spritzverfahren übliche Aufheizung durch Infrarotlampen ist ebenfalls empfehlenswert.

1. Beispiel: Die Imprägnierung von Stackpole Carbon-Fiber Paper (Felt) durch Spritzen mit Teflon B-30, um es als hydrophoben porösen Stromkollektor für bipolare Elektroden zu verwenden, ist leicht durchzuführen. Eine bessere Durchtränkung wird durch Spritzen mit einer 1:1 verdünnten Emulsion (30% Feststoffe) erhalten. Anschließend wird bei 340 °C gesintert.

2. Beispiel: Herstellung einer Schichte von Aktivkohle und Polyäthylen durch Heißspritzen: Zunächst wird durch Auflösen von Polyäthylen (z.B. Grade DYNF, M.W. 20 000, „injection grade, 0,918 g/ml-low density, melt index 3,5, 90 °C distortion point", Union Carbide Plastics Corp.) unter Erwärmung eine 5%ige Polyäthylenlösung hergestellt. Als Lösungsmittel kann Tetrachloräthylen (*Kp* 121 °C) dienen. In die Lösung trägt man das Kohlematerial (z.B. Vulcan XC-72) in Relation zum PE-Gewicht ein. Eine noch weitere Verdünnung ist je nach der Spritzfähigkeit der erhaltenen Suspension bei der gewählten Arbeitstemperatur (60–90 °C) nötig.

3. Beispiel: Eine spritzfähige wässerige Suspension von Kohlematerialien und PTFE kann wie folgt erhalten werden:

Destilliertes Wasser	100–200 ml
Triton X-100	1–3 g
Aktive Kohle	20 g
Teflon 30-B	25 ml

Es ist zu beachten, daß manche Kohlematerialien den pH-Wert der Emulsion verändern. Platin-katalysierte Kohle wirkt auf kolloidale Mischungen oft aussalzend, dann muß der Gehalt an oberflächenaktivem Triton-X-Zusatz (Hersteller: Rhom & Haas) erhöht werden.

Zusammenfassung und Ausblick über „Elektrodenherstellung"

Zur Elektrodenherstellung benützt man die Methoden der Walztechnik und der Fabrikation von dünnen Schichten durch Aufspritzen, um ein preiswertes Massenprodukt herstellen zu können. Diese Verfahren werden in neuerer Zeit auch vom „Institute for Hydrogen Systems" in Toronto weiterentwickelt, um PTFE-gebundene Kohleelektroden für bipolare alkalische Brennstoffzellensysteme zu erzeugen [92].

Literatur

1. Heise, G. W., Schumacher, E. A., Fisher, C.: The Air Depolarized Primary Cell with Caustic Alkaline Electrolyte. Trans. of the Electrochem. Soc. *92*, 173–182 (1947).
2. Heise, G. W., Schumacher, E. A.: An Air Depolarized Primary Cell with Caustic Alkaline Electrolyte. Trans. of the Electrochem. Soc. *62*, 383–391 (1932).
3. Davies, M. O., Clark, M. B., Yeager, E., Hovorka, F.: The Oxygen Electrode. J. Electrochem. Soc. *106*, 56 (1959).
4. Yeager, E.: Western Reserve University, Cleveland, U.S. Office of Naval Research Contract No. 2391(00)-1959.
5. Marko, A., Kordesch, K.: U.S. Patent Nr. 2, 615, 932, 1952.
6. Marko, A., Kordesch, K.: U.S. Patent Nr. 2, 669, 598, 1954.
7. Kordesch, K. V.: In: Fuel Cells (Mitchel, W., ed.), pp. 346–370. New York: Academic Press 1963.
8. Litz, L. M., Kordesch, K. V.: Advances in Chemistry Series, No. 47, pp. 166–187. Amer. Chem. Soc. 1965.
9. Kordesch, K. V., King, E. M.: U.S. Patent Nr. 3, 077, 507, 1963.
10. Kordesch, K. V., Raub, S. H., Uline, L. J.: U.S. Patent Nr. 3, 188, 242, 1965, filed 1969.
11. Kordesch, K. V.: U.S. Patent Nr. 3, 307, 977, 1967.
12. Kordesch, K. V.: U.S. Patent Nr. 3, 310, 434, 1967.
13. Kordesch, K. V.: U.S. Patent Nr. 3, 364, 074, 1968.
14. Kordesch, K. V.: U.S. Patent Nr. 3, 477, 877, 1969.
15. Kordesch, K. V.: U.S. Patent Nr. 3, 364, 071, 1968.
16. Darland, W. G., Jr., Kordesch, K. V., van Lier, J. A.: U.S. Patent Nr. 3, 423, 247, 1969, filed 1963.
17. Elbert, R. J., et al.: The Characterization of Fuel Cell Electrodes and Electrode Materials. Proprietary Research Report URS-247, Union Carbide Corp. (photos released 1977).
18. Kordesch, K. V., Darland, W. J., Jr.: U.S. Patent 3, 553, 029, 1971.

19. Clark, M. B., Darland, W. G., Jr., Kordesch, K. V.: Carbon Fuel Cell Electrodes, 18th Annual Power Sources Conference, Atlantic City, pp. 11–14, 1964.
20. Kordesch, K. V.: Light-weight Fuel Cell Electrodes. 19th Annual Power Sources Conference, Atlantic City, pp. 17–19, 1965.
21. Kordesch, K. V.: Thin, Composite Electrodes for H_2-O_2 (Air) Cells. Research Summary URS-213, Union Carbide Corp. (proprietary report, released 1977).
22. Elbert, R. J.: U.S. Patent Nr. 3, 556, 856 (1971).
23. Krätschmer, B. J.: Untersuchungen von Kohlematerialien für Gasdiffusionselektroden. Doktorarbeit an der Technischen Universität Graz, 1980–1983.
24. Kordesch, K., Gsellmann, J., Krätschmer, B.: Study of the Performance and Life-limiting Processes in Alkaline Fuel Cell Electrodes. 13th International Power Sources Symposium in Brighton 1982, Power Sources 9 (Thomson, J., ed.). New York: Academic Press 1983.
25. Kordesch, K., Marko, A.: Österr. Pat. Nr. 176889, 1953.
26. Kordesch, K. V., Cieszewski, S. J.: Power Sources 6, 17 (1976).
27. Kordesch, K. V., Scarr, R. F.: Thin Carbon Electrodes for Acidic Fuel Cells. Intersoc. Energy Conversion Engineering Conf. (ACS) 1972, Paper No. 729003, Proceedings, pp. 12–19.
28. Kordesch, K. V.: U.S. Patent Nr. 3, 899, 354, 1975.
29. Schultz, D. A.: U.S. Patent Nr. 3, 960, 601, 1976.
30. Kordesch, K. V.: Survey of Carbon and its Role in Phosphoric Acid Fuel Cells. Final Report, December 31, 1979. Prepared for the Department of Energy Under Subcontract No. 464459-S, Brookhaven National Laboratory BNL 51418-Uc-94d.
31. Narsavage, S. T., Vine, R. W., Emanuelson, R. C.: U.S. Patent Nr. 3,859,138, 1975.
32. Froberg, R. W.: U.S. Patent Nr. 3,944,686, 1976.
33. Christner, L. G., Nagle, D. C., Watson, P. R.: U.S. Patent Nr. 4,115,528, 1978.
34. Maricle, D. L., Nagle, D. C.: U.S. Patent Nr. 4,125,676, 1978.
35. Breault, R. D.: U.S. Patent Nr. 3,972,735, 1976.
36. Landsman, D. A., Thiery, E. I.: U.S. Patent Nr. 3,956,014, 1976.
37. Baris, J. M., Iacovangelo, Ch. D.: U.S. Patent Nr. 4,150,076, 1979.
38. Katz, M., Kaufmann, A.: U.S. Patent Nr. 3,932,197, 1976.
39. Katz, M., Kaufmann, A.: U.S. Patent Nr. 4,078,119, 1978.
40. Jalan, V. M., Bushnell, C. L.: U.S. Patent Nr. 4,137,373, 1979.
41. Baker, B., Klein, M.: U.S. Patent Nr. 3,935,029, 1976.
42. Baker, B., Klein, M.: U.S. Patent Nr. 3,943,006, 1976.
43. Kaufman, A.: National Fuel Cell Seminar 1979, Bethesda, Maryland, pp. 91–92.
44. Adlhart, O. J.: 19th Annual Power Sources Conference, 1965, PSC-Publishing Committee, now Electrochem. Soc., Inc., Princeton, pp. 1–3.
45. Adlhard, O. J., Tanna, V. V.: U.S. Patent Nr. 3,575,718, 1971.
46. John, J. G. E., Adlhart, O. J.: U.S. Patent Nr. 1,471,800/C, 1975.
47. The Stability of Kocite Electrocatalysts in Phosphoric Acid Fuel Cells. EPRI-Report EM-1711, prepared by Universal Oil Products (UOP), Inc., Project 1200-3, Final Report 2/1981.
48. Hausler, R. H.: U.S. Patent Nr. 3,881,957, 1975.
49. Welsh, L. B., Leyerle, R. W., Baker, B., George, M. A.: 11th International Symposium in Brighton, Proceedings, pp. 659–676, Power Sources 7 (Thomson, J., ed.). New York: Academic Press 1979.
50. Petrow, H. G., Allen, R. J.: U.S. Patent Nr. 3,992,331, 1976.
51. Petrow, H. G., Allen, R. J.: U.S. Patent Nr. 3,992,512, 1976.
52. Gestaut, L. J.: The Effect of Pt-Catalyst Loading on Gas Diffusion Polarization in Porous Air Electrodes. Extended Abstract No. 200, Fall Meeting of the Electrochemical Society,

Los Angeles, Calif., October 14—19, 1979.

53. Huang, J. C., Barnes, A. L., Clere, T. M., Gestaut, L. J.: Extended Abstract Nr. 39, pp. 112, Meeting of the Electrochemical Society, St. Louis, Missouri, May 1980.

54. Mrha, J.: Collection Czech Chem. Commun. *31*, 715 (1966).

55. Gestaut, L. J., Clere, T. M., Niksa, A. J., Graham, C. E.: Scale up of Oxygen Cathode Chlor-Alkali Electrolysers. Extended Abstract No. 124, Fall Meeting of the Electrochem. Soc., Washington, D.C., October 9—14, 1983.

56. Gestaut, L. J.: Abstract No. 393, Meeting of the Electrochem. Soc., October 1983.

57. Emery, A. T.: Oxy-Hydrogen-Air Fuel Cell. National Fuel Cell Seminar, November 13—16, p. 98, Orlando, Florida, 1983.

58. Blanchart, A., DeBrandt, C., Parmentier, J., van Roy, J., Spaepen, G.: 4th International Fuel Cell Symp., Antwerpen, 1982.

59. Blanchart, A.: Doktorarbeit an der Université de Liège, 1982: Étude fondamentale du fonctionnement des cathodes poreuses à air en pile à combustion.

60. Van den Broeck, H., Hovestreydt, G., Keuning, W., Alfenaar, M.: Symposium der Deutschen Gesellschaft für Mineralöl- und Kohlechemie, Berlin, Oktober 1978.

61. Iliev, I., Mrha, J., Kaisheva, A., Gamburzev, S.: J. of Power Sources *1*, 35 (1976/77).

62. Iliev, I., Gamburzev, S., Kaisheva, A., Mrha, J.: J. Applied Electrochem. *5*, 291 (1975).

63. Iliev, I.: Air Electrodes for Aluminium-Air Batteries. Dokumenta Chemica Yugoslavia, Vol. 48, p. 317, Belgrade 1983.

64. Drazic, D. M., Despic, A. R., Zecevic, S., Atanackovic, M.: Proceedings of the 11th International Symposium in Brighton, September 1978. In: Power Sources 7 (Thomson, J., ed.), pp. 353—363. New York: Academic Press 1979.

65. Wiesener, K.: Non-nobel Metal Catalysts for Acid Electrolyte Fuel Cells. 29th Meeting of I.S.E., Budapest, August 28 — September 2, 1978, Proceedings, Vol. 1, p. 79.

66. Kretzschmar, Ch., Wiesener, K., Iliev, I., Kaisheva, A.: Two-Layer Gasdiffusion Electrode with Polymer Fe-Phthalocyanine for Cathodic Reduction of Oxygen. 28th Meeting of I.S.E. in Varna, September 1977. Extended Abstracts, p. 286.

67. Grünig, G., Wiesener, K., Gamburzev, S., Iliev, I., Kaisheva, A.: Catalysts for Oxygen Electrodes in Acidic Medium. Prepared by Pyrolysis of Metal-free and Co-containing Dibenzotetraazaannulenes on Active Carbon, 34th Meeting of I.S.E., Erlangen, September 18—23, 1983, Proceedings, p. 1008.

68. Yeager, E.: Oxygen Electrodes for Industrial Electrolyses and Electrochemical Power Generation. Electrochemistry in Industry (Landau, U., Yeager, E., Kortan, D., ed.). New York: Plenum Press 1982.

69. Scherson, D., Gupta, S. L., Yeager, E., Kordesch, M. E., Eldridge, J., Hoffmann, R. W.: The Role of Thermal and Other Pretreatments on the Properties of Oxygen Macrocyclic Catalysts in Carbon Electrodes. 162nd Meeting of the Electrochem. Soc., October 17—21, 1982, Detroit, Michigan. Extended Abstracts No. 35.

70. Bagotzki, V. S.: The Oxygen Reaction in Energy Conversion Processes. 29th Meeting of I.S.E. in Budapest, August 28 — September 2, 1978, p. 109.

71. Lidorenko, N. S., Muchnik, G. F., Kasimov, O. G., Tabakman, L. S.: Experience from the Development of Hydrogen-Air Electrochemical Generators with Cation-Exchange Membranes as Electrolytes. 29th Meeting of I.S.E. in Budapest, August 28 — September 2, 1978. Proceedings, Vol. 1, p. 122.

72. Lidorenko, N.: An Overview of Energy Storage Problems. International Assembly on Energy Storage, Dubrovnik, May 27 — June 1, 1979. In: Energy Storage (Silverman, J., ed.). New York: Pergamon Press 1980.

73. Korovin, N. V., Kozlova, N. I., Savel'eva, O. N.: 29th Meeting of I.S.E. in Budapest, August 28 — September 2, 1978. Proceedings, Vol. 1, p. 507.

74. Ozawa, T.: Japanese National R&D Programs for Developing Batteries and Fuel Cells. Progress in Batteries and Solar Cells, Vol. 4, 1982, p. 275. JEC Press Inc., U.S. Office of the Electrochemical Society of Japan, P.O.B. 45035, Cleveland, OH 44145, U.S.A.

75. Kobayashi, M.: 4.5 MW Fuel Cell Power Plant Test at Tokyo Electric Power Comp., Abstracts, p. 55. National Fuel Cell Seminar, November 13–16, 1983, Orlando, Florida, U.S.A.

76. Kishida, K.: Development Status of Phosphoric Acid Fuel Cell and Power Generating System at Mitsubishi Electric Corporation. New Materials and New Processes, Vol. 2, 1983. JEC Press Inc., The Japanese Electrochemical Society, U.S. Office, P.O.B. 45035, Cleveland, OH 44145, U.S.A.

77. Kishida, K., Anahara, R.: R&D of Phosphoric Acid Fuel Cell Technologies and Systems for a Dispersed Power Plant. National Fuel Cell Seminar, November 13–16, 1983, Orlando, Florida, U.S.A.

79. Kordesch, K., Gsellmann, J., Schautz, M., Jahangir, S.: The Technology of PTFE-Bondes Carbon Electrodes. Proceedings, p. 427. 162th Meeting of the Electrochemical Society in Detroit, October 17–22, 1982.

80. Schautz, M., Gsellmann, J., Kordesch, K.: Thin Carbon Electrodes for Fuel Cells. 35nd Meeting of the International Society of Electrochemistry (I.S.E.), August 5–10, 1984, Berkeley, Calif., U.S.A.

81. Schautz, M.: Gasdiffusionselektroden für Brennstoffzellen. Diplomarbeit an der Technischen Universität Graz, 1982.

82. Schautz, M.: Dissertation zur Erlangung des Doktorgrades an der Technischen Universität Graz, Studienjahr 1984/85.

83. Jahangir, S.: Dissertation zur Erlangung des Doktorgrades an der Technischen Universität Graz, Studienjahr 1984/85.

84. Srinivasan, S., et al.: Electrochemical and Surface Science Research on Fuel Cells. Summary of work at the Los Alamos National Laboratory 1983, National Fuel Cell Seminar, November 13–16, 1983, Orlando, Florida, U.S.A.

85. Kordesch, K.: The Choice of Low-Temperature Hydrogen Fuel Cells: Acidic- or Alkaline? Int. J. Hydrogen Energy 8, 709–714 (1983).

86. Kordesch, K.: Engineering Concepts and Technical Performance of Oxygen Reducing Electrodes in Batteries and for Electrochemical Processes. Seminar „Electrocatalysis" in Erlangen (Neukirchen), 13.–14. September 1983, GDCH-Monographie. (Im Druck.)

87. Kordesch, K.: Applications of Colloid and Surface Chemistry in Fuel Cell Technology. 57th Colloid and Surface Science Symposium, Toronto, June 12–15, 1983, Ext. Abstract No. 36.

88. Jalan, V., Taylor, E. J., Frost, D., Morriseau, B.: Advanced Electrocatalysts and Supports for Phosphoric Acid Fuel Cells. National Fuel Cell Seminar, November 13–16, 1983, Orlando, Florida, U.S.A.

89. Kordesch, K. V., Fabjan, Ch.: Battery/Fuel Cell Hybrid Electric Vehicle. In: Power Sources for Electric Vehicles (Rand, D. A. J., ed.). Amsterdam: Elsevier 1983.

90. Fabjan, Ch., Kordesch, K.: Oxygen Electrodes for Alkaline Electrolyte Fuel Cells, 164th Meeting of the Electrochem. Soc., Washington, DC, October 9–14, 1983, Ext. Abstract No. 392.

91. Kordesch, K.: Union Carbide Corp. Report, URS-213, Parma Research Laboratory, Parma, Ohio, U.S.A. (1964).

92. Kordesch, K., Gsellmann, J., Findley, R. D., Tomantschger, K.: Electrode Designs and Concepts for Bipolar Alkaline Fuel Cells. 5th World Hydrogen Energy Conference, July 15–20, 1984, Toronto, Canada.

8.0 Brennstoffbatterien für den Fahrzeugantrieb

8.1 Problemstellung und Überblick

Die Anforderungen des Umweltschutzes lassen seit einigen Jahren Elektrofahrzeuge als die Lösung der Umweltverschmutzungsprobleme erscheinen. Diese Ansichten sind prinzipiell nur teilweise richtig, denn die Erzeugung von elektrischer Energie in zentralen Kraftwerken ist auch umweltverschmutzend, wenn auch sicherlich besser zu überwachen und zu beeinflussen als die Reinheit der Auspuffgase von Millionen von Straßenfahrzeugen [1].

Mit dem Auftreten der Energiekrise wurden Umweltfragen in den Hintergrund gedrängt und der Ausnutzungsgrad der chemischen Energieträger (Öl, Kohle, Erdgas) wurde mehr beachtet [2].

Wieder hat man Elektrofahrzeuge als Lösung angegeben und darauf hingewiesen, daß ein Elektromotor 80–85% der Leistung in Arbeit umsetzen kann, während der Wirkungsgrad eines Verbrennungsmotors zwischen 25% (Diesel) und 15% (Otto-Motor) liegt. Übersehen wurde der Gesamtwirkungsgrad, der den Kraftwerkswirkungsgrad (35–40%) und die Lade/Entladeausbeute eines Akkumulators (60–70%) einschließt und damit auch nur mehr 15–20% beträgt.

Eine echte Lösung kann von Brennstoffbatterien erwartet werden, die auch in kleinen Anlagen die chemische Energie des Brennstoffs direkt in elektrische Energie umsetzen können. Im Falle der Verwendung von Wasserstoff kann der Wirkungsgrad bis 60% betragen. Als Wasserstoffträger kommen auch Ammoniak, Methylalkohol oder Kohlenwasserstoffe in Frage. Die notwendige Umformung in katalytischen Reaktoren verringert jedoch den Wirkungsgrad. Hydrazin ist als „Wasserstoffträger" wegen seiner Giftigkeit nur für Militärbatterien anwendbar.

Noch vor kurzer Zeit hätte die Nennung von Wasserstoff als allgemeiner Energieträger weitgehende Ablehnung erwarten lassen. Die langjährigen Erfahrungen mit Leuchtgas und ähnlichen wasserstoffhaltigen Industriegasen haben zwar seine relativ gefahrlose Anwendbarkeit bewiesen, aber nur wenige dachten an einen Fahrzeugbetrieb mit Wasserstoff. Die Anwendung im Verbrennungsmotor ist zwar seit dem zweiten Weltkrieg (U-Bootantrieb) bekannt, doch konnte sich der Wasserstoffmotor, der auch nur 15–20% Wirkungsgrad hat, nicht durchsetzen. Die Gefahren des Wasserstoffes sind durchaus vergleichbar mit denen von Benzin, denn die unteren Explosionsgrenzen der Luftgemische sind praktisch dieselben. Erst in neuester Zeit wurde die Anwendung von Wasserstoffmotoren wieder propagiert [3].

Weitere Argumente für die Verwendung von Wasserstoff für den Fahrzeugantrieb werden in jenen Ländern vorgebracht, die einen höheren Anteil der Energieerzeugung über Atomkraft und Wasserkraft haben, z.B. in Kanada, Frankreich und Schweden. Angeführt wird auch, daß der bei der Elektrolyse zusätzlich anfallende Sauerstoff ebenfalls ökonomisch verwertet werden kann: in der Stahlproduktion, in Kläranlagen und anstelle von Luft in besonders leistungsfähigen stationären Brennstoffbatteriesystemen.

Es soll bemerkt werden, daß der Wirkungsgrad von Kernkraftwerken und Kraftwerken, die fossile Brennstoffe verwenden, durch die Kraft-Wärme-Kopplung wesentlich verbessert werden kann. Dieser letztere Punkt ist auch für die Umstellung auf elektrische Fahrzeuge mit aufladbaren Batterien ein wichtiges Argument. Bleibatterien dürften allerdings wenig Chancen haben, elektrische Fahrzeuge der Zukunft anzutreiben. Für diese Anwendung dürften Batterien mit Umlaufelektrolyt (z.B. Zink-Brom-Systeme) oder verbesserte Nickeloxid-Eisen-, Nickeloxid-Zink-Batterien oder solche mit luftdepolarisierten Elektroden vorteilhafter sein. Hochtemperaturzellen (Natrium/Schwefel oder Lithium/Eisensulfid) dürften für mobile Anwendungen unter 100 kW (Straßenfahrzeuge) nicht in Frage kommen.

Kombinationen von Motorgeneratorsystemen mit Batterien haben den Vorteil, daß einerseits die Motoren bei optimaler Drehzahl verwendet werden können, andererseits die Batterien nicht auf Maximalkapazität ausgelegt werden müssen [4, 5].

Kombinationen von verschiedenen Batterietypen, z.B. einer Brennstoffbatterie mit einem Akkumulator, erlauben eine Optimierung je nach Anwendungszweck des Fahrzeuges oder nach den Kosten des Hybrids. Brennstoffbatterien werden gegenüber den aufladbaren Batterien immer relativ teuer sein, deswegen wird man z.B. eine Wasserstoff-Luft-Batterie für die mittlere Leistung und die damit verbundene Sekundärbatterie für die Spitzenleistung auslegen. Ein solches kombiniertes Batteriesystem benötigt keinen Spannungswandler zwischen den Systemen, wenn die Stromspannungskurven entsprechend angepaßt sind. Bei hoher Last übernimmt die Batterie mit dem niedrigeren Innenwiderstand die Stromlieferung und bei geringer oder abgeschalteter Last ladet die Brennstoffbatterie den Akkumulator auf.

8.2 Zellen mit alkalischen Elektrolyten

8.2.1 Reiner Wasserstoff-Sauerstoff-Betrieb

Das erste Demonstrationsfahrzeug war wahrscheinlich der Traktor, den W. Mitchell bei der Allis-Chalmers Mfg. Co. in Milwaukee, Wisconsin, 1959 konstruierte. Der Traktor war mit einer 15 kW-Wasserstoff-Sauerstoff-Batterie aus porösen platinkatalysierten Metallelektroden ausgestattet. Das Fahrzeug diente nur zu Demonstrationszwecken. Die Batteriespannung war 750 V, das

Batteriegewicht war 917 kg. In der weiteren Folge dieser Entwicklung entstanden zwischen 1961–1965 kleinere (0,5–1,5 kW) Einheiten mit bipolaren Metallelektroden und alkalischen „Matrix"-Elektrolyten (anfangs Asbest, mit KOH getränkt). Diese Zellen wurden dann durch eine spezielle Methode der Wasserentfernung [6] für die Raumfahrt adaptiert. Die heutigen höchst kompakten 7–12 kW „Space Shuttle"-Brennstoffbatterien (jetzt von United Technologies gebaut) sind die fernen Abkömmlinge dieses Traktors.

Eine Studiengruppe der General Motors Corp. [7] begann 1964 ein Programm, das die Möglichkeiten für elektrische Fahrzeuge prüfen sollte. Antriebskomponenten, Motoren, Stellkreise, Karosseriekonstruktionen und verschiedene Batteriesysteme wurden in mehreren Fahrzeugen ausprobiert. Außer Blei-, Silber-Zink- und Luft-Zink-Batterien wurden auch Brennstoffbatterien in Betracht gezogen. Abb. 1 zeigt eine Phantomzeichnung des „Electrovan". Dieser sechssitzige Transportwagen wurde wegen seiner Geräumigkeit für den Wasserstoff-Sauerstoff-Betrieb ausgesucht. Der Motor war ein speziell für Elektrofahrzeuge entwickelter 125 PS (13 700 U/min) dreiphasiger Induktionsmotor, der von einem elektronisch gesteuerten Kontrollsystem gespeist wurde. Das Brennstoffzellensystem wurde von der Union Carbide Corp. gebaut [8]. Die Batterie bestand aus 32 Modulen, die eine Dauerleistung von je 2 bis 3 kW und eine Spitzenleistung von über 5 kW produzierten. Sie waren in Blockbauweise aus 0,2 mm dicken, sogenannten „fixed zone"-Elektroden hergestellt, die aus einer porösen Nickelschichte als Stromableitung und einer dünnen aktiven Kohleschichte bestanden. Die poröse Nickelschichte war zugleich die jeweilige Gaszuführung und die Kohleschichte war die Arbeitsschichte in Kontakt mit dem alkalischen Elektrolyten. Das Modul war aus 32 Doppelzellen aufgebaut (je-

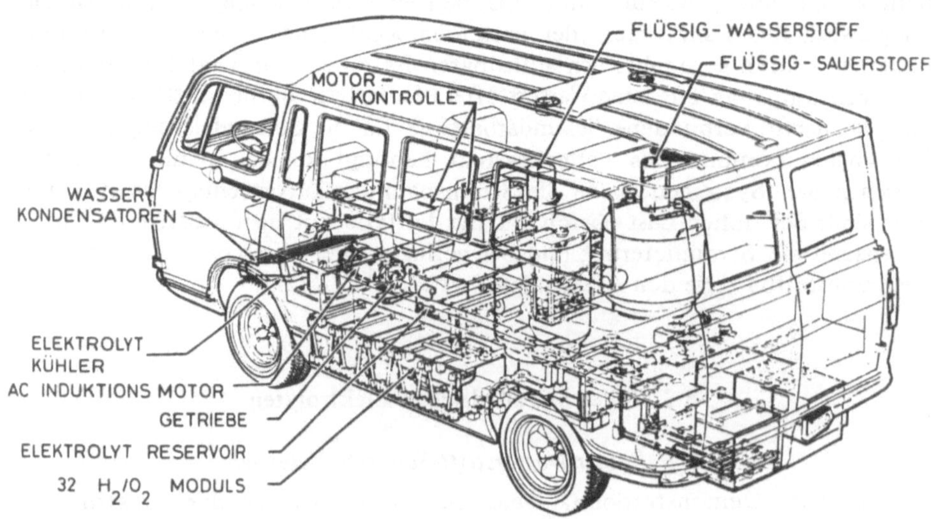

Abb. 1. Der „Electrovan", gebaut von General Motors Corp., in den Jahren 1966–67, mit 32 Wasserstoff-Sauerstoff-KOH-Batterien von Union Carbide Corp. und 150 kW-Dreiphasen, 13 700 U/min Antriebsmotor von Delco Prod. Div.

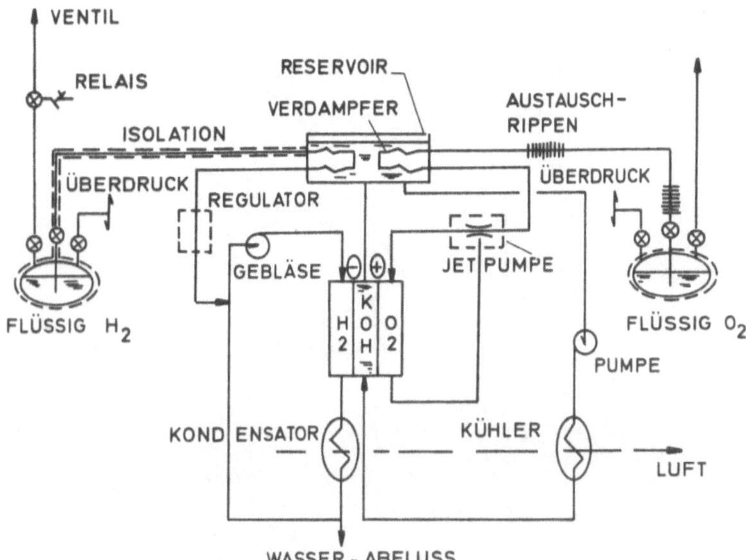

Abb. 2. Schematisches Diagramm der „Electrovan"-Zirkulationssysteme. Beide Gase wurden in einer verbesserten Ausführung nicht mit Gebläsen, sondern mit differenzdruckgesteuerten Jet-Pumpen, je nach dem Gasbedarf, also als Funktion der Batterieleistung, umgewälzt

weils zwei Elektroden waren parallel geschaltet, um eine höhere Verläßlichkeit zu erreichen) und konnte als 8zellige, nominal 6 V-Batterie, als 16zellige, nominal 12 V-Batterie, oder als eine 32zellige, nominal 24 V-Batterie eingesetzt werden. Der „Electrovan" verwendete 32 Module von je 12 V, die Arbeitsspannung war also nahe von 400 V bei einem Strom von 200 A. Die Spitzenleistung lag bei etwa 160 kW.

Abb. 2 zeigt die Auslegung des Systems. Reiner Wasserstoff und Sauerstoff wurden als Betriebsgase in Hochdruckflaschen oder als Flüssiggase in Dewargefäßen vorgesehen. Die Betriebstemperatur war 70–90 °C. Abb. 3 zeigt die Leistungskurven und Abb. 4 den Wirkungsgrad bei verschiedenen Belastungen. Das Fahrzeug hatte Fahreigenschaften, die einem Benzinauto nahekamen: Eine Reichweite von über 200 km und eine Spitzengeschwindigkeit von 105 km/h. Das Leergewicht war allerdings 3400 kg, das Zweifache des regulären General Motors-Van. Das Fahrzeug wurde auf dem firmeneigenen Prüfgelände wiederholt vorgeführt.

Folgende Probleme wurden erkannt:

1. Zu hohes Gewicht und Volumen der Brennstoffbatterie
2. Kurze Lebenszeit (1000 Stunden) im aktivierten Zustand
3. Komponenten zu teuer (Pt-Katalysator auf den Elektroden)
4. Lange Startvorgänge (4 Stunden) wegen Zellumpolungen
5. Kompliziertes System mit hohem Aufwand an Kontrollen
6. Hohe Spannung (über 400 V) und hohe parasitäre Ströme
7. Gefahren des Betriebes mit Wasserstoff und reinem Sauerstoff als komprimierte bzw. verflüssigte Gase.

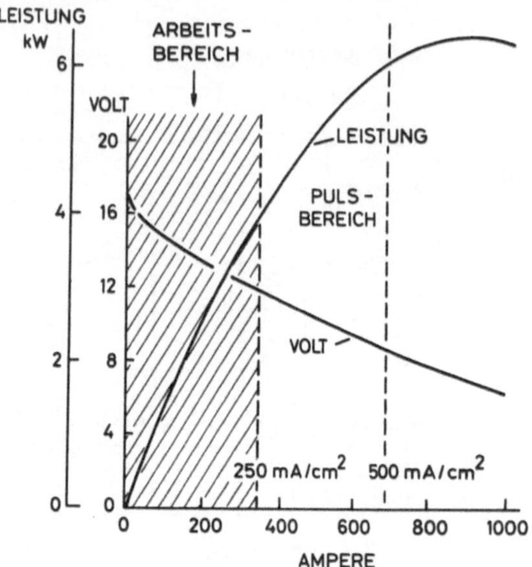

Abb. 3. Die Stromspannungskurve und die Leistungskennlinie eines der 32 Moduls aus dem „Electrovan" bei 70 °C

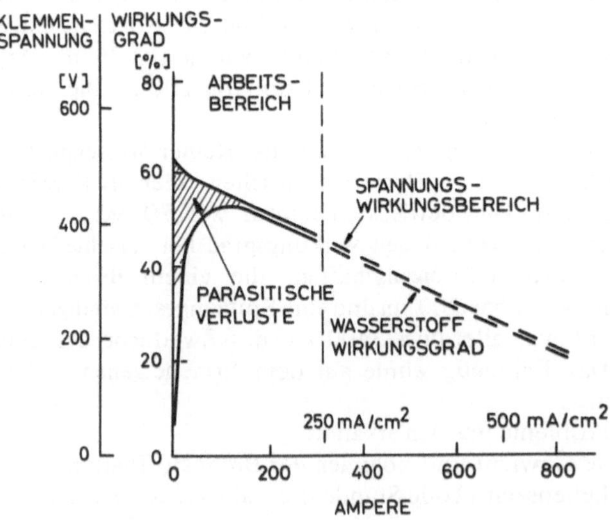

Abb. 4. Wirkungsgrad der Energieumwandlung in der Batterie des „Electrovan" in Abhängigkeit von der Betriebsspannung

8.2.2 Hybridsystem: Wasserstoff-Luft- und Blei-Batterie

Dieselben Union Carbide Wasserstoff- und Sauerstoff-Kohle-Elektroden, wie sie für das General Motors Corp. System erzeugt wurden, verwendete der Autor [9, 10] zum Bau eines 90 V- 6 kW-Wasserstoff-Luft-Systems, das mit einer 3,5 kWh-Bleibatterie parallel geschaltet wurde. Mit diesem Hybridsystem wurde ein viersitziger Personenstadtwagen, Typ Austin A-40, ausgerüstet (Abb. 5). Das Gesamtgewicht vor dem Umbau betrug 730 kg, nachher 950 kg. Die Bleibatterie ermöglichte Fahreigenschaften (Beschleunigungen), wie sie im Stadtverkehr nötig sind. Die Kapazität des Wasserstoffspeichers reichte für eine Fahrstrecke von etwa 300 km, wonach ein einfaches Auffüllen der Druckflaschen innerhalb von 2 Minuten die Kapazität wieder herstellte.

Der Motor war ein 7,5 kW- (Dauerlast), 20 kW- (Spitzenlast) Gleichstromserienmotor mit 4000 U/min maximaler Drehzahl („compound"-begrenzt), was einer Höchstgeschwindigkeit von 75–80 km/h entspricht. Das Vierganggetriebe und das Schwungrad mit Kupplung zur Ausnützung der Energiespeicherung beim Anfahren wurde beibehalten. Eine zusätzliche Geschwindigkeitsregelung durch Umschalten der Feldwicklungen des Motors (Feldschwächung) zeigte sich als nützlich und funktionierte als „overdrive".

Zeitweilig wurde eine regenerative Gewinnung der Bremsenergie erprobt, aber wegen der relativ geringen Einsparung von nur 5–10% der Fahrenergie wieder ausgebaut. Das zusätzliche Gewicht und die Kompliziertheit der Elek-

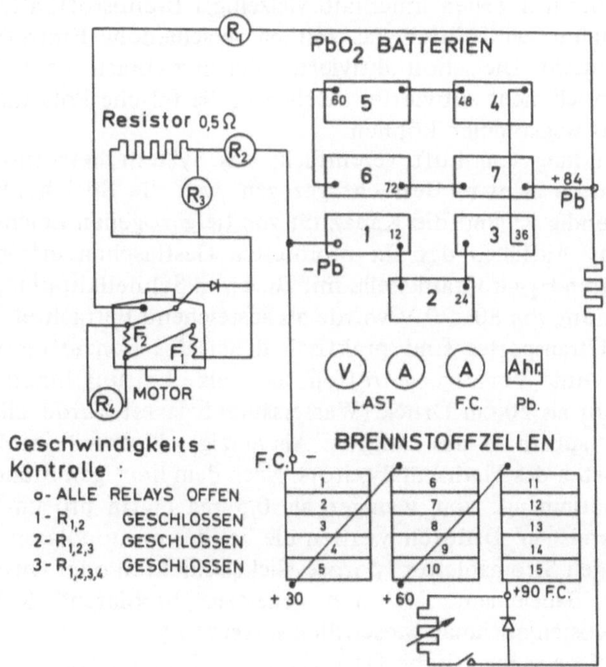

Abb. 5. Prinzipschaltung des Hybridfahrzeuges von Kordesch. Das Auto hatte auch noch Kupplung und Vierganggetriebe

tronik war in diesem Fall nicht gerechtfertigt. Für einen schwereren Wagen oder in hügeligem Gelände wäre die Situation günstiger gewesen.

Die anderen Nachteile des vorher beschriebenen General Motors-Fahrzeuges wurden ebenfalls zum Großteil behoben:

Die Lebenserwartung einer alkalischen Brennstoffbatterie mit Umlaufelektrolyt steigt, wenn man die Batterie in den Ruhepausen deaktiviert, d.h. den Elektrolyt ausleert und durch Abstellen der Gaszufuhr alle parasitären Ströme eliminiert. Luftelektroden haben erfahrungsgemäß auch eine längere Lebensdauer als mit Sauerstoff betriebene Kohleelektroden, wenn das Kohlendioxid der Luft sorgfältig entfernt wird. Eine Betriebsdauer von 2000 Stunden entspricht bei einer durchschnittlichen Geschwindigkeit von 50 km/h einer Fahrstrecke von 100 000 km.

Das Fahrzeug ist mit den Bleibatterien sofort betriebsfähig. Die Brennstoffbatterie benötigt etwa 1–2 Minuten, bis der Elektrolyt eingepumpt ist und die Kontrollorgane nach Sicherung der Betriebsbereitschaft die Zufuhr des Wasserstoffes erlauben. Ein längeres Warten oder Prüfen der Zellpolaritäten ist nicht nötig, weil die parallel geschaltete Bleibatterie die richtige Polung der Brennstoffzellen garantiert. Eine Diode verbindet die beiden Batteriesysteme über einen hohen Widerstand und verhindert im Zustand der Inaktivität der Brennstoffbatterie einen Elektrolysestrom von der Bleibatterie. Wird jedoch beim Anschalten der Batterie die Diode kurzzeitig überbrückt, so polarisiert der begrenzte Elektrolysestrom alle Zellen in der gleichen Richtung. Die Falschpolung von einzelnen Zellen innerhalb vielzelliger Brennstoffbatterien während der Inbetriebnahme wird durch das zeitlich verschiedene Eintreffen der Reaktionsgase verursacht. Die schon aktivierten Zellen zwingen die anderen in Serie geschalteten (noch nicht aktivierten) Zellen in die falsche Polarität, von der sie von selbst nicht wegkommen können.

Die Anwendung von Luft vereinfacht das System beträchtlich. Flüssiger Wasserstoff wurde nicht in Betracht gezogen, weil die Speicherung in Dewar-Gefäßen aufwendig ist und die Kapazität von tiefgezogenen Leichtstahlflaschen ausreichte. Das Auffüllen der fix montierten Gasflaschen erfolgte von einer 150 Atmosphären-H_2-Großtankstelle mit Hilfe von Schnellkupplungen.

Eine Spannung von 80–90 V wurde als ausreichend betrachtet. Die Gefahren des Wasserstofftransportes sind praktisch denen des Benzintransportes gleichzustellen. Es wurde Vorsorge getroffen, daß keine Leitung innerhalb des Fahrzeuges mit mehr als 20 cm Druck (Wassersäule) belastet wurde, alle Druckregler befanden sich außerhalb des Wagens. Als einziger Nachteil verblieben damals (1970) die Kosten des Platinkatalysators. Nach dem heutigen Stand der Technik würde eine Platinmenge von weniger als 0,5 mg Platin pro cm^2 Elektrodenoberfläche ausreichen. Dadurch werden die bei der monopolaren Zellkonstruktion notwendigen Stromableiter (poröse Nickelschichten oder Gitter) zum preisbestimmenden Bauelement. Mit den neuesten „bipolaren" Kohleelektroden würden diese Kosten nochmals wesentlich sinken.

Abb. 6 ist eine schematische Darstellung des Systems Wasserstoff/Luft. Alle vorgeschriebenen Sicherheitsmaßnahmen wurden eingebaut [11]. Das Fahrzeug war mit der Ohio Lizenz KK 359 öffentlich zugelassen. Technisch reiner Wasser-

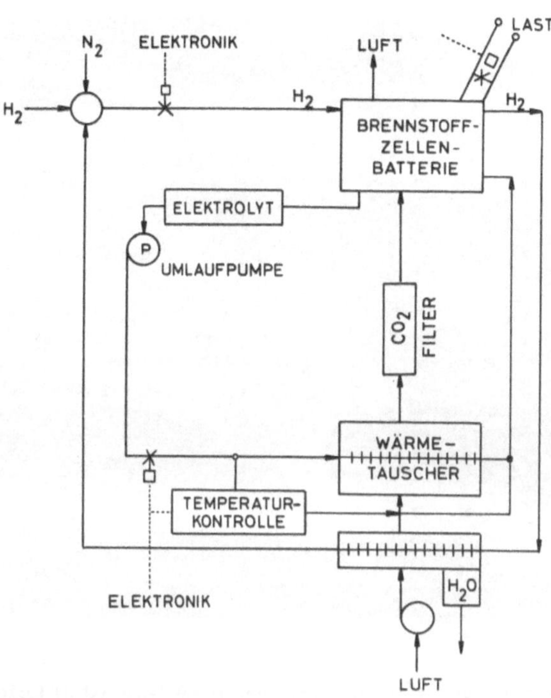

Abb. 6. Blockdiagramm des Wasserstoff-Luft-Systems des Elektrofahrzeuges von Kordesch. In der praktischen Ausführung ist der KOH-Tank an der tiefsten Stelle

stoff (98% +) wird der Batterie zugeführt und durch einen Kondensatorkreislauf zirkuliert. Dadurch wird das von den porösen Elektroden verdampfte Wasser entfernt. Der Wasserdampfdruck über 30%iger KOH beträgt bei 80 °C nur 200 mm Hg. Gebläseluft wird durch einen Kohlendioxid-Absorptionsturm geleitet. Am besten bewährte sich eine Natronkalk-Faserfüllung mit Indikatoranzeige des Verbrauchszustandes. Der Elektrolytkreislauf dient der Kühlung und dem Konzentrationsausgleich. Wenn das System nicht in Betrieb ist, wird die Kalilauge im Behälter unter der Batterie aufbewahrt. Stickstoff aus einem Druckzylinder wird im Notfall automatisch in die Wasserstoffleitungen eingeblasen. Temperatur-, Druck- und Spannungssensoren überwachen die Funktion der Anlage. Fehlschaltungen des Fahrzeugführers werden durch eine eingebaute Programmstufensteuerung verhindert. Das Starten und das Abschalten des Systems erfolgt durch einen Sequenzschalter, der vom Fahrer nicht übergangen werden kann.

Die Anlage besteht aus drei Blöcken zu je 2 kW, von denen jeder aus 5 Batterien („Modulen") zu je 8 Zellen gebildet wird. 120 Zellen ergeben bei einer Durchschnittsbetriebsspannung von 0,8 V 96 V.

Abb. 7 ist eine Photographie des Brennstoffsystems im Heck des Fahrzeuges. Das Bild zeigt den mit Natronasbest gefüllten Luftreiniger (über der Batterie

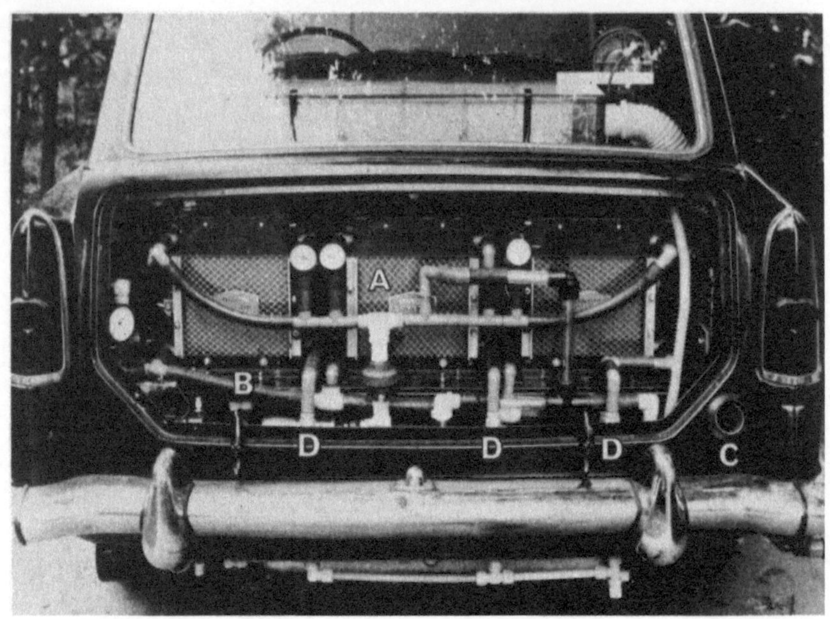

Abb. 7. Photographie der von Kordesch gebauten 6 kW-Wasserstoff-Luft-Brennstoffzellen-anlage im Heck des Austin A-40. *A* Elektrolytabfluß, *B* Luftableitung, *C* Exhaust, *D* Wasser-stoffleitungen und Wasserausbringung. Das Bild zeigt auch das CO_2-Absorptionsgefäß (oben)

montiert) mit seinen vertikalen Ablenkplatten. Eine Neufüllung war nach etwa 1000 km Fahrstrecke notwendig.

Sechs Wasserstoffdruckflaschen sind am Dach montiert. Jeder Zylinder (Stahl, tiefgezogen, Scuba-Typ) wiegt etwa 13 kg. Bei einem Fülldruck von 130—150 bar beträgt der gesamte Inhalt ca. 20—25 m³ Wasserstoff. Dieser Menge entsprechen theoretisch über 60 000 Amperestunden bzw. (bei 0,75 V) 45 kWh. Nach Berücksichtigung aller weiteren Verluste können etwa 33 kWh dem Motor zugeführt werden. Dies bedeutet einen 5stündigen Betrieb bei einem Durchschnittsverbrauch von 6 kW, was einem Stadtverkehr mit einer Geschwin-digkeit von 40 km pro Stunde mit häufigem Anhalten entspricht.

Die Energiedichte des Brennstoffbatteriesystems beträgt bei einem Total-gewicht von 250 kg (einschließlich der Stahlflaschen) 140 Wh/kg, wenn man einen Wirkungsgrad von 58% annimmt.

Die Bleibatterie bestand zunächst (1972) aus sieben, später aus acht 12 V-SLI-Starterbatterien (Marke Globe-Union, „Die-Hard") mit einer 20stündigen Kapazität von 90 Ah. Diese mußte aber wegen der hohen Spitzenströme in der Bewertung auf die Hälfte herabgesetzt werden. Bei einem Batteriegewicht von 150 kg errechnet sich die spezifische Energiedichte zu 22 Wh/kg. Die kurz-zeitige Spitzenbelastbarkeit der Bleibatterie beträgt etwa 300 bis 400 A. Es können also bis 30 kW (bei 70 V) für Beschleunigungen und kurze Bergfahrten entnommen werden. Die spezifische Leistung ist hoch (bis 200 W/kg). Versuchsweise verwendete Industriebatterien (Röhrchenkonstruktion der Elektroden) waren ungeeignet.

Das Hybridsystem hatte somit ein Gesamtgewicht von 400 kg oder 33% vom Bruttogewicht des Wagens. Nutzlast: 320 kg. Eine geringe Erhöhung des Gewichtes ergab sich nach Verstärkung der Federn und Umbau der Bremsvorrichtung. Der Energieverbrauch wurde durch die Verwendung von speziellen Radialreifen wesentlich geringer (etwa 0,2 kW/km). Mit einer Gesamtkapazität von 40 kWh beträgt die Energiedichte 100 Wh/kg, ein Wert, der allgemein als ausreichend für einen Kleinwagen im Stadtverkehr angesehen wird.

In Abb. 8 wird das Zusammenwirken zwischen Brennstoffbatterie und Akkumulator graphisch dargestellt. Es wird deutlich sichtbar, wie sehr der Ladezustand der Bleibatterie den jeweiligen Ausgleichsstrom zwischen den Batterien bestimmt. In Tabelle 1 werden die Betriebszustände des Fahrzeuges und die dazugehörigen Batterieleistungen angeführt.

Die Brennstoffbatterie hat mit etwa 300 Laboratoriumsteststunden vor dem Einbau in das Fahrzeug und mit etwa 25000 Fahrkilometern im Verkehr (1970–1973) den Beweis erbracht, daß langlebige Brennstoffzellen mit hoher Leistung gebaut werden können. Ohne die Möglichkeit der völligen Inaktivierung während der Ruhepausen und ohne die Spitzenlasthilfe durch die Bleibatterien hätte die Lebensdauer höchstens 3000–5000 Stunden (ein halbes Jahr) betragen. Selbst wenn sie (in betriebsbereitem Zustand) nicht benutzt worden wären, hätten die Zellen innerhalb dieser Zeit Schäden gezeigt, und zwar hauptsächlich durch Oxidationsvorgänge an den platinkatalysierten Kathoden und durch Deaktivierungsvorgänge an den Anoden. „Betriebsbereit" würde auch bedeuten, daß Wasserstoff ohne Unterbrechung zur Verfügung sein müßte, um die Span-

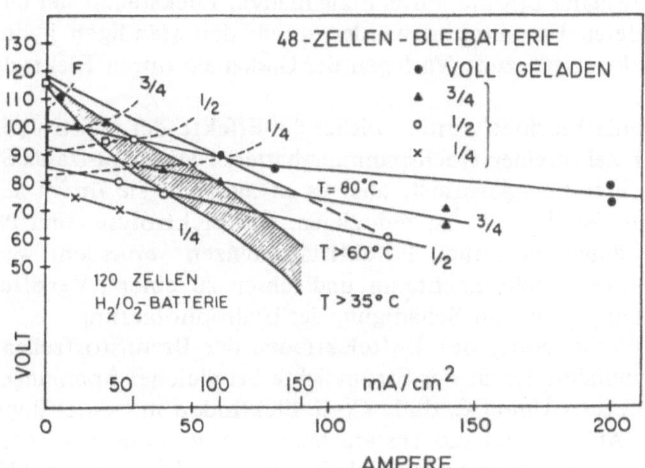

Abb. 8. Das Zusammenwirken von Brennstoffbatterie und Bleibatterie wird durch den Ladezustand des Akkumulators und die Neigung der Polarisationskurven bestimmt. Der Temperatureinfluß ist groß, die 80 °C Kurve = 79° Kurve von Abb. 9

Tabelle 1. *Zusammenstellung der Batterieleistungen* (Gemessene Werte)

| Systemgesamtleistung | | | Bleibatterie | Bleibatterie | H_2-Luft | Fahrbedingungen |
kW	V	A	Ladezustand	A	A	
11,0	85	125	4/4	-80	45	80 km/h, 4. Gang,
9,5	80	115	3/4	-60	55	75 km/h, Feldverk.
8,0	75	105	2/4	-40	65	70 km/h, ebene
6,5	70	95	1/4	-25	70	65 km/h, Straße
20,0	75	260	4/4	-200	60	Anfahren vom Stand
14,0	65	210	3/4	-140	70	10% Steigung
12,0	60	195	2/4	-120	75	im 2. Gang
8,0	90	90	4/4	-60	30	67 km/h, 4. Gang,
7,0	85	80	3/4	-40	40	65 km/h, volles
5,6	80	70	2/4	-20	50	60 km/h, Feld,
4,5	72	60	1/4	0	60	50 km/h, eben
4,0	70	58	2/4	$+7$	65	45 km/h, 3. Gang
3,0	84	35	2/4	$+8$	48	25 km/h, 3. Gang
2,0	88	22	1/4	$+13$	35	15 km/h, 2. Gang
0,5	110	5	4/4	$+5$	5	Stillstand des
2,0	100	20	3/4	$+20$	20	Wagens und
2,8	95	30	2/4	$+30$	30	Ladung der
4,2	85	50	1/4	$+50$	50	Bleibatterien

nung trotz parasitärer Ströme aufrechtzuerhalten. Leckstellen der dünnen Elektroden oder deren Umrahmung würden durch den ständigen hydrostatischen Druck des Elektrolyten zum Verlegen der Gaskanäle durch Elektrolytansammlungen führen.

Relativ wenig beachtet wurden bisher die Effekte der elektrolytischen Verbindungen der Zellen einer Hochspannungsbatterie. Die parasitären Ströme sind ein unerwünschter Energieverlust, aber es ist möglich, sie durch lange Kanäle auf weniger als ein Prozent zu reduzieren. Die Elektrolyse- und Plattierungsvorgänge, die durch die hohen Potentialdifferenzen verursacht werden, sind, wie man jetzt weiß, sehr nachteilig und führen zu einer „Vergiftung" durch Metallabscheidungen und zur Schädigung der Hydrophobierung.

Zu einer Verbesserung der Luftelektroden der Brennstoffzellen um einen Faktor von zumindest 1,5 in der Stromdichte bei gleicher Spannung, führte die Entwicklung neuerer Union Carbide Corp. Elektroden mit einer doppelporösen Nickelschicht. Abb. 9 zeigt die Testergebnisse, die von einer Arbeitsgruppe am Brookhaven National Laboratorium erhalten wurden [12]. Die in Abb. 9 eingezeichnete Kurve für 79 °C entspricht diesen neuen Möglichkeiten. Weitere Verbesserungen kann man von einer Herabsetzung des Innenwiderstandes der Zellen erwarten.

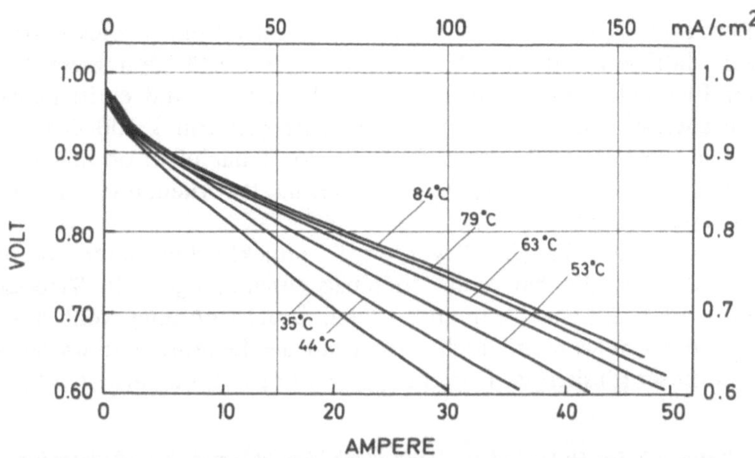

Abb. 9. Testergebnisse des Brookhaven National Laboratoriums mit handgefertigten Moduls nach Kordesch, bei Verwendung von verbesserten Luftelektroden (1979). Die 79 °C-Kurve wurde zum Vergleich nach Abb. 8. übertragen. Der geradlinige Verlauf der Polarisationskurven deutet auf einen großen Ohmschen Widerstandsanteil hin

Eine Verdoppelung der Durchschnittsleistung des Luft-Wasserstoff-Systems im beschriebenen Fahrzeug auf 12–15 kW würde die Fahreigenschaften wesentlich verbessern, der spezifische Energieverbrauch könnte etwas größer (0,3–0,5 kW/km) sein.

Die Bleibatterie könnte heute durch eine wesentlich leichtere und auch billigere Zink-Halogen-Batterie mit Umlaufelektrolyt ersetzt werden. Bei Verwendung der von Exxon entwickelten bipolaren Zink-Brom-Batterie [13] verringert sich das Gewicht der 3,4 kWh-Sekundärbatterie (Blei: 150 kg, 22 Wh/kg) auf etwa ein Drittel (Zn-Br: 50 kg, 66 Wh/kg). Diese Batterien können auch unbedenklich tiefentladen werden, was bei Blei nicht der Fall ist. Die Polarisationskurven sind fast unverändert, wenn die Batterie vollgeladen oder nahezu entladen ist. Das Element Brom ist an einen organischen (quarternären) N-Komplex gebunden und kann dadurch ohne Gefahr gehandhabt werden.

Zink-Brom-Batterien und Fahrzeuge für dieses relativ neue System werden in Österreich technisch weiterentwickelt [14]. Eine Kombination mit einer alkalischen Wasserstoff-Luft-Batterie, die nach dem bipolaren Konstruktionsprinzip [15] gebaut wird (und dadurch auch billig ist), erscheint dem Autor sehr aussichtsreich [16].

Wahrscheinlich wäre man noch besser beraten, die Zink-Brom-Batterie auf etwa 7 kWh aufzustocken. Das Gewicht wäre also nur um 50 kg zu reduzieren. Die gewonnenen 50 kg würden als Wasserstoffspeicher mit den beschriebenen (1970) Stahlzylindern 12 m³ Wasserstoff oder fast 50% mehr Endkapazität zu den vorhandenen 35 kWh hinzufügen. Mit den modernen armierten Leichtmetallzylindern entsprechend mehr.

Das Ergebnis wäre ein elektrisches Fahrzeug mit etwa 300 km Reichweite, mit Wasserstoff in Minuten auftankbar und Fahreigenschaften, die dem üblichen Benzinfahrzeug nicht viel nachstehen. Aufstellungen dieser Art wurden in großer Zahl gemacht und Modellrechnungen bestätigten diese Annahmen [17]. Der Produktionspreis hängt von der Anzahl ab, und es ist unrealistisch, zu viel zu spekulieren, nur um eine Zahl im Bereich von $ 200–300 nennen zu können. Die Kosten des Brennstoffes variieren, je nachdem ob man Wasserstoff über Erdgas, Kohle oder von Wasser- bzw. Kernkraftwerken, über Druckleitungen oder verflüssigt, bezieht.

In der folgenden Tabelle 2 werden die projektierten Daten, die praktisch schon heute verwirklichbar sind, nochmals zusammengestellt. Verbesserungen durch eine beträchtliche Temperatur- und Druckerhöhung können sicherlich auch noch erreicht werden, doch wird dann die Lebensdauer wieder in Frage gestellt. In dieser Hinsicht ist Forschungs- und Entwicklungsarbeit nötig.

Tabelle 2. *Das Hybridfahrzeug mit alkalischen Wasserstoff-Luft-Batterien*

$12-15$ kW-H_2-Luft-Batterie, Gewicht:	220	kg
7 kWh Zink-Brom-Akkumulator, Gewicht:	100	kg
Fahrzeuggewicht + 2 Personen	1350	kg
150 kWh-armierte H_2-Leichtzylinder, Gewicht:	150	kg
Brennstoffverbrauch, Gewicht H_2/100 km:	1,5	kg
Reichweite des Fahrzeuges, 75 km/h, ohne Stop	300	km
Wirkungsgrad der Anlage	60	%
Beschleunigung: 0–70 km/h in	15	sec
Höchstgeschwindigkeit	90	km/h
Spitzenleistung (20 min)	20	kW
Spitzenleistung (1 min)	40	kW
Arbeitstemperatur	20–80	°C
Betriebsbereitschaft der H_2-Luft-Batterie	10	sec
Hybridbatterie (Zink-Brom) sofort bereit, bis	− 10	°C
H_2-Luft-Spannung pro Zelle, bei 150 mA/cm²	0,75	V
Lebenserwartung einzelner Module	5000	h
Pt-Katalysator nur an der Anode	0,5	mg/cm²

8.2.3 Die Verwendung von Ammoniak als Brennstoff

Die direkte Oxidation von Ammoniak in Brennstoffzellen ist bisher nicht gelungen. Allis Chalmers Mfg. Co., General Electric Co. und General Motors Corp. untersuchten dieses System in den sechziger Jahren. Eine für Fahrzeuge noch immer interessante Variante der Wasserstoffspeicherung ist aber die Verwendung von flüssigem Ammoniak, das in Niederdruckzylindern handelsüblich erhältlich ist. Während flüssiger Wasserstoff (Energieinhalt 33 kWh/kg) durch das Gewicht des Dewar-Behälters auf 1/12 davon (etwa 2,8 kWh/kg) absinkt, verliert flüssiges Ammoniak (5,4 kWh/kg) durch das Zylindergewicht relativ wenig und besitzt daher einen Speicherwert von etwa 3,3 kWh/kg. Durch den notwendigen katalytischen Reaktor, der den Wasserstoff für die Batterie erzeugt, gehen zwar noch weitere 15–20% verloren, die Vorteile des Ammoniakspeichers sind aber offensichtlich groß. Dazu kommt noch, daß für die Wasserstoffverflüssigung fast 30% des ursprünglichen Energieinhaltes des gasförmigen Wasserstoffes aufgewendet werden müssen, während die Ammoniaksynthese aus Wasserstoff nur etwa 10% benötigt.

Ein Ammoniak-Luft-Brennstoffzellensystem war ursprünglich für das Kordesch-Hybridfahrzeug geplant (geschätztes Gewicht für ein 6 kW-System: 240 kg), da es aber in den Jahren 1965–1970 handelsüblich nur Cracking-Katalysatoren mit relativ hoher (über 800 °C) Arbeitstemperatur (bzw. kleine Heizdraht-Spaltöfen mit geringem Durchsatz) gab, wurde das Projekt mit Druckflaschen ausgeführt.

Abb. 10 zeigt das Diagramm eines Ammoniaksystems [18]. Heute würde man eine Ammoniakdissoziationsanlage bei 450 °C und etwa 10 bar vorschlagen. P. N. Ross [19] berechnete ein solches System mit Propanzusatzheizung und kam auf eine Fahrstrecke von 15 km pro kg Ammoniak für ein Ein-Tonnen-Fahrzeug. Anders betrachtet: Bei einem Energieverbrauch eines Elektrofahrzeuges von ca. 0,3 kW/km könnte man (ohne Propanheizung) mit 1 kg Ammoniak (5,1 kWh/kg) 7 km weit fahren, wenn man den Gesamtwirkungsgrad mit 40% annimmt. Mit Alkohol in einer Verbrennungskraftmaschine (Wirkungsgrad 15%, Methanol 5,6 kWh/kg) würde man weniger weit fahren können. Zum Vergleich: Isooktan 12,7 kWh/kg.

Die obigen Angaben gelten aber nur für alkalische Brennstoffzellen in Kombination mit einem Ammoniakkonverter. Eine Hybridanordnung mit einer Sekundärbatterie ist nötig, um die Anheizperiode zu überwinden.

Eine französische Gruppe (Institut Français du Pétrole) befaßte sich in einer Marktstudie mit einem Fahrzeug des Typs Renault 4L, das mit einer 11 kW-Wasserstoff-Luft-Batterie (Spitzenleistung 16 kW) ausgestattet werden sollte und bei einer Reichweite von 225 km eine Geschwindigkeit von 70 km/h erreichen könnte. Das Fahrzeug würde nur 814 kg wiegen, davon 165 kg die Batterie. Der Spezialmotor hätte ein Gewicht von 33 kg, die Leichtgewicht-Hochdruckwasserstoffbehälter 40 kg (für 2 kg Wasserstoff).

Dieses Fahrzeug, das nur mit Brennstoffbatterien ausgerüstet sein sollte, entwarf Y. Breele (1972) [20]. Die Konstruktion eines „Nicht-Hybrid"-Brennstoff-Fahrzeuges wurde diskutiert, weil man die zusätzliche Verwendung einer Sekundärbatterie vermeiden will.

Später wurde die Verwendung eines Methanol-Dampfumformers zur Wasserstoffgewinnung vorgesehen. Das Kohlendioxid sollte durch zyklische Adsorption entfernt werden. Die Argumente für Hybride gewannen dann wieder wegen der langen Anfahrperiode des Reformers die Oberhand, aber auch wegen der hohen Kosten der Brennstoffbatterie, die man dann möglichst klein, also nicht für die Spitzenlast auslegen konnte.

Die Firma „Electrochemische Energieconversie N.V." (ELENCO) in Belgien entwickelt seit 1972 ein alkalisches Wasserstoff-Luft-Batteriesystem, das auf PTFE-gebundenen Kohleelektroden basiert und auch für elektrische Fahrzeuge, speziell für den Stadtverkehr, Verwendung finden soll. Das System verwendet gegenwärtig auch Bleibatterien im Hybridbetrieb [21].

Es soll auch noch erwähnt werden, daß für besondere Verwendungszwecke

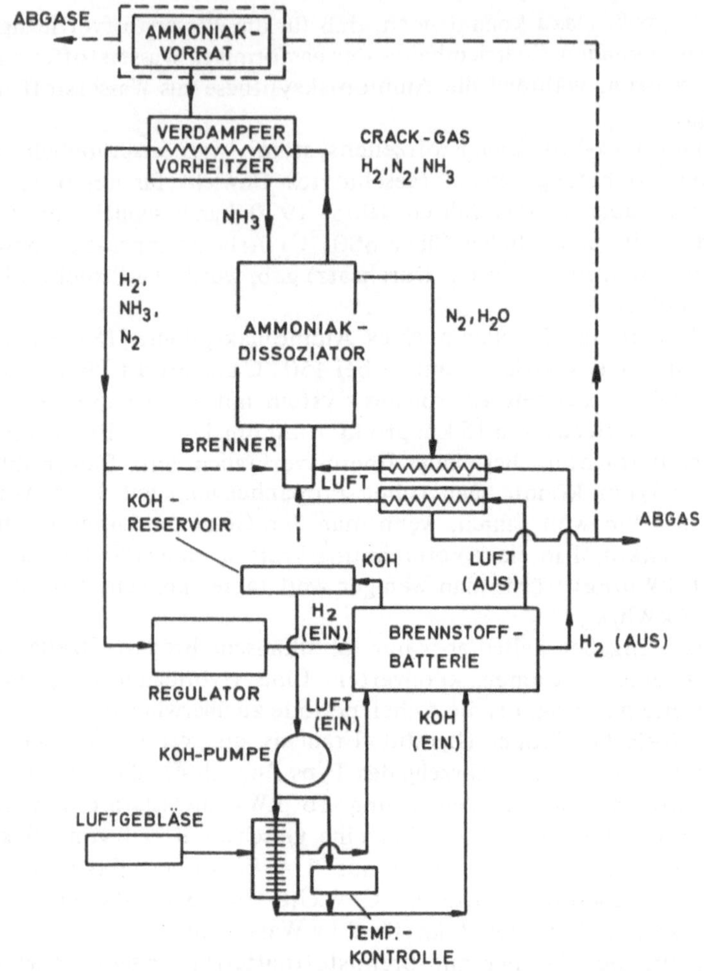

Abb. 10. Diagramm eines Ammoniak-Luft-Brennstoffzellensystems

die Anwendung von Sauerstoff anstelle von Luft Vorteile bringen kann. Berechnungen für den Sauerstoffbetrieb wurden in einer Studie bei der Siemens AG [22] gemacht und kürzlich im Zusammenhang mit der Empfehlung von Sauerstoff „Booster"-Zylindern für den zeitweiligen Ersatz von Luft (z.B. beim Anfahren) wiederholt (siehe S.P.E. Fuel Cells).

Zusammenfassung: Die vielen Modelle können über die Engpässe nicht hinwegtäuschen: Die entscheidenden Tatsachen sind technisch-ökonomischer Natur.

- ○ Verfügbarer, billiger reiner Wasserstoff
- ○ Verbesserte Speichermethoden (Hydride)
- ○ Preisgünstige Brennstoffbatterien (Massenproduktion)
- ○ Die Konstruktion und Erprobung geeigneter Elektrofahrzeuge.

Die Probleme der Wasserstoffverfügbarkeit und Kosten sind in verschiedenen Ländern ganz unterschiedlich zu bewerten.

8.2.4 Fahrzeuge mit Hydrazin-Brennstoffbatterien

Der Autor hat im Jahre 1966 ein Kleinkraftrad mit einem Hybridsystem, bestehend aus einer 16 V, 800 W Hydrazin-Luft-Batterie und einer hochbelastbaren Nickeloxid-Kadmium-Batterie, die Spitzenlasten bis 2,5 kW ermöglichte, ausgestattet. Abb. 11 ist eine Photographie des Motorrades [23]. Die Reichweite des Fahrzeuges betrug bei 40 km/h Geschwindigkeit (1 kW-Motorleistung) über 100 km, wobei der Brennstofftank mit 2 Liter einer 64%igen Hydrazin-Wasser-Mischung (Monohydrat) gefüllt war. Das Hydrazin wird nicht direkt umgesetzt. Wasserstoff und Stickstoff entstehen durch die katalytische Zersetzung von Hydrazin an der porösen Nickelanode, die mit Spuren von Palladium beaufschlagt ist. Diese Reaktion geht so leicht vor sich, daß man dem alkalischen Elektrolyten nur 1% Hydrazin zusetzen muß und trotzdem Stromdichten von 100 mA/cm² erreichen kann [24]. Abb. 12 zeigt die Anordnung des Systems mit dem Hydrazinkontrollkreis. Die Luft wurde mit Natrium-Kalziumhydroxid vom Kohlendioxid befreit. Zwei 8 V-, 400 W-Hydrazin-Luft-Batterien fanden im Motorrad Verwendung. Diese beiden Batterien konnten zur Geschwindigkeits-

Abb. 11. Photographie des Motorrades von Kordesch (1967), das mit einem Hydrazin-Luft-Brennstoffbatteriesystem und einer Nickeloxid-Kadmium-Batterie ausgerüstet war

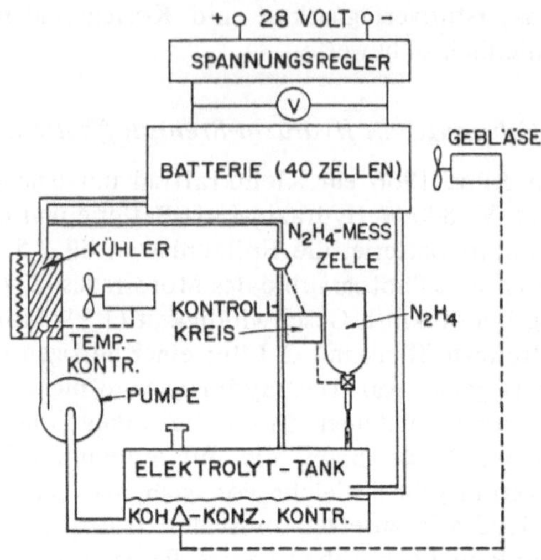

Abb. 12. Hydrazin-Luft-Batteriesystem mit Elektrolytumlaufkreis und automatischer
Hydrazin-Einspritzkontrolle

regelung jeweils in Serie oder parallel geschaltet werden. Das Kraftrad wurde
vom Autor im öffentlichen Verkehr (Ohio Lizenz K 1815) mehrere Jahre gefahren und ist auch noch heute (1983) für Demonstrationsfahrten auf dem
Universitätsgelände in Graz geeignet.

Allis-Chalmers Mfg. Co. baute schon 1963 ein 3 kW-Hydrazin-Sauerstoff-
Brennstoffzellensystem (mit porösen Metallelektroden), das zum Antrieb eines
Golf-Cart auf Ausstellungen diente [25].

In Zusammenarbeit mit Monsanto Research Corp. entwickelte die U.S. Army
1967 eine 28 V-, 20 kW-Hydrazin-Luft-Batterie für einen 3/4 Tonnen Armee-
lastwagen Type M-37 [26]. Das Fahrzeug sollte ursprünglich mit zwei 20 kW-
Batterien ausgestattet werden, wurde aber dann als Hybrid mit einer Bleibatterie
und einem 20 kW-Hydrazin-System gebaut. Dieses Fahrzeug wurde in der Erwar-
tung gebaut, daß Hydrazin in der Zukunft billiger erzeugt werden könnte und als
logistisches Chemikalium in den Militärdepots allgemein verfügbar sein würde.
Die spätere Erkenntnis, daß Hydrazin unter Umständen krebserregend sein kann,
änderte die ganze Planung für Hydrazin-Luft-Systeme. Es ist heute noch nicht
endgültig entschieden, ob das Hydrazin selbst kanzerogen ist, oder ob die von der
Herstellung zurückbleibenden Nitroseverbindungen dafür verantwortlich sind.
Neue Herstellungsmethoden sind daher zu beachten [27].

Ein Hydrazinfahrzeug könnte wegen der hohen Energiedichte des N_2H_4-
Hydrates eine große Reichweite erzielen. Bei 50% Wirkungsgrad kann die Energiedichte dieses flüssigen Brennstoffes mit etwa 1 kW/kg eingesetzt werden.

1972 wurde von einer Arbeitsgruppe [28] bei Shell Research Ltd., Thornton,
England, ein DAF-44 Automobil in ein Hydrazin-Luft-Bleibatteriehybrid umge-
baut. Drei Blöcke von je 40 Hydrazinzellen und sechs 12 V-Bleibatterien wurden

zu einem System vereinigt. Das Fahrzeuggewicht war 1380 kg, Höchstgeschwindigkeit 80 km/h, Energieverbrauch bei 50 km/h: 10 kW.

Alsthom S.A. (Frankreich) und *Esso Res. and Engineering Co.* in den U.S.A.
versuchten äußerst kompakte Brennstoffbatterien für Hydrazin (und auch
Alkohol) mit nicht porösen bipolaren Kohleelektroden herzustellen. Die Katalysatorschichten wurden auf undurchlässige, gut leitende Folien aus plastisch
gebundenen Kohlematerialien aufgetragen [29]. Das Ziel war die großtechnische
Herstellung von Durchflußbrennstoffzellen für Fahrzeuge. Das Ziel wurde nicht
erreicht, weil Hydrazin als Brennstoff aus den früher erwähnten Gründen ausschied. Methanolzellen erzeugen in alkalischer Lösung Karbonat, dessen kontinuierliche Ausscheidung gelang nicht. In neutraler oder schwach saurer Lösung
reagiert Methanol zu langsam. Aus dieser „bipolaren Technologie" [30] entwickelte sich jedoch später die aufladbare Zink-Brom-Batterie von Exxon Res.
and Engineering Co.

8.2.5 Die Verwendung von Methanol als Brennstoff

Das Ziel, Methanol in Fahrzeug-Brennstoffzellen mit Luft direkt zu oxidieren, erscheint immer wieder in der Entwicklungsgeschichte der Brennstoffzellen.
Da alkalische Elektrolyte aufgebraucht werden, wurde in den frühen sechziger
Jahren die Schwefelsäure für solche Systeme [31, 32] gewählt. Es zeigten sich
aber auch noch 1981 unüberwindliche Katalysator- und Materialprobleme [33].

8.2.6 Die Verwendung von Kohlenwasserstoffen

Eine direkte Oxidation von gesättigten Kohlenwasserstoffen ist noch schwieriger als die von Alkoholen [34]. Aus diesem Grunde wurden Konverter nach
dem Prinzip der Dampfumformung gebaut. Fahrzeuganwendungen wurden
wieder angestrebt. Zunächst wurden alkalische Zellen verwendet und daher
wurden die Reformierungsanlagen einschließlich der CO_2-Absorber schwer und
unförmig. Eine 5 kW-Anlage wurde 1963–1965 von Allis Chalmers Mfg. Co. und
Engelhard Industries für die U.S. Army gebaut [35].

Diese Schwierigkeiten führten schließlich zu Niedertemperatur (300 °C)
Methanol-Konvertern und der Verwendung von Wasserstoff-Luft-Brennstoffzellen mit Phosphorsäure als Elektrolyt.

8.3 Zellen mit phosphorsauren Elektrolyten

8.3.1 Reiner Wasserstoffbetrieb

1977 wurde im Rahmen eines Workshops im Los Alamos Scientific Laboratory
(jetzt Los Alamos National Laboratory, LANL) [36] die Frage gestellt, welches
der Brennstoffzellensysteme für ein Fahrzeug nach dem neuesten Stand der
Technik am besten geeignet sei. Die Meinung der Mehrzahl der Teilnehmer war,
daß aufgrund des hohen Standes der Entwicklung der phosphorsauren Zellen
für stationäre Anwendungen diese Technologie auch für Fahrzeuganwendungen

geprüft werden sollte. Zusätzlich wurde angeführt, daß es leichter sein wird, einen verfügbaren flüssigen Brennstoff einzuführen. Methanol kann auch schon bei relativ tiefen Temperaturen (300 °C) in Wasserstoff umgeformt werden, damit ist eine thermische Integration mit dem phosphorsauren System, das bei etwa 200 °C arbeitet, gegeben.

Als Folge dieser Ansichten wurde ein Golf-Cart mit einer verfügbaren kommerziellen 2 kW-Brennstoffbatterie (Energy Research Corp.) ausgestattet und betrieben. Da ein Reformer nicht unmittelbar erhältlich war, wurden Wasserstoffzylinder aus Leichtmetall für das erste Modell benützt. Die Fahrzeugbatterie wurde durch eingebaute Heizbänder, die vom Netzstrom gespeist wurden, langsam auf die minimale Betriebstemperatur (90–120 °C) gebracht. In weiterer Folge konnte sich die Batterie durch Belastung selbst weiter aufwärmen, bzw. wenn das Fahrzeug genügend benutzt wurde, auch warmhalten. Es wurde auch für notwendig gehalten, eine Bleibatterie als Hilfsbatterie zu verwenden (Hybridbetrieb).

8.3.2 Wasserstoff aus Methanol durch Reformierung gewonnen

Als Folgeprojekt wurde der Golf-Cart anstelle der Wasserstoffzylinder mit einem Methanol-Reformersystem von Energy Research Corp. (ERC) ausgestattet. Es stellte sich heraus, daß die projektierten Betriebswerte für die Kombination Reformer plus Batterie nicht erreicht werden konnten. Eine weitere Entwicklung im Laboratorium ist deshalb notwendig geworden. Hauptziele der Untersuchungen werden der Wärmehaushalt (Anwärmzeit), der Effekt von Stehzeiten auf den Katalysator (Degeneration) und auf die Matrix (Austrocknung) sein. Die Anpassung des Reformers an den fluktuierenden Wasserstoffbedarf der Brennstoffzellen bedarf eingehender kinetischer Modelluntersuchungen und die Auswirkungen eines intermittierenden Betriebs und einer wechselnden Gaszusammensetzung auf den Gesamtwirkungsgrad müssen festgelegt werden.

Als Ergänzung dieser praktischen Experimente zum Stand der verfügbaren Technologie wurden mit den von Firmen angegebenen Daten und weiteren Angaben aus der Literatur Modellrechnungen durchgeführt, die sich, soweit es die Fahrzeugkonstruktion betraf, auf den General Motors (GM) X-Car stützten [37]. Mit Ausnahme der Brennstoffbatterien wurden nur kommerzielle Standard-Systembestandteile angenommen. Ein 20 PS-Gleichstrommotor, ein SCR-Kontrollsystem mit Feldschwächung und Bleibatterien für eine Hybridschaltung, falls für notwendig befunden. Das Fahrzeug sollte eine Dauergeschwindigkeit von 80–90 km/h und eine Spitzengeschwindigkeit von 110 km/h haben. Der Treibstoff sollte Methanol sein, das an Bord mit Hilfe eines Reformers nach Bedarf in Wasserstoff umgewandelt wird. Gesättigte Kohlenwasserstoffe als Brennstoffe zu verwenden, wurde wegen des dazu notwendigen größeren und komplizierteren Reformers ausgeschlossen. Die Anzahl der Akkumulatoren an Bord würde durch die Anlauf- und Anwärmzeit bestimmt werden und zusätzlich die Spitzenbeschleunigung beeinflussen. In der folgenden Tabelle 3 sind die entsprechenden Daten zusammengefaßt.

Tabelle 3. *Eigenschaften der Brennstoffzellenfahrzeuge*

	4-Zylinder Otto-Motor	GM-X-Fahrzeug Modell	PAFC*
20 kW-Methanol-Luft-Brennstoffzellensystem (kg)	—	310	355
Sekundärbatteriegewicht (kg)	—	120	80
Fahrzeuggewicht plus 2 Personen (kg)	1450	1707	1720
Beschleunigung 0—80 km in sec	10	16	20
Brennstoffverbrauch (l/100 km)	10,8**	11,0***	11,2***
Höchstgeschwindigkeit (km/h)	120	110	106
Dauergeschwindigkeit (km/h)	105	95	95

   * Phosphoric Acid Fuel Cell der nahen Zukunft (ERC-LANL)
  ** Benzinverbrauch
*** Methanolverbrauch (mit halbem Energieinhalt von Benzin)

8.4 Die Erstellung von Fahrzeugmodellen

Im Jahre 1981 wurden vom Los Alamos National Laboratory drei Studienaufträge vergeben, um die neuesten Daten über die phosphorsauren Brennstoffbatterien und die Polymer-Membranzellen zu erhalten und für Fahrzeuge zu modellieren.

Die Basislinie für das Fahrzeug war wieder der GM-X-Car. Die Studien wurden von United Technologies Corp. [38] für die Phosphorsäure-Brennstoffbatterie (PAFC), von Energy Research Corp. [39] für die Brennstoffbatterie mit einem verbesserten Elektrolyt, Trifluormethansulfonsäure (TFMSA) und von General Electric Co. [40] für die Solid-Polymer-Elektrolyte (SPE)-Zellen ausgeführt. Keine wesentlichen Änderungen wurden von ERC vorgeschlagen, und zwar deswegen, weil die Versuche mit den neuen Säuren nicht weit genug gediehen waren.

Neue Daten wurden von United Technologies Corp. (UTC) für die zukünftigen (1995) PAFC's angegeben und überraschend gute Daten wurden von General Electric Co. (GE) für die SPE-Brennstoffzellen übermittelt. In Tabelle 4 werden die neuen Daten mit den ursprünglich für die nähere Zukunft projektierten Werten (Tabelle 3) verglichen.

Diskussion der Angaben in Tabelle 4: Die Phoshorsäure-Brennstoffzellen der United Technologies Corp. wurden für stationäre Anlagen entwickelt. Die im Laboratorium bewiesenen Leistungs- und Lebensdauerdaten sind eindrucksvoll.

Eine Projektierung auf den Fahrzeugbetrieb ist natürlich möglich und wurde auch in den früher erwähnten Berichten an das Los Alamos National Laboratory mit der Anmerkung getan, daß man nicht vor 1995 solche Systeme erwarten könne und daß man natürlich auch eine entsprechende Finanzierung dieser

Projekte voraussetzen müßte. Die Kosten pro Kilowatt sind für eine Massenproduktion angegeben und haben nur einen groben Richtwert.

Tabelle 4. *20 kW-Methanol-Luftsysteme für Fahrzeuge**

	LANL PAFC	GE-SPE	UTC-PAFC
Fahrzeuggewicht plus 2 Personen (kg)	1707	1390	1565
Brennstoffzellensystem (kg)	310	153	250
Volumen (m^3)	0,44	0,15	0,26
Sekundärbatterie (kg)	120	0	57
Beschleunigung, 0–80 km/h (sec)	16	12	15,5
Methanolverbrauch (l/100 km)			
Stadtverkehr	11,0	8,6	7,1
Überlandverkehr	9,8	8,0	7,0
Betriebstemperatur Bereich (°C)	120–180	0–104	120–180
Zeit bis betriebsbereit (min)	15	0	5
Gesamtwirkungsgrad			
bei 20 kW mit Methanol (OHW)	40%	51%	57%
Systemcharakteristik:			
Spitzenleistung (kW)	61	66	60
Gesamtelektrodenfläche (m^2)	24,7	6,7	10
Spannung pro Zelle (V)	0,6	0,72	0,65
Stromdichte (mA/cm^2)	160	520	245
Zeit zwischen Overhauls (Std.)	–	5000	5000
Geschätzte Produktionskosten (S)	–	200	250

* Die Entwicklungszeit wird auf 10 Jahre geschätzt.

Abb. 13 ist die diagrammatische Darstellung einer Brennstoffzellenanlage
mit Methanolreformer, wie sie für ein Fahrzeug projektiert wurde. In der UTC-
Ausführung wird die Batterie durch Verdampfen der Methanol-Wassermischung
in Wärmeaustauscherröhren, die sich innerhalb der Batterie befinden, gekühlt.
Die Abgase der Anoden und Kathoden werden verbrannt, um Wärme für den
Dampfreformer zu gewinnen.

In der Version der Energy Research Corp. wird die Batterie durch einen
Luftstrom gekühlt, der ebenfalls über Kanäle durch die Batterie strömt. Die
Anlage steht unter 3–5 bar Druck.

Westinghouse Electric Corp. [41] entwickelt zusammen mit Energy Research
Corp. Phosphorsäure-Brennstoffbatterien von 20 kW und 200 kW bis zur
Megawatt-Größe (2–7,5 MW) unter Anwendung des Gaskühlungsprinzips.
Westinghouse scheint nicht unmittelbar an Brennstoffzellen für Fahrzeuge
interessiert zu sein.

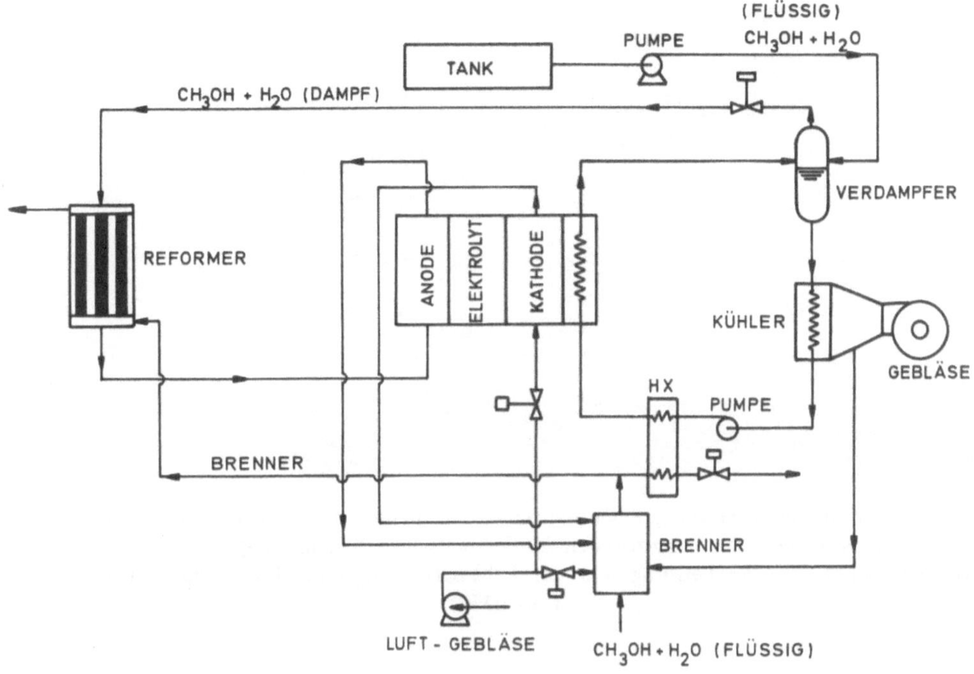

Abb. 13. Diagrammatische Darstellung einer Brennstoffzellenanlage, wie sie von UTC für ein Fahrzeug der nahen Zukunft projektiert wurde (LANL PO 4-L61-3862 V-1)

Engelhard Industries Div. of Engelhard Corp. [42] entwickelt eine 5 kW-Methanol-Luftbatterie mit Reformer für einen Gabelstapler (Lift-Truck). Auch hier wird die Batterie durch einen Kühlkreis (dielectric coolant), der die Verdampfungswärme des Alkohols ausnützt, gekühlt.

Die Grundlage für alle Verbesserungen der Brennstoffsysteme ist die Elektrodencharakteristik. Die Daten der gegenwärtigen stationären Anlagen müssen noch weiter verbessert werden, um auch ohne höheren Druck gute Polarisationskurven zu ergeben.

Abb. 14 zeigt Spannungs/Leistungskurven (volle Linien), wie sie von United Technologies Corp. für die Zelle einer Fahrzeugbatterie der nahen Zukunft modelliert wird. Die strichlierten Kurven entsprechen den tatsächlichen Werten, die mit einer UTC-Testzelle im Laboratorium erhalten werden. Die Gesamtmenge Platin, die für Anode und Kathode verwendet wird, ist (zusammen) 0,75 mg/cm², die Arbeitstemperatur ist 204 °C und die Zelle arbeitet unter Atmosphärendruck. Die zugrundegelegte Gaszusammensetzung ist: 68% H_2, 2% CO, 21% CO_2 und 9% Wasserdampf. 85% des Wasserstoffes wird an der Anode verbraucht. Das Kathodengas ist Luft.

Die Stromspannungskurven, auf welchen die Projektion der Energy Research Corp. für den Bericht an das Los Alamos Laboratory basiert, werden in Abb. 15 gezeigt.

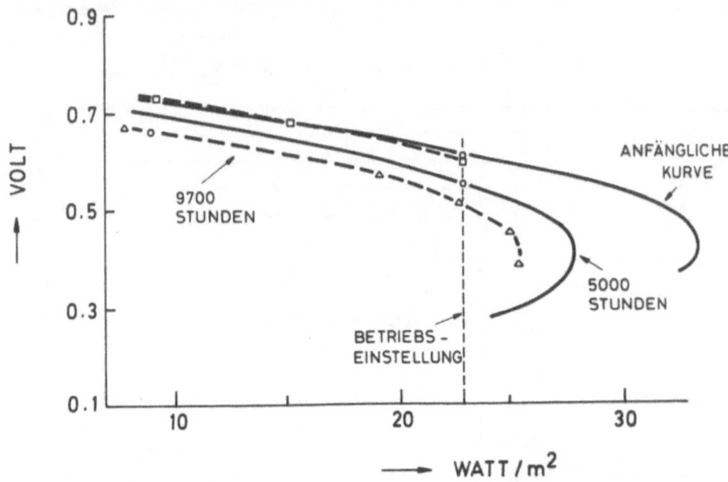

Abb. 14. Projektierte Leistung einer Methanol-Luft-Brennstoffzelle (mit Reformergas) für den Fahrzeugantrieb. Die ausgezogenen Kurven entsprechen dem analytischen Modell, die gestrichelten Linien der Leistung und der Lebenserwartung einer UTC-Laboratoriumszelle (No. 6133)

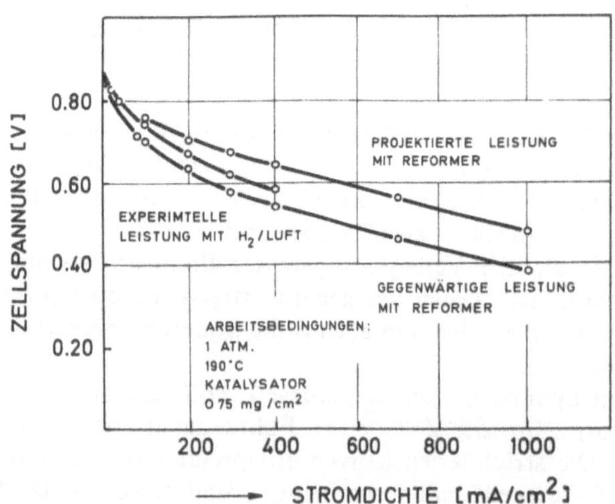

Abb. 15. Stromdichtespannungskurven der Zellen, auf denen die Projektion der Energy Research Corp. für den Elektrofahrzeugbetrieb beruht (LANL PO4-61-3861 IV-1)

Zusammenfassung: Der gegenwärtige Stand der Phosphorsäure-Zellentechnologie für Fahrzeuge zeigt sich in den folgenden Punkten:

- Die Anfahrzeit ist unerträglich lang, außer man verwendet sehr kräftige Heizkörper oder verläßt sich auf sehr gute Isolation der Anlage während der Abstellzeit. Die Hybridanlage wird auch in Betracht gezogen.
- Das Problem der Versorgung einer Batterie mit Reformerwasserstoff bei rasch wechselndem Lastprofil ist ungelöst.
- Die Menge des Platinkatalysators ($ 50—60/kW) ist noch unökonomisch hoch, die allgemeine Verfügbarkeit bedeutet aber keine prinzipielle Einschränkung [43, 44].
- Es sollten Wege gefunden werden, um die Vergiftung des Platins bei Arbeitstemperaturen unter 180 °C zu verhindern.
- Die Anwendung von Nicht-Edelmetallkatalysatoren ist zumindest für 1995 projektiert.
- Die Entwicklung von effizienten Gaskompressoren für die Anwendung in kleinen (20 kW) Systemen ist wichtig.
- Es bestehen keine Einwendungen vom Standpunkt der Sicherheit oder des Umweltschutzes.
- Die Anwendung für Lastwagen oder Busse ist in naher Zukunft mit entsprechender Finanzierung möglich.
- Nach Ansicht der Automobilhersteller ist für Personenfahrzeuge noch eine wesentliche Erhöhung der spezifischen Leistung der Brennstoffzellen erforderlich.

8.5 Die Solid-Polymer-Elektrolyt-(SPE)-Zellen

Die Studie, die von General Electric Co. für das Los Alamos National Laboratory durchgeführt wurde, wies auf einige spezifische Eigenschaften des SPE-Systems hin:

- Der Reformer des Fahrzeuges wird mit trockenem Methanol versorgt, nicht mit einer Methanol-Wasser-Mischung. Dies ist möglich, weil die SPE-Zellen Wasser in flüssiger Form abgeben.
- Die Spitzenlast wird von den Brennstoffzellen selbst getragen, ein Akkumulator ist nicht nötig. Um dies zu erreichen, werden Sauerstoff und Wasserstoff in einem SPE-Elektrolysegerät [45] erzeugt, unter Druck gespeichert und bei Bedarf verwendet.
- Die Luft wird vorkomprimiert. Die dazu nötige Kompressionsenergie wird durch eine Expansionsturbine am Ausgang der Batterie zum Teil zurückgewonnen.

Der Wassertransport von der Anode und Kathode in den Reformergasprozeß wird durch eine besondere Membrananordnung ermöglicht. Abb. 16 zeigt die schematische Anordnung der SPE-Anlage für ein Fahrzeug [46]. Technische Probleme gibt es genug. Verglichen mit der Phosphorsäuretechnologie oder den alkalischen Systemen sind die SPE-Brennstoffzellen (außer in Anwendungen für die Weltraumfahrt, die nicht immer ohne Schwierigkeiten waren) noch wenig entwickelt.

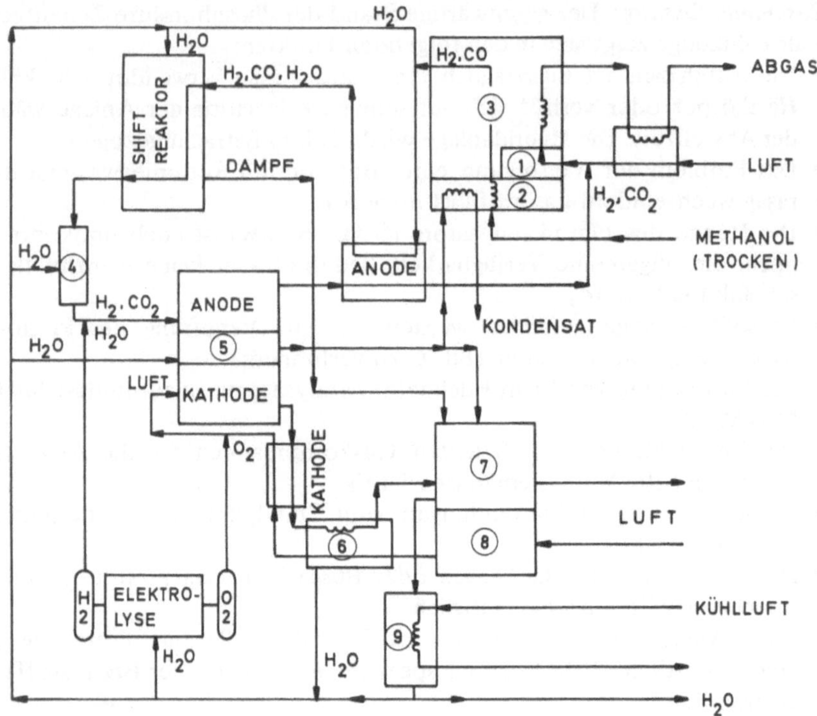

Abb. 16. Die schematische Anordnung der SPE-Brennstoffzellenanlage (SPE ist ein geschützter Handelsname der General Electric Co.). Nach: LANL PO 9-L-61-3863 V-1. *1* Methanolbrenner, *2* Verdampfer, *3* Methanolreaktor, *4* Befeuchter, *5* Brennstoffzelle, Verdampfer, *6* Wärmetauscher, *7* Expandierturbine, *8* Luftkompressor

Die Arbeitstemperatur von 105 °C ist ungünstig in bezug auf die CO-Vergiftbarkeit des Platins. Ein zusätzlicher „Shift-Reaktor" ist nötig, um die CO-Konzentration auf 0,3% zu senken.

Das Hauptproblem ist die hohe Menge von Edelmetallkatalysator, die gegenwärtig nötig ist: 8 mg Pt/cm². In der Projektion in die Zukunft wird 0,75 mg/cm² angegeben. Daten über das Verhalten bei diesen geringen Katalysatormengen existieren jedoch nur in Elektrolysezellen.

Die Anlage soll unter 10 at Druck arbeiten. Eine Kompressor-Expansionsturbinenkombination, die bei den relativ kleinen Gasvolumina eines 20 kW-Systems effizient arbeitet, gibt es noch nicht.

Die Membrane darf nicht austrocknen. Die Reaktionsgase müssen immer eine bestimmte relative Feuchtigkeit enthalten, auch Einfrieren ist ein Problem.

Der Preis von perfluorierten SPE-Membranen (z.B. „Nafion", ein Produkt der Dupont & Namour Co.) ist außerordentlich hoch.

Projektionen für die nahe Zukunft sind nicht realistisch. Eine Verwirklichung nach dem Jahre 2000 ist möglich, falls die notwendige Finanzierung der Forschungsarbeiten erfolgt.

8.6 Hochtemperaturzellen

Brennstoffzellensysteme mit geschmolzenem Karbonatelektrolyt und Hochtemperatur-Festelektrolytbatterien sind für mobile Anwendungen sicherlich nur beschränkt geeignet. Große Einheiten kommen vielleicht für Lokomotiven oder Schiffe in Frage.

Literatur

1. Bockris, J'OM: Electrochemistry of Cleaner Environments. New York: Plenum Press 1972.

2. Kordesch, K. V.: Power Sources for Electric Vehicles. In: Modern Aspects of Electrochemistry, Vol. 10 (Bockris, J'OM, Conway, B. E., eds.), pp. 339—443. New York: Plenum Press 1975.

3. Buchner, H.: Hydrogen Use-Transportation Fuel. Proceedings of the 4th World Hydrogen Conference, Pasadena, Calif., June 1982, pp. 3—29.

4. Kordesch, K.: Elektrische Automobile mit Hybridantrieb. ÖZE *33*, 227—234 (1980).

5. State-of-the Art Assessment of Electric and Hybrid Vehicles, prepared by NASA, Cleveland, for U.S. Department of Energy, Div. of Transport. Energy Conv., HCP/M1011-01, UC 96, January 1978.

6. Platner, J. L., Ghere, D., Heiss, P.: 19th Annual Power Sources Conference Atlantic City 1965, pp. 32—35.

7. The General Motors Corp. Electrovan. Society of Automotive Engineers, Paper Nos. 670176, 670181, presented at the SEA-Congress, Detroit 1967.

8. Winters, C. E., Morgan, W. L.: SEA-paper No. 670182, Automotive Engineering Congress, Detroit, January 1967.

9. Kordesch, K. V.: J. Electrochem. Soc. *118*, 815 (1971).

10. Kordesch, K. V.: City Car with Hydrogen-Air Fuel Cell, Lead-Acid Battery. Proceedings of the Intersociety Energy Conversion Engineering Conf., Boston 1971, Paper No. 719016.

11. Code of Federal Regulations, Title 49, Parts 170—190, U.S. Government Printing Office, Washington, D.C., 1969 (revised).

12. Kordesch, K. V., Kissel, G., Kulesa, F., Taylor, E. J., McBreen, J., Srinivasan, S.: Evaluation of Improved Cathodes in Alkaline Fuel Cells. Brookhaven National Laboratory, BNL-Report 51047 UC-93: Development of Fuel Cell Technology for Vehicular Applications, Energy Conversion, TID-4500, May 1979.

13. Bellows, R. J., Einstein, H., Grimes, P., Kantner, E., Newby, K., Shropshire, J. A.: Exxon Research and Engineering Company, Development of a Bipolar Zinc-Bromine Battery, Proceedings of the 15th IECEC, Seattle, August 1980, Paper No. 809288.

14. Das Zink-Brom-Batteriesystem wird für den europäischen Raum von der „Studiengesellschaft für Energiespeicher und Antriebssysteme, Ges.m.b.H., SEA" Wien, entwickelt.

15. Kordesch, K.: The Choice of Low Temperature Hydrogen Fuel Cells: Acidic- or Alkaline? Proceedings of the 4th World Hydrogen Energy Conference, Pasadena, Calif., 1982, published in: Hydrogen Energy Progress IV, pp. 1139. New York: Pergamon Press 1982.

16. Kordesch, K., Fabjan, Ch.: Die Zink-Brom-Zelle. Beitrag zur Jahrestagung der Fachgruppe Angewandte Elektrochemie der Gesellschaft Deutscher Chemiker, Erlangen 1983.

17. McCormic, B., Huff, J., Srinivasan, S., Bobbett, R.: Fuel Cells in Transportation, Los Alamos Scientific Laboratory, Report LA-7634, 1979.

18. Ammonia-Air Fuel Cell System for Vehicle Propulsion. Union Carbide Corp., Tech. Prop. to U.S. Army ERDL, Ft. Belvoir, Virginia, RFP 64-3730-C, May 15, 1964.

19. Ross, P. N.: Proceedings of the 16th Intersociety Energy Conversion Engineering Conference, Atlanta, 1981, *1*, 726–733.

20. Breele, Y.: Estimates for a Hydrogen-Air Fuel Cell Vehicle. Institut Français du Pétrole, 1972.

21. Hovestreydt, G., Keuning, W., Alfenaar, M., Van den Broeck, H.: The Alkaline Fuel Cell as a Power Source for City Buses. Extended Abstract No. 17 Electrochem. Soc. Meeting in Boston, Mass., May 1979.

22. Michel, A., Frie, W.: Third Electric Vehicle Symposium, 1974, Washington, D.C., Paper No. 7452.

23. Kordesch, K. V.: Abhandlung Sächs. Akad. Wiss., Leipzig, Math.-Naturw. Kl. *49*, 47–57 (1968).

24. Kordesch, K. V.: Hydrazin-Luft-Batterien. Elektrotechnik und Maschinenbau *86*, 451–456 (1968).

25. Tompter, S. S., Anthony, A. P.: In: Fuel Cells, Chemical Engineering Progress, CEP-Tech. Manual 1963, pp. 22–31.

26. Dantowitz, P.: In: Power Sources for Electric Vehicles. Symposium at Columbia University and Polytechn. Institute of Brooklyn, Public Health Service Publ. No. 999-AP-37, 1967.

27. Osborg, H.: Process for Preparing Hydrazines, U.S. Patent No. 4,286,108, 1981. Grundlagen: U.S. Patent No. 4,013,758, 1977.

28. Andrews, M. R., Gressler, W. J., Johnson, J. K., Short, R. T., Williams, K. R.: Automotive Engineering Congress, January 1982, Soc. of Automotive Engineers, Paper No. 720191.

29. Warszawski, B., Verger, B., Dumas, J'. C.: Marine Tech. Soc. J. *5*, 28–41 (1971).

30. Murry, J. N., Grimes, P. G. (Allis-Chalmers Mfg. Co.): Methanol Fuel Cells. Chemical Engineering Progress, CEP 1963, pp. 57–65.

31. Ciprios, G.: Esso-Methanol/Air-Fuel Cell Battery. Proceedings 20th Power Sources Conf., Atlantic City 1966, pp. 46–49.

32. Williams, K. R.: Hydrocarbon and Methanol Low Temperature Fuel Cell Systems. In: Power Sources 2 (1968). (Collins, D. H., ed.), pp. 521–529. New York: Pergamon Press 1970.

33. McNicol, B.: Electrocatalytic Problems Associated with the Development of Direct Methanol Air Cells. J. Electroanal. Chem. *117*, 71 (1981).

34. Binder, H., Köhling, A., Krupp, H., Richter, K., Sandstede, G.: Anodic Oxidation of Derivates of Methane, Ethane and Propane in Aqueous Electrolytes. Fuel Cell Systems, Adv. in Chemistry Series *47*, 269–291. Amer. Chem. Soc. 1965.

35. Kirkland, T. G.: 5 kW Hydrocarbon-Air Fuel Cell Power Plant. 20th Annual Power Sources Conf., Atlantic City 1966, pp. 35–39.

36. Proceedings of "Fuel Cell Powered Vehicle Workshop", August 15–17, 1977, Los Alamos, New Mexico, Byron McCormick, Chairman.

37. Guff, J. R.: Fuel Cells for Transportation Applications. Progress Report, January 1 – December 31, 1981, Los Alamos National Laboratory, LA-9387-PR.

38. United Technologies Corp.: "Assessment of Phosphoric Acid Fuel Cells for Vehicular Power Systems", Final Report, Los Alamos National Laboratory, PO 4-L61-3862 V-1 (1982).

39. Energy Research Corp.: "Assessment of Trifluoromethane Sulfonic Acid Fuel Cells for Vehicular Power Plants", Final Report, Los Alamos National Laboratories, PO 4-L61-3861 IV-1 (1982).

40. General Electric Co.: "Feasibility Study of SPE Fuel Cell Power Plants for Automotive Applications", prepared for Los Alamos National Laboratory, PO 9-L61-3863 V-1

(1982).

41. Feret, J. M., Christner, L. G.: National Fuel Cell Seminar 1982, Newport Beach, Calif., U.S.A.

42. Kaufmann, A.: National Fuel Cell Seminar 1982, Newport Beach, Calif., Abstracts, p. 42.

43. Cleare, M. T.: Platinum Availability and its Overall Cost Distribution in Electrocatalytic Systems. Electrochem. Soc. Meeting in Montreal, Canada, May 1982.

44. Ross, R.: Platinum Group Metals Past and Future. Electrochem. Soc. Meeting in Montreal, Canada, May 1982.

45. Adlhart, O.: Engelhard Minerals and Chemicals Corp., "Environmental Testing of SPE-Fuel Cell Assemblies". 29th Power Sources Conf., 1980, p. 1. The Electrochem. Soc., Inc.

46. Nuttal, L. J., McElroy, J. F.: Status of Solid Polymer Electrolyte Fuel Cell Technology and Potential for Transportation Applications. Proceedings of the 4th World Hydrogen Energy Conference, Pasadena, Calif., 1982. In: Hydrogen Energy Progress, Vol. IV, pp. 1179–1187. New York: Pergamon Press 1982.

9.0 Stationäre Brennstoffzellen-Systeme

9.1 Zellen mit Phosphorsäure(Matrix)-Elektrolyt

Diese Type von Brennstoffzellen hat heute den höchsten Stand der Technik erreicht, obwohl Phosphorsäure ein schlechter Ionenleiter ist, fast alle Konstruktionsmaterialien und Metalle von ihr bei einer Betriebstemperatur von 200 °C angegriffen werden und Platin als Katalysator an der Anode und Kathode verwendet werden muß. Die wesentlichen Vorteile, daß kohlenoxidhaltige Gase als Brennstoffe verwendet werden können, und die hohe Temperatur die Wasserentfernung auch bei großen Stromdichten ermöglicht, machten den Unterschied aus und alkalische Zellen, die bis etwa 1970 als höchstentwickelt galten und in den Weltraumprogrammen Triumphe feierten, wurden überholt. Abb. 1 zeigt das Prinzip einer Brennstoffzelle mit Phosphorsäure als Matrix-Elektrolyt.

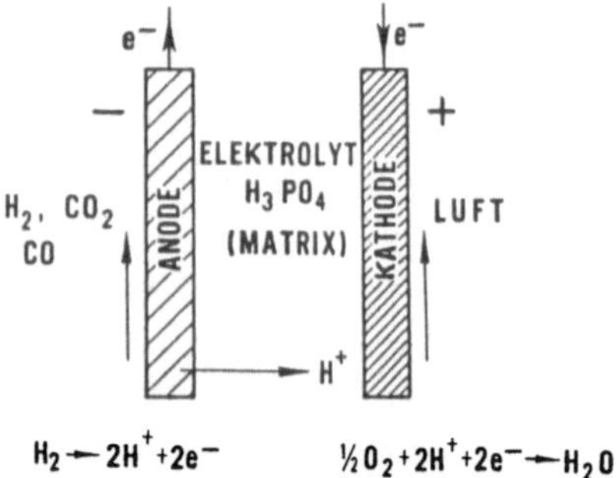

Abb. 1. Das Prinzip einer Brennstoffzelle mit phosphorsaurem Elektrolyt, der in einer Matrix aufgesaugt ist. Diese Zellen arbeiten mit Reformermischungen und mit CO_2-haltiger Luft bei 200 °C. Katalysator: Platin

9.1.1 Das System der United Technologies Corp. (UTC)

Die technische Entwicklung der Phosphorsäure-Matrix-Zelle wurde mit der finanziellen Unterstützung einer Gruppe von Gas- und Elektrizitätsgesellschaften in den U.S.A. in der Mitte der sechziger Jahre begonnen [1] und weitergeführt. Das Programm führte den Namen „TARGET" als Akronym für „Team to Advance Research for Gas Energy Transformation, Inc.". Die Arbeiten bei der Firma Pratt & Whitney (Aircraft Division), heute United Technologies

Corp., führten zunächst zum Bau von 12,5 kW-Aggregaten, die mit Methan als (konvertiertem) Brennstoff betrieben wurden. 35 Gebäude in den U.S.A., Canada und Japan wurden mit experimentellen Einheiten ausgestattet. Der Wirkungsgrad war etwa 40% und die Überschußwärme wurde für die Raumheizung und für die Warmwasserherstellung genützt. 40 kW-Systeme waren eine Fortentwicklung davon und mittlerweile sind noch über 40 weitere integrierte Einheiten geplant [2, 3].

Eine 4,5 Megawatt-Anlage ist seit vier Jahren in New York, Manhattan, am East River Drive in Bau [4]. Die Finanzierung dieses Projektes, das fortlaufend mit lokalen Installierungsschwierigkeiten und technischen Problemen kämpfte, erfolgte gemeinsam durch das Department of Energy, Washington, D.C., dem Electric Power Research Institute (EPRI) in Palo Alto, Calif. und einer Gruppe von Elektrizitätsgesellschaften unter der Führung der Firmen Consolidated Edison Co. und United Technologies Corp. Die Zukunft dieses Projektes ist zweifelhaft, aber eine neue 4,8 Megawatt-Anlage mit verbesserten Einheiten wurde mittlerweile von Tokyo Electric Power Co. (TEPCO) in Tokyo installiert [5]. Eine Prüfung der Systemverläßlichkeit und der Umweltfreundlichkeit sind Hauptziele. Das zweijährige Programm könnte 1984 beendet sein [6]. Die Anlage wurde 1983 in Betrieb genommen.

Charakteristisch für die Zellkonfiguration der 4,8 Megawatt-Demonstrationsbatterie in Manhattan ist die Kontaktierung der Elektroden mit gasdichten Graphitplatten, die beiderseitig mit um 90 ° verdrehten Rippen versehen waren. Auf einer Seite wurde das Wasserstoffgemisch und auf der anderen Seite die Luft zugeführt. Diese gerillten Graphitplatten mußten aufwendig gefräst werden.

Für die nachfolgenden Batterien wurden (zur Ermöglichung der Massenproduktion) die Rillen der „Substrate" immer nur in einer Richtung geformt. Die dichten Kontaktplatten wurden flach. Die Elektroden wurden zunächst mit den als Kontakt dienenden gerillten „Substraten" vereinigt und dann erst als eine Kombination um 90 ° gedreht. Danach war es auch nicht mehr notwendig, für die „Substrate" ein dichtes Graphitmaterial zu wählen, sondern es konnte eine poröse Sorte verwendet werden, die zugleich als Phosphorsäurereservoir dienen konnte. Somit war auch das Problem der frühen Austrocknung der Matrix gelöst. Es stand somit wesentlich mehr an Phosphorsäure zur Verfügung als vorher.

Abb. 2 zeigt diese verschiedenen Anordnungen der jetzt flachen Kontaktplatten aus Graphit, den gerippten „Substraten" bzw. der aufgetragenen Elektroden-Matrix-Schicht-Kombinationen.

Die Elektroden waren immer eine Mischung aus Polytetrafluoräthylen („Teflon", Handelsmarke von Dupont für PTFE) und einem Katalysator auf einem Kohlematerial als Träger. Die nicht elektronenleitende Matrixschichte besteht aus feinem Siliziumkarbidpulver und wird auf die Elektroden aufgetragen. Nach dem Aufeinanderlegen der Schichten entsteht somit eine Matrix mit Elektrodenbelägen auf jeder Seite, mit einem Kohlevlies als Stromableiter auf jeder Seite. Die Matrix wird nach dem Zusammenbau mit Phosphorsäure imprägniert. Eine neue Verschlußmethode durch Verdichten der Ränder wurde eingeführt und die Gas- und Elektrolytleckprobleme wurden dadurch gelöst [7].

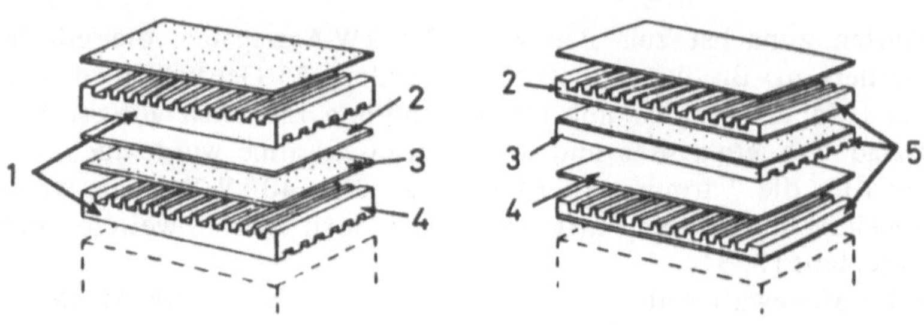

Abb. 2. Vergleich der alten und neuen Konfiguration für den Zusammenbau von Zellen in einer Batterie der United Technologies Corp. (EPRI EM-1134, June 1979). *1* Dichte Graphitplatten mit 90° gefrästen Rillen, *2* Anodensubstrat, *3* Kathodensubstrat, *4* Separatorplatten, *5* Poröser Graphit, gerillt, Säurespeicher

Die Anzahl der Zellen in einer Batterie kann von 20 (Teststacks) bis 494 betragen. Die kleinsten Zellen dieser Konstruktion hatten eine Fläche von etwa 2,5 dm², die größten etwa 36 dm². Die Arbeitstemperaturen lagen bei 205 °C und die Drücke variierten zwischen atmosphärischem Druck und 8 bar.

Sechzehn 300 kW-Batterietürme bilden die 4,8 Megawatt-Anlage in Manhattan [8]. Zur zufriedenstellenden Aufnahme des Betriebes dieser Anlage wurde vorgeschlagen, Batterien mit den neuen „ribbed substrates" zu verwenden, bessere, korrosionsfeste Materialien einzubauen und schließlich die Temperatur von 190 auf 200 °C und den Druck auf etwa 7 bar zu erhöhen [9].

Die Brennstoffbatterien der United Technologies Corp. waren für stationäre Anlagen bestimmt. In einer Studie für das Los Alamos National Laboratory wurde aber auch ein Methanol-Luft-System für ein Fahrzeug auf der Basis des GM-X-Cars von General Motors Corp. konzipiert. Siehe dazu das Kapitel „Brennstoffbatterien für Fahrzeuge".

In Japan ist die Entwicklung von Phosphorsäure-Brennstoffzellensystemen vom Typ der United Technologies Corp. in neuerer Zeit sehr stark betrieben worden [10].

9.1.2 Das System der Westinghouse Electric Corp. (WE)

Westinghouse Electric Corp. hat Anfang der achtziger Jahre für das U.S. Department of Energy (DOE) und für das Electric Power Research Institute (EPRI) [11] ein ausgedehntes Studienprogramm auf dem Gebiet der phosphorsauren Brennstoffzellen mit dem Ziel begonnen, diese Technologie bis 1986/87 als kommerziell durchführbar zu demonstrieren. Der Nachweis der technischen Reife soll durch den Bau zweier 7,6 Megawatt-Prototyp-Kraftwerke erbracht werden. Die Möglichkeit der Verwendung verschiedener Brennstoffe ist in Betracht gezogen, besonders Naphtha und Erdgas stehen zur Wahl. Als Lastzeitprofil werden 25–100% der vollen Leistung angegeben. Außerdem soll in einer der Anlagen durch thermische „cogeneration" der Wirkungsgrad verbessert werden [12]. Die Lebenserwartung wird mit 25 Jahren angenommen.

Das verwendete Brennstoffbatteriesystem geht auf die Entwicklung des „distributed gas" (Schutzmarke DIGAS)-Prinzips bei Energy Research Corp. [13] zurück. Die Voraussetzungen sind eine Betriebstemperatur von 170–190 °C und ein Druckbereich von ca. 2,5–5 bar. Im oberen Bereich dieser Bedingungen (Vollast) gibt eine Zelle bei einer Stromdichte von 325 mA/cm² mit dem wasserstoffreichen Prozeßgas aus einem Dampfreformer etwa 0,7 V.

Ein Teil der Luft wird durch die Kathodenseite der Brennstoffzellen zirkuliert, stellt den Sauerstoff für die elektrochemische Oxidation zur Verfügung und transportiert das dort entstandene Wasser als Dampf ab. Der andere Teil der Luft dient zur Kühlung des Batteriewärmeaustauschers und wird soweit aufgeheizt, daß damit Niederdruckdampf hergestellt werden kann. Dieser Dampf treibt eine Turbine, die mit einem Kompressor und Zirkulator gekoppelt ist. Der Kompressor muß den Systemdruck durch frische Luftzufuhr aufrechterhalten, der Zirkulator dient zur Umwälzung der großen Luftvolumina. Eine zusätzliche Gasexpansionsturbine vor den Kondensatoren nützt noch die restliche Energie der wasserdampfreichen, sauerstoffarmen Kathodenluft aus.

Abb. 3 zeigt eine Skizze des Luftzirkulierungssystems der geplanten Brennstoffzellenanlage mit 7,5 Metawatt-Leistung. Nur eine Hälfte (10 Module) der symmetrischen Anordnung ist dargestellt. Modellstudien haben prinzipiell die Richtigkeit dieser Systemvorstellungen bestätigt, aber auch Schwächen aufgezeigt. Der Naphtha-Brennstoffreformer sollte einen höheren Wasserstoffanteil produzieren und die Gleichgewichtseinstellung bei Lastwechsel müßte schneller vor sich gehen. Das Kontrollschema sieht eine im wesentlichen konstante Phosphorsäurekonzentration vor und regelt Druck und Temperatur als Funktionen der Last. Bei Viertellast und einer Stromdichte von 74 mA/cm² steigt z.B. die

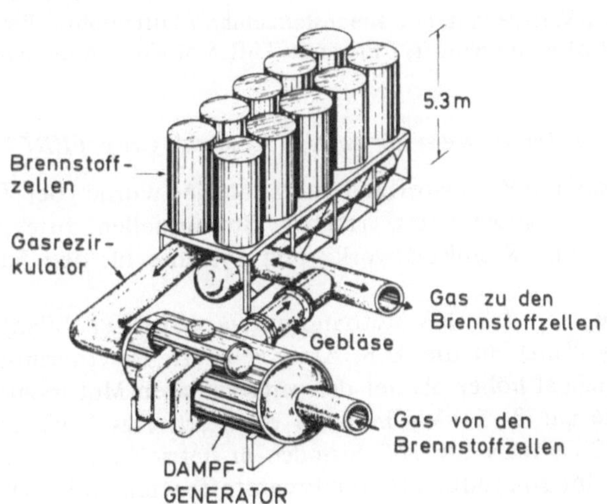

Abb. 3. Skizze der Luftumführung in der Brennstoffzellenanlage nach dem DIGAS (TM)-Prinzip der Westinghouse Electric Corp. (EPRI FM-1365). Das Diagramm zeigt nur eine Hälfte des symmetrischen Systems (insgesamt 7,5 MW)

Spannung auf 0,78 V an. Null-Last ist unerwünscht, weil die Lebenserwartung mit noch weiter steigender Spannung sinkt. Die Temperatur muß zur Minimierung von Degradationserscheinungen unter 205 °C gehalten werden. Abb. 4 zeigt die Konstruktionszeichnung eines 375 kW-Brennstoffbatteriemoduls der Westinghouse Electric Corp.

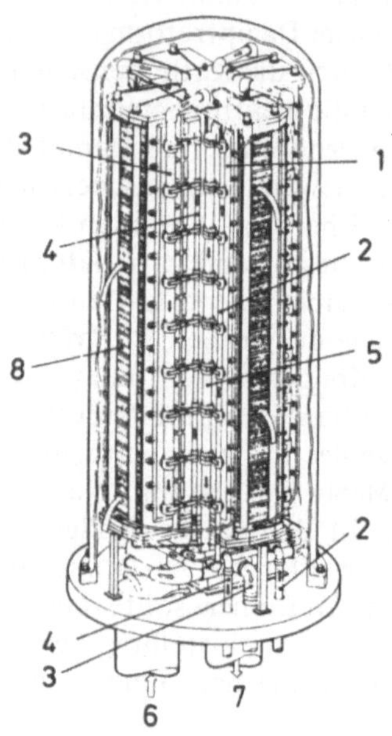

Abb. 4. 375 kW-Brennstoffbatterie-Modul der Westinghouse Electric Corp. (National Fuel Cell Seminar 1982). *1* Verteilersystem, *2* Brennstoffzufuhr, *3* Luftzufuhr, *4* Brennstoffrücklauf, *5* Prozeßluftrücklauf, *6* Kühlluft, *7* Erwärmte Luft, *8* Module, Anordnung in Serie

9.1.3 Das System der Energy Research Corp. (ERC)

Die Phosphorsäure-Brennstoffzellentechnologie wurde bei ERC auf vier Anwendungsbereiche ausgeweitet: tragbare Stromquellen, integrierte Anlagen zur Energieerzeugung, Kleinkraftwerke und Systeme für den Fahrzeugbetrieb [14].

1978 wurde ein 1,5 kW-Methanolsystem (SLEEP, Silent Lightweight Electrical Energy Plant) an die U.S. Army geliefert. Der thermische Wirkungsgrad war etwa dreimal höher als der des vergleichbaren Motorgenerators. Dieses Programm wurde auf 3–5 kW-Einheiten erweitert. Das 3 kW-Laboratoriumsmodell war 1982 erstmals für 100 Stunden in Betrieb und lieferte bei Vollast 28 V und 108 A. Intern produzierte die Brennstoffbatterie 3,96 kW. Die Arbeitstemperatur war 190 °C. Der Methanolreformer arbeitete zwischen 260 und 280 °C mit fast 100% Ausbeute. Der CO-Gehalt des Wasserstoffgemisches lag zwischen 1,2 und 2,5%. Der Methanolverbrauch der 3 kW-Einheit lag zwischen 1,63 kg/kWh bei 25% Last und 0,8 kg/kWh bei der Nennlast. Das Methanolgemisch, das dem Reformer zugeführt wird, enthält 42% Wasser [15].

Die 3–5 kW-Brennstoffbatterien bestehen aus 5,4 dm² großen Elektroden. Die 3 kW-Einheit besitzt 80 Zellen und die 5 kW-Anlage hat 140 Zellen (zwei Batterien mit 70 Zellen in Parallelschaltung). Das Prinzip der DIGAS-Kühlung wurde hier bereits angewandt. Jede fünfte bipolare Platte hatte Kanäle für die Luftkühlung. Bei einer Stromdichte von etwa 150 mA/cm² ging die Lebensdauer der Zellen über das Ziel von 6000 Stunden hinaus.

Der Dampfreformer verwendete einen kommerziellen Shiftkatalysator und erwies sich als zufriedenstellend für 1600 „start-stop"-Zyklen. Eine anfängliche Abnahme der Aktivität des Katalysators stabilisierte sich später [16].

Systeme in der Größe von 40 kW und darüber produzieren neben Elektrizität beträchtliche Wärmemengen und müssen daher mit Hilfe von Wärmeaustauschern integriert werden. Das DIGAS-System wurde für die Anwendung in Kleinkraftwerken ausgebaut [17].

Für den Kraftwerksbau schlossen sich Westinghouse Electric Corp. und Energy Research Corp. zusammen. Die Arbeiten bei ERC wurden auch von DOE und EPRI finanziert. Mehr darüber siehe Abschnitt „System der Westinghouse Electric Corp.".

Für den Antrieb von elektrischen Fahrzeugen wurde von ERC ein 60 kW- und ein 15 kW-System vorgeschlagen. Methanol und Propan wurden als Brennstoffe studiert [18]. Siehe das Kapitel „Brennstoffbatterien für Fahrzeuge".

Die Konstruktion der 80zelligen Batterien (mit zunächst 12 dm² großen Elektroden) nach dem DIGAS-Prinzip enthält die schon beschriebenen Platten mit Kühlluftkanälen. Abb. 5 zeigt die Anordnung der Elektroden (Anoden und Kathoden), des in der Matrix immobilisierten Elektrolyten, der bipolaren Trennplatten zwischen Luft- und Wasserstoff und der Kühlplatten nach dem DIGAS-Prinzip.

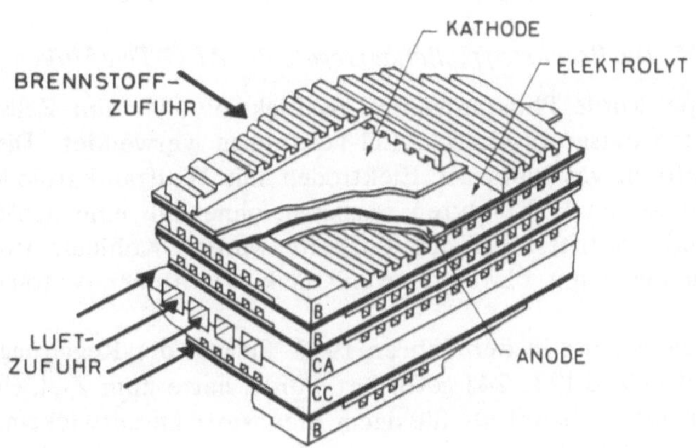

Abb. 5. Skizze der Plattenanordnung in den Batterien der Energy Research Corp. mit einer Darstellung der Luft- und Brenngaskreisläufe. *B* bipolare Platten mit den beiderseitigen Kanälen; Luft und Brenngas strömen im rechten Winkel zueinander durch die Batterie. *CA* anodische DIGAS-Kühlplatte, *CC* kathodische DIGAS-Kühlplatte

9.1.4 Das System der Engelhard Corp.

Im Jahre 1978 begann Engelhard Industries Division of Engelhard Minerals and Chemicals Corp., unterstützt vom Department of Energy, ein Programm zur Entwicklung von 5 kW-Brennstoffbatterien. Das Ziel war, mit Luft und Wasserstoff pro Zelle 0,65 V, eine Stromdichte von etwa 150 mA/cm² und eine Lebensdauer von 6000 Stunden zu erreichen. Die projektierten Kosten sollten $ 200 pro kW sein. Bipolare Konstruktion der Batterie mit entsprechender Matrix und Kühlvorrichtung. Die Arbeitstemperatur lag bei etwa 200 °C [19].

Das System wurde 1979 mit Flüssigkeitskühlung gebaut und die bipolaren Platten wurden aus drei Schichten gefertigt. Die mittlere war gasundurchlässig, die zwei anderen porös. Die Matrix, die früher hydrophobe Materialien enthielt und eine separate Einheit war, wurde dann als Schichte auf die Elektrode aufgebracht (lamelliert) und erhielt dadurch auch mehr hydrophilen Charakter. Elektrolytzugaben zur Matrix wurden eingeplant.

Die zweite Phase des Department of Energy-NASA-Programms (1978–80) war hauptsächlich der Entwicklung der neuartigen dreischichtigen bipolaren Platten gewidmet. Das mittlere Element war nun ein Kohlevlies, das durch Vakuumabscheidung (CVD) verdichtet wurde. Die Verbesserung der Katalysatoren führte zum sogenannten „stabilisierten Platin". Das 60zellige 5 kW-System enthielt verkupferte Kohleplatten als Kühlflächen nach jeder 4. Zelle. Nachzufüllende Phosphorsäure wurde routinemäßig (halbautomatisch) den Zellen zugeführt, um einen langsamen Leistungsabfall zu verhindern [20].

Die dritte Phase begann 1981 und zielte auf ein 50 kW-Prototypmodell hin, das schließlich ein integriertes Brennstoffbatteriesystem für die Versorgung von Gebäuden ergeben soll [21]. Ein Wärmetauschersystem mit Flüssigkeitsübertragung der Überschußwärme der Batterie und des Dampfreformers an verschiedene Verbraucher wurde entworfen. Es wurden auch mobile Anwendungen mit Verwendung von Methanol als Primärbrennstoff erwogen.

9.1.5 Die Brennstoffzellenaggregate der AEG-Telefunken [22]

In Europa wurde Phosphorsäure als Elektrolyt in den Zellen der Allgemeinen Elektrizitätsgesellschaft AEG-Telefunken verwendet. Die Grundlage: Wasserstoffreformergas kann an Elektroden mit Wolframkarbid-Katalysatoren in Zellen mit sauren Elektrolyten reagieren, ohne daß eine Schädigung durch Kohlenmonoxid eintritt. Auf der Luftseite wurden Kohleelektroden benützt, sie waren entweder mit Platin oder mit makrozyklischen Verbindungen katalysiert.

Ein Programm, das in den Jahren 1972–80 von der Regierung der Bundesrepublik Deutschland [23, 24] gefördert wurde, hatte zum Ziel, ein integriertes 1 kW-System mit Methanol als flüssigem Brennstoff zu entwickeln. Abb. 6 gibt eine Übersicht über die Auslegung des Systems von AEG-Telefunken [25]. Die Zellengröße war 340 cm², ein 240 W-Modul enthielt 40 Zellen, die bei 32 mA/cm² 0,7 V gaben. Bei 12 V und 100 mA/cm² konnten etwa 400 W (bei Reformerluftbetrieb) entnommen werden [26].

Die WC-Anoden wurden in verdünnter Schwefelsäure und in 85% Phosphorsäure verwendet. Die 0,3 mm dicken zweischichtigen Elektroden enthalten 40 mg WC/cm² in der Arbeitsschicht und haben eine 0,1 mm dicke hydrophobe Deckschichte auf der Gasseite. Die WC-Schichten wurden als dünne Folien von einem Block des Katalysatormaterials abgezogen.

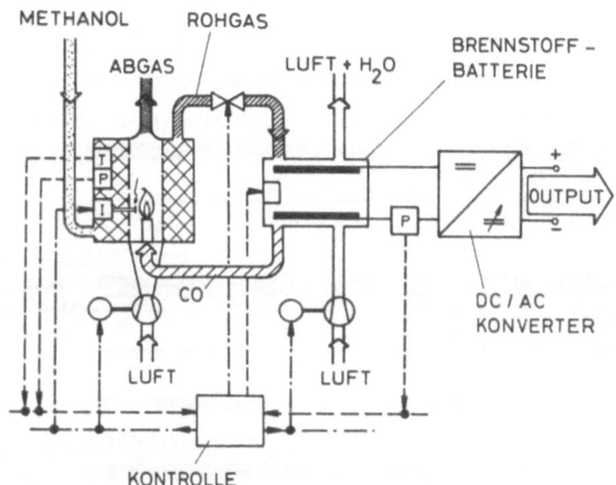

Abb. 6. Diagramm des AEG-Telefunken-Brennstoffzellensystems mit integriertem Methanol-Cracker. 5 Module, von denen jedes 240 W und 32 V produziert, sind zu einer 1 kW-Batterie zusammengeschaltet. Ein Inverter kann die Spannung zwischen 12 und 28 V anpassen

Die Luftkathoden bestanden ebenfalls aus zwei Schichten, und zwar einer 0,2 mm starken Lage von PTFE-gebundenem Azetylenruß mit 1—4 mg Pt/cm² und einer hydrophoben Deckschicht. Auch ammoniakaktivierte Kohlematerialien wurden in sauren Elektrolyten verwendet (0,6 V, 120 mA/cm², 60 °C, in 2 N-Schwefelsäure). Organische Katalysatoren wie Phthalocyanine, Tetraazaannulene und substituierte Porphyrine wurden getestet, waren aber nicht stabil genug.

Die Konstruktion der Batterien folgte dem bipolaren Prinzip mit gerippten, gut leitfähigen, plastikgebundenen Graphitplatten als Gasscheider.

Die Matrix bestand aus Fasermaterial, das mit Kunstharz gebunden war. Als 0,5 mm dicke Schichte absorbierten 400 cm² Fläche etwa 45 g Phosphorsäure.

Anwendungen: Das 1,5 kW-System kann mit 100 Liter Methanol drei Tage ohne Unterbrechung Strom liefern, oder bei nur 0,5 kW Leistung drei Stunden pro Tag für zwei Monate in Betrieb sein.

9.2 Zellen mit Membran-Elektrolyt

9.2.1 Die SPE-Zelle der General Electric Co. (GE)

General Electric Co. [27] ist seit 1958 mit der Entwicklung der „Solid Polymer Electrolyte Technology" beschäftigt. „SPE" ist eine Schutzmarke

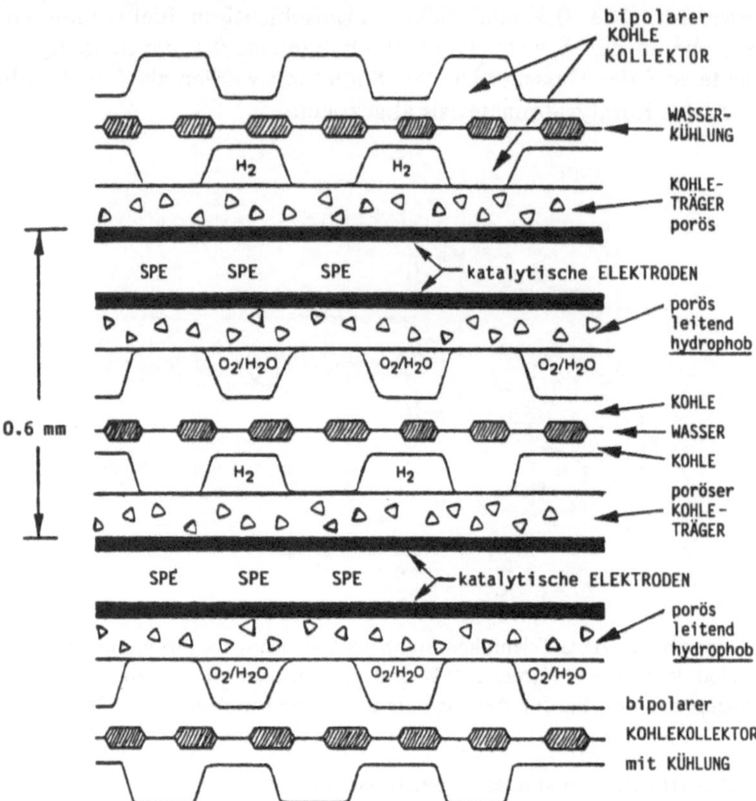

Abb. 7. Zeigt das Prinzip einer Solid Polymer Electrolyte (SPE)-Wasserstoff-Sauerstoff-Brenn-
stoffzelle. Die hydrophobe Eigenschaft des porösen Materials auf der Kathodenseite ist
notwendig, damit das gebildete Wasser abläuft

von GE. Die Anwendungen dieser Technologie sind die folgenden:

○ Wasserelektrolyse: Erzeugung von Wasserstoff und Sauerstoff für die Weltraumfahrt, Unterwasserboote und einige andere Militär- und Zivilanwen-
dungen.

○ Sauerstofferzeugung: Erzeugung von Sauerstoff aus Luft.

○ Brennstoffzellen: Erzeugung von Elektrizität.

○ Chlor-Alkali-Elektrolyse: Kommerzielle Produktion von Chlor und Natronlauge.

○ Energiespeicherung: H_2-Halogen — Regenerative Zellen.

○ Umweltschutz: Sensoren für die analytische Meßtechnik.

Allen diesen Entwicklungen gemeinsam ist die Membrantechnologie und die
Aufbringung von Katalysatoren. Abb. 7 zeigt das Prinzip einer SPE-Membran-
zelle von GE. Der „Membranelektrolyt" ist eine Folie aus sulfonierten Poly-
fluorkohlenwasserstoffen, etwa 0,125–0,25 mm dick. Auf jeder Seite dieser
Folie ist eine dünne Katalysatorschicht aufgebracht.

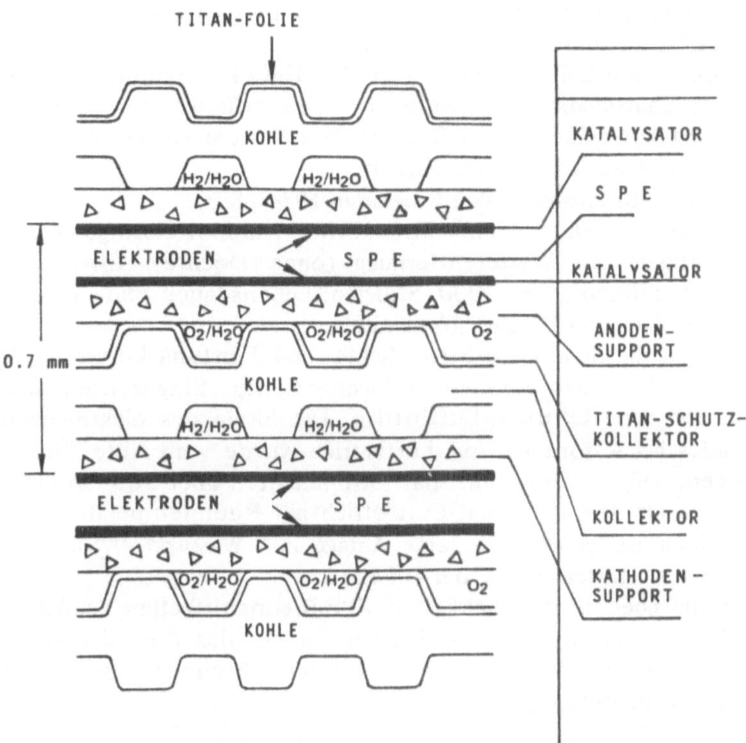

Abb. 8. Die schematische Darstellung einer General Electric Co. Membranzellenanordnung (Serienschaltung) für die Wasserelektrolyse. Kathodenkatalysator: 0,025 g Pt/dm^2, Anodenkatalysator: 0,2 g/dm^2. Bei 20 bar, 150 °C und einer Stromdichte von 100 A/dm^2 ist der thermische Wirkungsgrad etwa 40%

Das Material, das jetzt verwendet wird, Nafion, besteht aus sulfoniertem Polytetrafluoräthylen (Teflon). Beide Produkte stammen von Dupont und die Namen sind als „trademarks" geschützt. Für die Verwendung in Brennstoffzellen sind folgende Eigenschaften wichtig:

Wasser wird aus der Membrane als Flüssigkeit ausgeschieden
die Membrane ist unempfindlich gegen Kohlendioxid
in vielen Tests wurde die Lebensdauer von Nafion bestätigt.

Eine parallele Entwicklung war die Wasserelektrolyse-Technologie mit SPE-Membranen. Abb. 8 zeigt zum Vergleich die Skizze einer Elektrolyseanordnung mit in Serie geschalteten Zellen [28].

SPE-Membranzellen mit Wasserstoff und Sauerstoff haben in den folgenden Brennstoffzellenprojekten Bedeutung erlangt:

NASA Gemini-Programm (1962–66): Drei 1 kW-Batterien, Polystyrol-Sulfonsäure-Membranen, 850 Stunden Betriebszeit.

GE/NASA-Biosatellit (1964–68): Eine 360 W-Batterie für eine 40 Tage-Mission verwendet erstmals Nafion-Membranen.

U.S. Army-Programm (1966–68): Eine 1,5 kW-Batterie funktioniert mit Shiftreformer-Gasmischung (aus Jet Fuel JP-4).

NASA Space Shuttle-Programm (1970–74): Ein SPE-Membran 5 kW-System wurde für die Shuttle-Missionen vorbereitet und erfüllte den 2000 Stunden-Lebensdauertest mit einer 2,5 kW-Batterie. Das System wurde aber nicht voll entwickelt und kam auch nicht zum Einsatz.

Das NASA-GE-Brennstoffzellen-Programm 1974–83:

Die Ziele waren: 500 mA/cm² Stromdichte, Kühlmitteltemperatur: 80 °C, neuartige Methode der Wasserentfernung (ohne Dochte). Erreicht wurde: 1300 mA/cm² Stromdichte, 3000 Stunden Lebensdauer ohne Degradation, starke Kostensenkung bei 10 dm² großen Zellen.

Abb. 9 zeigt die Spannungs-Stromdichte- und Leistungskurven der Wasserstoff-Sauerstoff-SPE-Zellen der General Electric Comp. Eingezeichnet sind auch die Kurven für den Reformat-Luftbetrieb. Die Skala des elektrochemischen Wirkungsgrades bei Reformat- und Luftbetrieb wurde vom Autor hinzugefügt. Sie soll zeigen, daß es wenig Sinn hat, Stromdichten über 300 mA/cm² anzustreben. Daten für den Reformat-Luftbetrieb bei Raumtemperatur sind nicht angegeben, doch ist es möglich, eine Anlage mit Wasserstoff/Sauerstoff aus Reserveflaschen zu starten (0,7 V bei 400 mA/cm²).

Eine Studie über die Möglichkeiten, SPE-Brennstoffzellen für Automobile zu verwenden, wurde von General Electric Co. für das Los Alamos National Laboratory ausgeführt. Mehr darüber wird im Abschnitt „Brennstoffzellen für Fahrzeuge" berichtet.

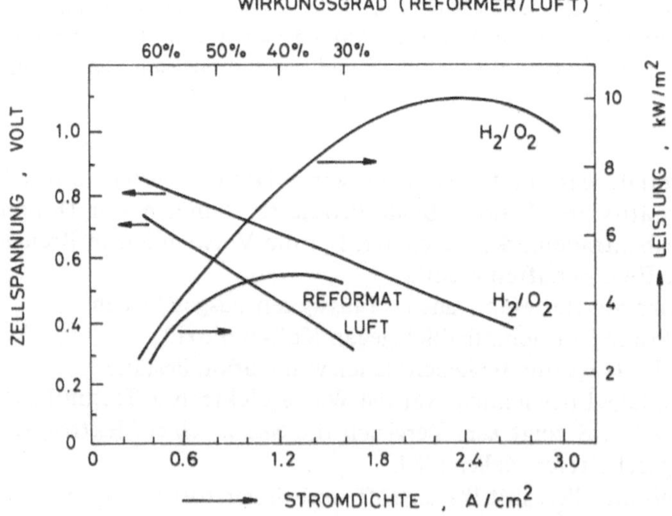

Abb. 9. Die Spannungsstromdichte- und die Leistungskurven von General Electric Co. SPE-Brennstoffzellen. Es können die Werte für Sauerstoff-Wasserstoff-Betrieb mit denen des Luft-Reformat-Betriebes verglichen werden. Bei den Stromdichten über 300 mA/cm² ist der Wirkungsgrad schon recht ungünstig. LANL, LA-UR 81-3578 (November 1981)

9.2.2 Die Membranzellen der Engelhard Corp.

Im Jahre 1978 beschrieb Adlhart [29] eine 30 W-Wasserstoff-Luft-Brennstoffbatterie, die mit einem integrierten Generator das Anodengas aus Kalziumhydrid oder aus Magnesium (Metall) herstellte. Die Anlage war für die U.S. Army als Stromquelle für entlegene Gebiete bestimmt.

Abb. 10 zeigt das Schema der 28 V-Batterie mit dem Hydridzersetzer. Die Energiedichte dieser Anordnung ist, je nach dem Betriebsmodus, 60–300 Wh/kg oder 50–250 Wh/l. Kalziumhydrid (CaH_2) hat eine Energiedichte von 1,1 kWh/kg und mit einer 50 g-Füllung arbeitet die Batterie 80 Stunden lang. Eine gleichschwere Primärbatterie (Lantern-Battery) würde nur 20 Stunden Betrieb erlauben [30].

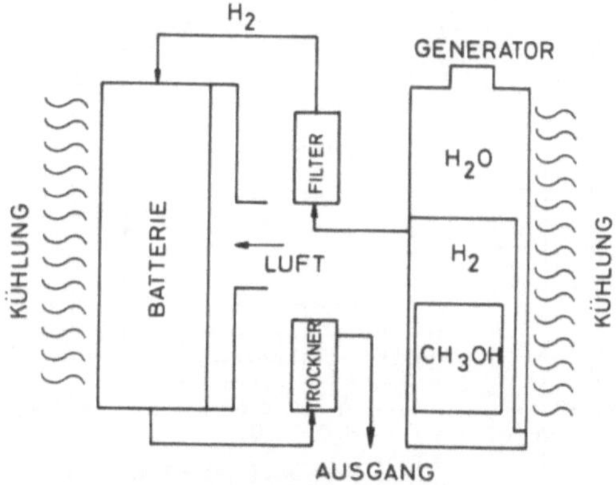

Abb. 10. Schema einer 28 V, 30 Watt-Wasserstoff-Luft-Brennstoffbatterie mit Hydridzersetzungsanlage. Sie wurde von Engelhard Minerals & Chemicals Corp. im Jahre 1978 für die U.S. Army gebaut

9.3 Zellen mit alkalischen Elektrolyten

9.3.1 Das System der Union Carbide Corp.

„Baked Carbon Electrodes": Die frühzeitigen Wasserstoff-Sauerstoff-Luft-Brennstoffzellen der Union Carbide Corp. (1957) verwendeten röhrenförmige Kohleelektroden, die sich leicht in großer Stückzahl durch Extrudieren herstellen ließen. Es wurde aber bald erkannt, daß durch die relativ dicke Wandstärke und durch die runde Konfiguration keine dichte Packung erreicht werden konnte, die der katalytischen Fähigkeit der Elektroden entsprochen hätte. Daraufhin wurde die Entwicklung von Kohleplattenelektroden mit den Dimensionen 15×15×0,3 cm und 30×35×0,6 cm begonnen. Die Leistung dieser Elektroden war gut (100 mA/cm² bei 0,8 V bei Betrieb mit Sauerstoff) und es wurden mit den kleinen Elektroden Batterien bis 1 kW und mit den großen bis 30 kW gebaut [31, 32].

Der Aufbau eines Wasserstoff-Sauerstoff-Systems beinhaltet eine größere Zahl von Zusatzeinrichtungen (Druckregler, Pumpen), um die Reaktionsgase je nach dem Stromverbrauch bereitzustellen und um den KOH-Elektrolyten umzupumpen. Die Ausbringung des Wassers erfolgt durch Zirkulierung des Wasserstoffes und des Sauerstoffes in einem Kreislauf, der die mit Wasserdampf hochgesättigten Gase in einem Kondensator auf eine niedrigere relative Feuchtigkeit bringt. Abb. 11 zeigt das Prinzip eines Brennstoffbatteriesystems mit flüssigem Elektrolyt.

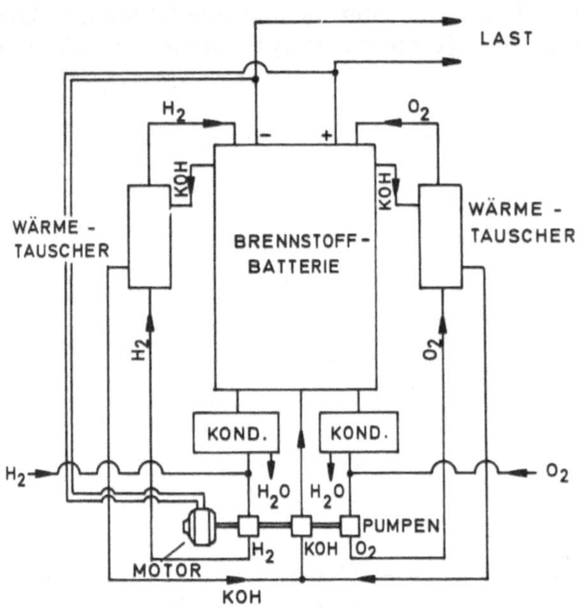

Abb. 11. Das Union Carbide Corp. Wasserstoff-Sauerstoff-System mit alkalischem Umlaufelektrolyt. Arbeitstemperatur: 65–75 °C, Elektrolyt: 35% KOH

Der Wassertransport durch die Elektroden wird durch folgende Faktoren bestimmt:
o Die Konzentration und die Temperatur des Elektrolyten bestimmen dessen Dampfdruck.
o Der Wasserdampfdruck im umlaufenden Gas wird durch die Temperatur der Kondensatorkühlfläche und die Umwälzgeschwindigkeit bestimmt.
o Wasserstoff hat eine gute thermische Leitfähigkeit, wesentlich höher als Luft oder Sauerstoff, der Wirkungsgrad der Kühlung ist deshalb verschieden.
o Die Porosität der Elektroden bestimmen den Durchsatzfaktor.
o Die Stromdichte bestimmt die Menge des produzierten Wassers.
o In den Elektroden bildet sich ein KOH-Konzentrationsgefälle.
o In alkalischen Zellen entsteht das Wasser an der Anode, trotzdem ist die Entfernung des Wassers an der Kathodenseite durch den Gasumlauf ebenfalls möglich.

o Die Verdunstungskälte des Wassers hilft kühlen.

o Ein geringer Prozentsatz (0,5%) der aktiven Gase muß zur Entfernung der akkumulierten Inertgase abgelassen werden.

Die meisten dieser Werte können aus Tabellen [33] abgelesen werden. Die Elektrodenkonstanten (z.B. die Porosität und die Tortuosität) sind als empirische Daten bestimmbar, oder, wenn ein gültiges Modell der Elektrodenstruktur vorliegt, auch genau berechenbar. Modelle von hydrophoben porösen Kohleelektroden sind auch heute noch nicht befriedigend genau und Messungen, wie zu Beginn der Brennstoffzellentechnologie, daher unerläßlich [34, 35].

Ein großer Vorteil des beschriebenen Systems ist die Selbstregulierung: wenn sich der Elektrolyt wegen einer zu hohen Stromlieferung der Batterie verdünnt, steigt der Dampfdruck und mehr Wasser wird eliminiert. Eine Regelung der Gas-Umpumpgeschwindigkeit als Funktion der Last, der Temperatur oder des einfach zu messenden Elektrolytvolumens gibt weitere Freiheitsgrade und Kontrollmöglichkeiten. Ist die Batterie nur schwach belastet, steigt die Elektrolytkonzentration an und die Selbstregelung funktioniert in der umgekehrten Richtung. Man muß bei elektrischer Messung jedoch beachten, daß die Kalilauge ein Maximum der Leitfähigkeit bei etwa 7 N durchläuft.

Der Elektrolytfluß durch die Batterie kann entweder in paralleler oder in serienweiser Durchströmung erfolgen [36]. Die bipolaren Elektrodenanordnungen sind aus Abb. 12a, b zu ersehen.

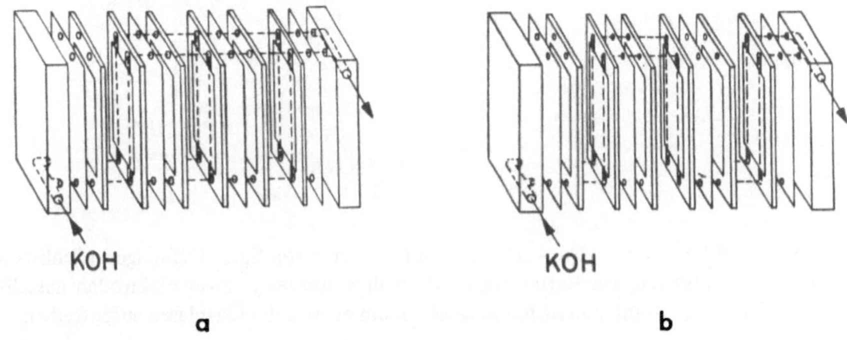

Abb. 12 a, b. Elektrolytfluß in einer Batterie mit bipolaren Elektroden.
a) parallele, b) serienweise Durchströmung

Der Energiebedarf der Zusatzaggregate ist gering. Die magnetisch gekoppelte Zentrifugal-Elektrolytpumpe für eine 1 kW-Batterie verbraucht nur 5–10 W. Für die Gasumwälzung wurden Jetsysteme ohne bewegliche Teile konstruiert, sie beziehen ihre Energie von der Gasexpansion [37].

Die Batterien mit Kohleplatten erwiesen sich als zu schwer und zu voluminös für kompakte Systeme. Im Jahre 1963 begann die Entwicklung von dünnen, sogenannten „composite"-Elektroden [38]. Das Bauprinzip war, eine dünne aktive Kohleschichte auf eine hydrophobierte poröse Nickelfolie aufzubringen und dadurch elektrisch gut leitende Wasserstoff- und Sauerstoffelektroden zu erhalten (s. Kap. 7.8). Diese Elektroden waren besonders für den Luftbetrieb geeignet.

Die Modulbauweise mit „fixed zone"-Elektroden: Mit Hilfe dieser neuen, dünnen Elektroden wurden, je nach den Anforderungen, Serien- oder Parallelschaltungen von Zellen durchgeführt. Abb. 13 zeigt die Grundkonstruktion einer „Duplex"-Zelle und deren Serienschaltung zu Batterien mit höherer Spannung. Es zeigte sich, daß es für die Verläßlichkeit der Batterien notwendig war, zumindest einen Parallelweg für den Strom zu schaffen, falls eine Elektrode ausfallen sollte [39]. Diese „Duplex"-Zellen wurden dann zu Modulen zusammengestellt.

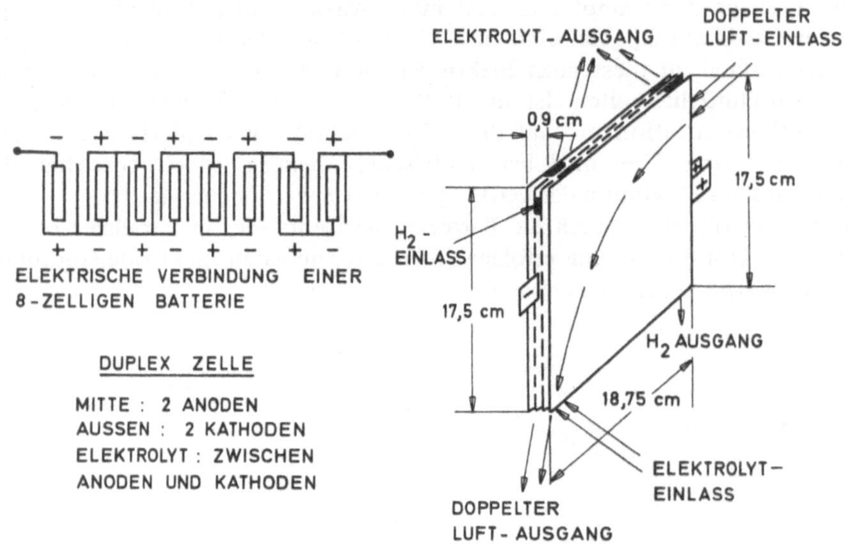

Abb. 13. Konstruktion einer „Duplex"-Zelle mit den notwendigen Öffnungen (Schlitzen) für Gase und Elektrolytfluß. Im Batterieverband erhalten immer je zwei Elektroden dasselbe Gas. Der Elektrolyt strömt von unten nach oben, um eventuelle Gasblasen auszutreiben

Eine Konstruktion eines solchen Moduls zeigt Abb. 14. 15 dieser 0,4 kW-Module wurden zu einem 90 V, 6 kW-Luft-Wasserstoff-System zusammengebaut. Während die parallele Gaszuführung keinerlei Schwierigkeiten bereitete, mußte das Elektrolytsystem für ein Minimum von parasitären Strömen ausgelegt werden. Es gelang schließlich, diese auf weniger als 1% zu senken [40, 41]. Für Details über das Fahrzeug siehe Abschnitt 8.2.2 im Kapitel „Brennstoffbatterien für Fahrzeuge".

Kommerzielle 1- bis 5 kW-Wasserstoff-Sauerstoff-Systeme wurden von Union Carbide Corp. in den Jahren 1965—72 gebaut. Die Anwendung war für Stromquellen in abgelegenen Gebieten und für Militärzwecke. Die Anlage war voll automatisiert und lieferte 1—5 kW bei 28—32 V, mit geregelter konstanter Spannung (24 V).

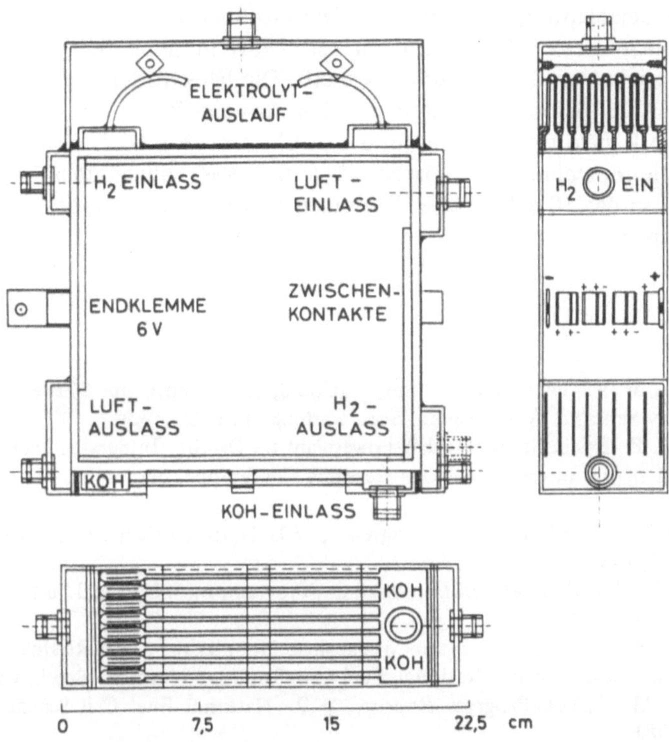

Abb. 14. Ein handgefertigtes 0,4 kW-Modul (6 V, 65 A), das aus 8 „Duplex"-Zellen aufgebaut ist. Ersichtlich sind die Schlitze für den Elektrolytkreislauf und die beiden Gase (Wasserstoff und Luft). Die langen Verbindungskanäle dienen der Herabsetzung der parasitären Ströme

Die Elektroden in diesem System waren dünne „composite"-Kohleelektroden, auch „fixed zone"-Elektroden genannt, weil die elektrochemische Reaktion auf die Grenzzone (Interface) zwischen der porösen Nickelfolie und der katalysierten Kohleschichte mechanisch und durch die ansteigende Hydrophobierung fixiert war.

Hydrazin-Luft-Batterien: Union Carbide Corp. entwickelte auch zwei Hydrazin-Systeme mit einer Leistung von 300 W bzw. 600 W bei 28 V. Die Anwendung war hauptsächlich für den Gebrauch in der U.S. Army („silent sentry") [42] ausgelegt und die Anforderungen an geringe Lärmentwicklung (des Gebläses) und Wärmestrahlung waren sehr hoch. Über die Verwendung von Hydrazin-Luft-Batterien in Fahrzeugen siehe Kap. 8.0).

9.3.2 Electrochemische Energieconversie N.V. (ELENCO)

Diese belgische Firma entwickelt Wasserstoff-Luft-Brennstoffzellen seit 1970. Die Hauptanwendung soll der Betrieb von größeren Fahrzeugen (Stadtbusse) sein. Die Elektroden sind PTFE-gebundene Kohleelektroden mit Metallgittern als Stromableitung (s. Kap. 7.0). Die Produktion der Elektroden in einer Computer-kontrollierten Pilotanlage ist seit 1980 möglich. Die Batterien sind sehr kompakt gebaut und technisch ausgereift. Die Elektroden von etwa 300 cm² Fläche werden auf Spritzautomaten mit den notwendigen plastischen Rahmen, die bereits die Kanäle für die Gase und den Elektrolyten (6 N KOH) enthalten, umspritzt. Die Einzelmodule leisten etwa 0,5 kW, die daraus hergestellten Systeme sind in der 10 kW-Größe. Für einen Stadtbus werden 60 kW benötigt. Näheres s. Kap. 8.0.

Literatur

1. Burlingame, M. V.: Fuel Cell Systems II (Gould, R. F., ed.), pp. 377–832. Advances in Chemistry Series *90*. Amer. Chem. Soc., Washington, D.C., 1969.
2. Grevstad, P. E., Falcinelli, R.: 40 kW-Powerplant for On-Site/Integrated Energy Systems. Proceedings of the International Gas Research Conference, September 28 – October 1, 1981.
3. Grevstad, P. E.: On-Site Fuel Cell Progress, p. 59. National Fuel Cell Seminar, Newport Beach, Calif., 1982.
4. Glasser, K. F.: 4,8 MW Fuel Cell Demonstrator Program, p. 5. National Fuel Cell Seminar, Norfolk, Virgina, 1981.
5. Fukuda, L., Wakabayashi, N.: Status of Japanese Moonlight Project Relative to Fuel Cell Research and Development. National Fuel Cell Seminar, Newport Beach, Calif., 1982.
6. Kobayashi, M.: TEPCO-Progress Report, p. 9. National Fuel Cell Seminar, Norfolk, Virginia, 1981.
7. United Technologies Corp.: Integral Cell Scale-up and Performance Verification. Electric Power Research Institute, Report EM-1134, Project 842-4, June 1979.
8. Handley, L. M.: 40 kW- and 4,8 MW-UTC-Systems, p. 53. National Fuel Cell Seminar, San Francisco, Calif., 1978.
9. United Technologies Corp.: Improved FCG-1 Cell Technology. Electric Power Research Institute Report EM-1566, October 1980.
10. Kishida, K., Nishiyamy, E., Hirata, I., Hamasaki, Y. (Mitsubishi Electric Corporation): Development of Phosphoric Acid Fuel Cell Systems, p. 53. National Fuel Cell Seminar, Newport Beach, Calif., 1982.
11. Westinghouse Electric Corp.: Evaluation of DIGAS (TM) Cooling for Utility Fuel Cell Power Plants. Electric Power Research Institute, Report EM-1365, TPS 79-725, March 1980.
12. Wright, M. K., Van Bibber, L. E.: Westinghouse Air Cooled 7.5 MW PAFC Power Plant System Design Status, pp. 69–74. National Fuel Cell Seminar, Newport Beach, Calif., 1982.
13. Hoover, D. Q.: Cell and Stack Design Alternatives. ERC-Department of Energy Contract No. ET-78-C-03-2031, 1978.
14. Maru, H. C., Christner, L. G., Abens, S. G., Baker, B. S.: Phosphoric Acid Fuel Cell Stack and Technology Programs, p. 86. National Fuel Cell Seminar, Bethesda, Maryland, 1979.
15. United States Army Mobility Equipment Research and Development Command, Contract DAAK70-79-C-0249.
16. Abens, S. G., Hofbauer, J. A., Marchetti, P. G.: National Fuel Cell Seminar, Norfolk, Virginia, 1981, p. 120.

17. Baker, B. S., et al.: Department of Energy Contract, Final Report EC-77-C-03-14-4 (1978).
18. Baker, B. S., et al.: Brookhaven National Laboratory Kontrakt BNL 450177-S (1978).
19. Kaufmann, A.: Phosphoric Acid Fuel Cell Stack Development, pp. 91–94. National Fuel Cell Seminar, Bethesda, Maryland, 1979.
20. Johnson, G. K., Kaufmann, A.: National Fuel Cell Seminar, Norfolk, Virginia, 1981, pp. 43–45 (p. 61).
21. Engelhard Corp.: Fuel Cell System for Building Applications, NASA-Lewis Research Center Contract, DEN3-241, Department of Energy (DOE) 1981.
22. Böhm, H.: Brennstoffzellenaggregat mit saurem Elektrolyt. J. of Power Sources *1*, 177–192 (1976).
23. Pohl, F. A., Böhm, H., Maass, K.: Studie über ein 1 kW-Brennstoffzellenaggregat mit saurem Elektrolyten, das auch logistische Brennstoffe verwenden kann. BM f. Verteidigung, Kontrakt T/R 720/R 7700/23265 (1972).
24. Pohl, F. E. A., Böhm, H.: Entwicklung eines Rohgas-Luft-Brennstoffzellensystems. BM f. Forschung und Technologie, Kontrakt ET 4028 (1944–77).
25. Maass, K. P.: 1 kW-Tungsten Carbide Fuel Cell Power Plant with a Methanol Cracker, pp. 35–77. 28th Power Sources Symposium, The Electrochem. Soc. Inc., 1978.
26. Fleischmann, R., Heffler, J., Böhm, H.: Progress in Batteries and Solar Cells, Vol. 3, pp. 345. JEC Press, Inc. 1980.
27. General Electric Co., Aircraft Equipment Div.: Feasibility Study of SPE Fuel Cell Power Plants for Automotive Applications, Final Study Report PO 9-L61-3863 V-1, prepared for Los Alamos National Laboratory, November 17, 1981.
28. General Electric Comp.: Hydrogen Production Using Solid Polymer Technology for Water Electrolysis and Hybrid Sulfur Cycle, Electric Power Research Institute Report EM-1186, Project 1086-3, Final Report September 1979.
29. Adlhart, O. J.: An Assessment of the Air-breathing, Hydrogen Fueled SPE Fuel Cell, pp. 29–32. 28th Power Sources Symposium, Atlantic City, June 1978.
30. Taschek, W. G.: National Fuel Cell Seminar, p. 99. Boston 1977.
31. Evans, G. E.: Status of the Carbon Electrode Fuel Cell Battery. 49th National Meeting, Amer. Inst. of Chem. Engineers, New Orleans, LA, 1963.
32. Evans, G. E., Smith, G. E.: Carbon Electrode Fuel Cell. Kontrakte AF 33(616)–7256 SA/5 (1961/62); ASD-TDR-62-1044 (AD 403,890).
33. Vapor Pressure of KOH-Solutions. International Critical Tables, Vol. III, p. 373. New York: Mc Graw-Hill 1928.
34. Kordesch, K. V.: Low Temperature Hydrogen-Oxygen Fuel Cells. In: Fuel Cells (Mitchell, W., ed.), pp. 329–369. New York: Academic Press 1963.
35. Schumm, B., jr.: Water Transportation Modelling in Alkaline Fuel Cells. Meeting of the Electrochem. Soc., Abstract No. 20, Boston, May 1979.
36. Holland, H. W.: 15th Annual Power Sources Conference, Atlantic City, 1961, pp. 26–29. The Electrochem. Soc. (republished).
37. Winters, C. E., Smith, G. E.: The Union Carbide Fuel Cell System. UCC Development Dept., Report SR(5), Rev. 10/12/64.
38. Clark, M. B., Darland, W. C., Kordesch, K. V.: Composite Carbon-Metal Electrodes for Fuel Cells. Electrochem. Technology *3*, 166–171 (1965).
39. Evans, G. E.: Reliability-Engineering of Fuel Cells for Space Power. Union Carbide Corp. Dev. Dept. Report URS-221, 1965.
40. Baily, R. V.: Design of Manifold Distribution Systems for Fuel Cells. Union Carbide Corp. Dev. Dept. Report URM-206, 1964.
41. Baily, R. V.: Sizing of Manifolds in Fuel Cells for Laminar and Turbulent Flow. Union

Carbide Corp., Dev. Dept. Report, Research Summary URS-245, 1966.
42. Evans, G. E.: Hydrazine-Air Fuel Cells, pp. 32–36. 21st Annual Power Sources Conference, Atlantic City, 1967.

10. Bibliographie

10.1 Bücher

1. Justi, E. W., Winsel, A. W.: Kalte Verbrennung, Fuel Cells. Wiesbaden: Franz Steiner Verlag 1962; English Translation: New York: Pergamon Press 1965.
2. Fuel Cells (Young, G. T., ed.). Vol. 1: Symposium of Amer. Chem. Soc., 1959 (1960); Vol. 2: Symposium of Amer. Chem. Soc., 1961 (1963). New York: Reinhold Publishing Co.
3. Fuel Cells (Mitchell, W., Jr., ed.). New York: Academic Press 1963.
4. Hydrocarbon Fuel Cell Technology (Baker, B. S., ed.). New York: Academic Press: 1965.
5. Les Piles à Combustible (Block, O., ed.). Publications de l'Institut Français du Pétrole, Collection No. 6. Paris: Editions Technique 1965.
6. Fuel Cell Systems (Gould, R. F., ed.). Advances in Chemistry Series 47. Amer. Chem. Soc., Washington 1965.
7. Vielstich, W.: Brennstoffelemente – Fuel Cells. Weinheim/Bergstraße: Verlag Chemie 1965; English translation: London: John Wiley & Sons 1970.
8. Toplivne Elementy – Fuel Cells (Bagotskii, V. S., Vasil'ev, Yu B., eds.). Academy of Sciences of the USSR, Moscow 1964. English translation: Consultants Bureau, N.Y. 1966.
9. Austin, L.: Fuel Cells. A Review of Government – Sponsored Research, 1960–1964. NASA SP-120, Office of Technology Utilization, Washington 1967.
10. Hart, A. B., Womak, G. J.: Fuel Cells. London: Chapman and Hall 1967.
11. Handbook of Fuel Cell Technology (Berger, C., ed.). Englewood Cliffs, N.J.: Prentice Hall 1968.
12. Liebhafsky, H. A., Cairns, E. J.: Fuel Cells and Fuel Batteries. New York: John Wiley & Sons 1968.
13. Fuel Cell Systems II (Gould, R. F., ed.). Advances in Chemistry, Ser. 90. Amer. Chem. Soc., Washington 1969.
14. Bockris, J. O'M., Srinivasan, S.: Fuel Cells, Their Electrochemistry. New York: McGraw Hill 1969.
15. Breiter, M. W.: Electrochemical Processes in Fuel Cells. Berlin-Heidelberg-New York: Springer 1969.
16. Sturm, F. v.: Elektrochemische Stromversorgung. Weinheim/Bergstraße: Verlag Chemie 1969.
17. From Electrocatalysis to Fuel Cells (Sandstede, G., ed.). Battelle Seattle Research Center, Univ. of Washington Press, Seattle 1972.
18. Kordesch, K. V.: In: Modern Aspects of Electrochemistry, Vol. 10 (Bockris, J. O'M., Conway, B. E., ed.), pp. 339–443. New York: Plenum Press 1975.
19. Fuel Cells. A Bibliography, TID-3359. Technical Information Center, Energy Research and Development Administration, June 1977. Enthält Verzeichnisse geordnet nach

Autoren, Firmen, Sachgebiet, Materialien und Berichtnummern, 3273 Abstrakte und Literaturzitate bis 1977 (andere Forsetzung 1979). TID-3359 Kopien: National Technical Information Service (NTIS), U.S. Dept. of Commerce, Springfield, VA 22161, U.S.A.

20. Electrochemistry in Industry — New Directions (Landau, U., Yeager, E., Cortan, D., eds.). New York: Plenum Press 1980.
21. Elektrochemische Stromquellen (Wiesener, K., Garche, J., Schneider, W., eds.). Berlin: Akademie Verlag 1981.
22. Electrochemical Energy Conversion Principles (Tilak, B. V., Yeo, R. S., Srinivasan, S., eds.). Chapter 2: Comprehensive Treatise of Electrochemistry, Vol. 3, pp. 39–122. Treatise is edited by Bockris, J. O'M., Conway, B. E.., Yeager, E., White, R. E.). New York: Plenum Press 1981.

10.2 Serien-Publikationen

1. United States Army, Proceedings, 1956–1976; 10th–12th Annual Research and Development Conferences, Signal Corps Engineering Laboratories (1956–1958); 13th–22nd Annual Power Sources Conference, U.S. Army Signal Research and Development Laboratories, Ft. Monmouth, N.J. (1959–1968); 23rd Power Sources Conference (1969) and 24th Power Sources Symposium (1970); PSC-Publ. Committee, Red Bank, N.J.; (Biennial) 25th–30th Power Sources Symposia (1972, 1974, 1976, 1978, 1980, 1982); Publ.: The Electrochem. Soc., Inc., Pennington, New Jersey, 08534-2896, U.S.A. (Alle Kopien früherer Ausgaben sind erhältlich.)
2. United States Army Electronics Laboratory, Washington, D.C., "Status Reports on Fuel Cells", 1st, by Stein, B. R. (1959); 2nd, by Stein, B. R., Cohen, E. M. (1960); 3rd by Hunger, H. F., et al. (1962); 4th by Franke, R. F., Hunger, H. F. (1962); 5th by Bartosh, S. J., et al. (1965); 6th by Frysinger, R. G., et al., Final (1967). (Reports 3–6 were published by the U.S. Army Electronics Command, Fort Monmouth, N.J.). Die Reihe wurde nicht weitergeführt.
3. Collins, D. H. (ed.). Biennial Proceedings, 1962–1976, Joint Services of the Electrical Power Sources Committee; Batteries. 3rd Symposium Bournemouth 1962. New York: Pergamon Press 1963; Batteries II. 4th Symposium Brighton 1964. New York: Pergamon Press 1964. Power Sources 1. 5th Brighton 1966. New York: Pergamon 1967; Power Sources 2. 6th Brighton 1968. New York: Pergamon Press 1969; Power Sources 3. 7th Brighton 1970. Newcastle upon Tyne: Oriel 1971; Power Sources. 8th Brighton 1972. Newcastle upon Tyne: Oriel 1973; Power Sources 5. 9th Brighton 1974. New York: Academic Press 1975. Power Sources 6. 10th Brighton 1976. New York: Academic Press 1977; Power Sources 7. 11th Brighton 1978 (Thomson, J., ed.). New York: Academic Press 1979; Power Sources 8. 12th Brighton 1980. New York: Academic Press 1981; 13th Brighton 1982. New York: Academic Press 1983; 14th Brighton (1984) –.
4. I.E.C.E.C., Proceedings of Intersociety Energy Conversion Engineering Conferences (published by the host organization of the particular year; 1st Los Angeles, Calif. (1966); 2nd Miami Beach, Florida (1967); 3rd, Boulder, Colo. (1968); 4th Washington, D.C., 1969 (Index 66–69); 5th, Las Vegas, Nevada (1970); 6th, Boston, Mass. (1971); 7th, San Diego, Calif. (1972); 8th, Philadelphia, Pa. (1973); 9th San Francisco (1974); 10th, Newark, Del. (1975); 11th, State Line, Nevada (1976); 12th, Washington, D.C. (1977); 13th, San Diego, Calif. (1978); 14th, Boston, Mass. (1979); 15th, Seattle, Wash. (1980); 16th, Atlanta, Georgia (1981); 17th, Los Angeles, Calif. (1982); 18th, Orlando, Florida (1983); 19th, San Franciso (1984). Die Serie wird fortgesetzt.

5. C.I.T.C.E. Proceedings of the Comité International de Thermodynamique et de Cinètique Electrochimiques, named I.S.E. (International Society for Electrochemistry) from 1971 on: 1959 (11th) Vienna, 1960 (no meeting), 1961 (12th) Brussels, 1962 (13th) Rome, 1963 (14th) Moscow, 1964 (15th) London-Cambridge, 1965 (16th Budapest, 1966 (17th) Tokyo, 1967 (18th) Schloß Elmau (no Fuel Cells), 1968 (19th) Detroit, 1969 (20th) Strasbourg, 1970 (21th) Prague, 1971 (22nd Dubrovnik (no Fuel Cells), (23rd) Stockholm, 1962 (24th) Munich, 1973; (25th), Brighton, 1974; (26th) Hague, 1975; (27th) Zurich, 1976; (28th) Varna, 1977; (29th) Budapest, 1978; (30th) Trondheim, 1979; (31st) Venedig, 1980; (32nd) Dubrovnik/Cavtat, 1981; (33rd) Lyon, 1982; (34th Erlangen, 1983; (35th) San Franciso, 1984. All programs with titles of papers and names of authors are published in Electrochimica Acta.
6. Progress in Batteries and Solar Cells, Vol. 1 (1978) bis Vol. 4 (1982) (Kozawa, A., Kordesch, K., eds.). JEC-Press, Inc., The Electrochem. Soc. (U.S.A.) and the Electrochem. Soc. of Japan, P.O. Box 45035, Cleveland, OH 44145, U.S.A. Wird fortgesetzt.
7. New Materials and New Processes, Vol. 1 (1981), Vol. 2 (1983). JEC-Press, Inc., P.O. Box 45035, Cleveland, Ohio, U.S.A. Wird fortgesetzt.
8. Proceedings of the 1st, 2nd, 3rd, 4th "World Hydrogen Energy Conference", Hydrogen Energy Progress I–IV. The 4th World H_2 Conference was held in Pasadena, Calif., 1982 (Veziroglu, T. N., Van Horst, W. D., Kelly, J. H., eds.). New York: Pergamon Press 1982. Die 5th World Hydrogen Energy Conference in Toronto wird 1984 abgehalten.
9. Elektrochemische Energieumwandlung. Vortragsserien bei den Fachgruppentagungen der Gesellschaft Deutscher Chemiker, Ludwigshafen, 1981, Neukirchen, 1983. Veröffentlicht als „Dechema"-Monographien, 1982, 1984, usw.
10. Laufend wurden vom Electric Power Research Institute, EPRI, 34112 Hillview Ave., Palo Alto, CA 94304, U.S.A., Berichte über Brennstoffzellen bezogene Projekte (Energy Management and Utilization) veröffentlicht. EPRI Guide 1982 und Folgejahre sind erhältlich von: EPRI-Research Reports Center, Box 50490, Palo Alto, Calif., U.S.A.

10.3 Sammelreferate

1. The Advancement of Fuel Cell Technology. Final Report for Fuel Cell Research Group, Battelle Memorial Institute, Columbus Laboratories, Columbus, Ohio, December 31, 1965.
2. Electrode Processes (Yeager, E., ed.), 1st Conference (1959), 2nd Conference (1966), Electrochemical Society Publication Series.
3. Proceedings of the International Fuel Cell Symposium (Schwabe, K., Winkler, E., eds.)., Dresden (1967); Vol. 49, Abh. d. Sächs. Akad. d. Wiss.., Leipzig. Berlin: Akademie Verlag 1968.
4. Société d'Etude de recherches et d'applications (S.E.R.A.I.) and DOMASCI, 1st, 2nd, 3rd International Symposia on Fuel Cells, Brussels, June 1965; June 1967; June 1969. Proceedings published by Presses Académiques Européennes, Bruxelles, Belgium. The "4th Fuel Cell Congress" wurde in Antwerpen, 1972, abgehalten.
5. Proceedings of the Battery Technology Symposia of the Southern California-Nevada Section of the Electrochemical Society; 1st, 1965; yearly, only to the 6th Symposium, 1970.
6. ECS Fuel Cell Symposia, Electrochemical Society Battery Division (Extended Abstracts): October 1961, Detroit; October 1962, Boston; October 1963, New York; October 1964, Washington, D.C.; October 1966, Philadelphia; October 1968, Montreal; October 1970, Atlantic City.

7. Yeager, E. B.: Fuel Cells. In: Batteries, Primary. Kirk-Othmer, Encyclopedia of Chemical Technology, 2nd ed., Vol. 3, pp. 139–160, 1964.

8. Winsel, A.: Brennstoffzellen. In: Ullmanns Ezyklopädie der technischen Chemie, 4. Aufl., Bd. 12, S. 113–136, 1976.

9. Proceedings of the Symposium on Selected Topics in the History of Electrochemistry (Dupbernell, G., Westbrook, J. H., eds.). Contains list of review papers. The Electrochem. Soc., Inc., 1978.

10. Proceedings of the 3rd Symposium on Electrode Processes (Bruckenstein, S., McIntyre, J. D. E., Miller, B., Yeager, E., eds.). The Electrochem. Soc., Inc., 1978.

11. Kordesch, K. V.: 25 Years of Fuel Cell Development (1951–1975). Anniversary Collection Paper of the J. Electrochem. Soc. *125*, 77C–91 C (1978).

12. Bruckenstein, S., McIntyre, J. D. E., Miller, B., Yeager, E.: Electrode Processes: 1979 Symposium, The Electrochemical Society, Inc.

13. Kordesch, K. V.: Survey of Carbon and its Role in Phosphoric Acid Fuel Cells. Final Report December 31, 1979. Prepared for the U.S. Dept. of Energy under contract with Brookhaven National Laboratory Subcontract No. 464459-S, BNL No. 51418.

14. Proceedings Renewable Fuels and Advanced Power Sources for Transportation Workshop (U.S. Dept. of Energy) (Chum, H. L., SERI, Srinivasan, S., LANL, eds.). Solar Energy Research Institute, Boulder, Colorado, June 17–18, 1982.

15. Symposia on Corrosion in Batteries and Fuel Cells and Corrosion in Solar Energy Systems, Proceedings Vol. 83-1 (Johnson, C. J., Pohlman, S. L., eds.). The Electrochem. Soc., Inc., 1983.

16. Proceedings of the Workshop "Electrochemistry of Carbon", under the Sponsorship of the Department of Energy, held at Case Western Reserve University, Cleveland, August 17–19, 1983 (Brodd, R., Yeager, E., eds.). The Electrochem. Soc., Inc.

17. Kordesch, K., Gsellmann, J., Jahangir, S., Schautz, M.: The Technology of PTFE-Bonded Carbon Electrodes. Proceedings of the Symposium on Porous Electrodes: Theory and Practice (Maru, H. C., Katan, T., Klein, M. G., eds.). The Electrochemical Soc., Inc., 1984–88.

Sachverzeichnis

Adsorptionskohlen 82
Aktivierung 9
— Gasphasen- 20, 82—83, 88—90, 102
— mit Zinkchlorid 88
Ammoniak 64—65, 142, 154—156
Ammoniumchlorid 18, 19
Ammoniumkarbonat 131, 134
Austauschstromdichte 28, 29
Azetogenruß 91
Azetylenruß 81—82, 90—92

Baked carbon 83—86, 181
Batterien
— Aluminium-Luft- 4, 5, 126
— Blei- 3, 143, 150
— Natrium-Schwefel- 143
— Nickeloxid-Zink- 6, 143
— Nickeloxid-Cadmium- 6, 157
— Reformergas-Luft- 170—174, 176, 180
— Silberoxid-Zink- 6, 144
— Wasserstoff-Luft- 3, 10, 116, 143, 147—154, 176, 185
— Wasserstoff-Sauerstoff- 3, 4, 5, 8, 182—185
— Zink-Brom- 3, 6, 143, 153
— Zink-Luft- 4, 100, 111, 126, 144
Benetzungswinkel 31
BET-Oberfläche 78—79, 91—92
Bikarbonat 128
Bindemittel 85
Bipolare Systeme 11, 21, 99, 103—105, 117, 148, 176, 177, 183
Brennstoffzellen
— alkalische 2—4, 21, 53—57, 181—186
— Definition 7
— Hochtemperatur- 8, 14, 15, 22, 167

— phosphorsaure 3, 4, 22, 57, 159—165, 170—181
— Membran- 13, 20, 177—181
Bromaufnahme 69
Butler-Volmer-Gleichung 29

Carnots Gesetz 1, 7, 18, 24
Cellophan 120
Channel-black 86
Chemische Polarisation 40
Chemische Reaktionen von Kohle-materialien 72—74
Chlor-Alkali-Elektrolyse 122, 123
Composites-Electrodes 98, 109, 183, 185

Dampfdruck 54
Dampfreformer 173
Debye-Scherrer-Aufnahmen 69—70
Degussa-Gasrußapparat 87
Diamant 67
Diffusion
— Diffusionsgaselektroden 33 ff.
— Diffusionskonstante 33
— Diffusionsrate 33
Digas-Prinzip 173, 175
Durchtrittsfaktor 28

Elektroden
— Gasdiffusions- 10, 29—31
— Luft- 18, 152, 177
— Sauerstoff- 18, 102, 122
Elektrodenkonstante 42, 43
Elektromotorische Kraft 24
Elektronenmikroskopie 71
Energiedichte 1, 2, 5, 150, 158
Erdey-Gruz-Reaktion 28

Faradaysches Gesetz 32
Ficksches Gesetz 33
Fixed zone-electrodes 106—113,
    144, 184, 185
Franklins Modell 69

Gas jet 55
Graphit
— künstlicher 74—76
— Minerale 74
— Struktur 68
— Verbindungen 68
Graphitierungsprozeß 68—69
Grenzstromdichte 33

Heyrovsky-Volmer-Mechanismus 32
Holzkohle 18, 19
Hostaflon 94
Hybrid 3, 4, 6, 21, 147, 155
Hydrazin 65, 142, 157—159, 185
Hydride 60—61
Hydrophobierung 10, 19, 20, 31,
    98, 106, 118

Interkalation 73
Isopropanol 104, 119, 129

Jet-Systeme 183

Kalilauge 19, 94, 149, 182
Kalziumhydrid 181
Katalysatoren 10, 32, 38—39, 100,
    176—178
— für Kohleoxidation 72
— Metalloxide 19, 38, 101
— Platinmetalle 121
— Silber 100, 121
Ketjenblack 92, 131, 135
Klemmenspannung 26
Kocite-Katalysator 39, 121
Kohlebauteile 83—85
Kohleelektroden, poröse 9, 11
Kohlenstoff
— Aktivierung 87—90
— Eigenschaften 67
— Modifikationen 67
— Strukturen 69—72
— glasartiger 75
— Gewebe und Filze 75
Kohlenwasserstoffe 159

Kohlepapier 117—118

Lucite 48
Luftelektroden 152, 177
Luftzirkulationssysteme 173

Matrix 3, 8, 11, 57
Matrix-Elektrolyte 144
Matrixzellen 11, 116—118, 170—177
Membran-Elektrolyte 95, 177—181
Metallelektroden, poröse 10
Metalloxidkatalysatoren 19
Methacrylate 57
Methan 171
Methanol 63—64, 159—164, 174—177
Module 144—146, 173—177, 184

Nafion 13, 20, 95, 166, 179
Natriumhydroxid 19, 94
Nernst-Faktor 43, 44
Nernst-Gleichung 10, 25, 29, 37
Nernst-Masse 8
Nickel, Elektroden 8
— poröse Elektroden, Schichten 9,
    21, 108, 111, 144
— Folien 98, 115
— Gitter 115
Nickelborid 32

Oberflächenspannung 31
Ofenanlagen 85—86

Palladiumschwarz 32
Paraffin 106
Parasitäre Ströme 152, 184
Phosphorsäure 11, 20, 95, 117,
    170—177
Phthalocyanine 38—39, 177
Platin 10, 100, 118—122, 127—135,
    163, 176
— Platinmetalle 32, 121
Polarisation 25
— Polarisationskurven 34—35,
    47, 58, 125, 151
Polyäthylen 57, 94
Polypropylen 57, 94
Polytetrafluoräthylen 10, 31, 47,
    57, 92—94, 98, 118—121, 128—138
Porenmodell 30, 31
Porenspektrum 108—110

Porphyrine 39, 177
Preßverfahren 131–135

Raney-Nickel 4, 10, 32
Raney-Silber 10, 32
Reformeranlagen 10, 62, 160
Reformergas 10, 99
Ruß 76 ff.
– Charakterisierung 77
– Eigenschaften 79, 81
– Herstellung 86–87
– Teilchengrößen 78, 79
– Verwendung 80

Sample and hold 53
Sauerstoffelektrode 36–38, 102
Sauerstoffpotential 36
Schaumkohlenstoff 75
Schwefelsäure 11, 176
Shawinigan-Ruß 90, 131
Shift-Reaktion 10, 62, 117, 166
Shunt-Ströme 11
Siliziumkarbid 120, 127, 171
Solid-Polymer-Elektrolyt 20,
    165–166, 177–181
Spinelle 10, 19, 90, 102, 103
Spritzen (v. Elektroden) 135–138
Substrate 171

Tafel-Gleichung 28, 29, 36

Tafelneigung 41, 43, 44
Tafelreaktion 31
Tantalgitter 98, 115
Teer 100
Teflon 111, 118–119, 171, 179
Tortuosität 33, 183
Trifluormethan-Sulfonsäure 95, 161

Überspannung 25–29, 40
Ultraschallanlage 119
Umgekehrte Elektrode 111–115
Unterbrecherschaltung 33–34, 40,
    50–53

Volmer-Reaktion 28, 31
Vulcan XC-72 92   141, 135

Walzen (v. Elektroden) 128–131
Wasserstoff 1–3, 60–61, 142
– Speicherung 60–61
Wasserstoffelektrode 19, 31, 32, 58
Wasserstoffperoxid 36–38
Whiskers 75
Wirbelbettöfen 89
Wirkungsgrad 1, 142, 158, 171–172
Wolframkarbid 32, 103, 176

Zinkoxid 119–120
Zirkulationssysteme 145
Zucker 100, 120, 129–132